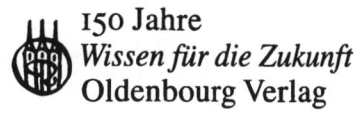

150 Jahre
Wissen für die Zukunft
Oldenbourg Verlag

W0047898

Materialwirtschaft und Einkauf

Beschaffungsmanagement

Von
Professorin
Dr. Ruth Melzer-Ridinger

5., unveränderte Auflage

Oldenbourg Verlag München

Bibliografische Information der Deutschen Nationalbibliothek

Die Deutsche Nationalbibliothek verzeichnet diese Publikation in der Deutschen
Nationalbibliografie; detaillierte bibliografische Daten sind im Internet über
<http://dnb.d-nb.de> abrufbar.

© 2008 Oldenbourg Wissenschaftsverlag GmbH
Rosenheimer Straße 145, D-81671 München
Telefon: (089) 4 50 51- 0
oldenbourg.de

Lektorat: Wirtschafts- und Sozialwissenschaften, wiso@oldenbourg.de
Herstellung: Anna Grosser
Coverentwurf: Kochan & Partner, München
Gedruckt auf säure- und chlorfreiem Papier
Gesamtherstellung: Druckhaus „Thomas Müntzer" GmbH, Bad Langensalza

ISBN 978-3-486-58719-7

Inhaltsverzeichnis

Inhaltsverzeichnis

Inhaltsverzeichnis

Vorwort

Materialwirtschaftliche Fragestellungen treten in jedem Unternehmen gleich welcher Branche und Betriebsgröße auf. Nicht nur Industrie- und Handelsunternehmen beschaffen von Lieferanten Produkte, die in der Fertigung weiterverarbeitet werden oder weiterverkauft werden. Banken, Versicherungen und Softwareentwickler kaufen, lagern und prüfen zwar weniger Material im engeren Sinne, das in die Fertigung eingeht. Sie beziehen Dienstleistungen z.B. Hotelleistungen für Geschäftsreisen, facility management, Reinigungsleistungen oder Kantine fremd und benötigen eine Telefonanlage und Kopierer. Gegenstand der Materialwirtschaft ist daher nicht nur Material im engeren Sinne, sondern jedes physische Produkt und jede Dienstleistung, die nicht selbst erstellt wird, sondern von einem externen Lieferanten fremd bezogen wird.

Die Begriffe Materialwirtschaft und Beschaffung werden synonym verwendet. Im Weiteren wird der neutralere Begriff Beschaffung bevorzugt, um der Tatsache Rechnung zu tragen, dass Unternehmen nicht nur (unbearbeitete) Rohstoffe, sondern auch komplexe Baugruppen, fertige Anlagen, Handelsware und Dienstleistungen beschaffen.

Die Beschaffung (Materialwirtschaft) umfasst einerseits die beschaffungsmarktseitigen Aufgaben, die erfüllt werden müssen, um Produktionsmaterial, Anlagegüter und Dienstleistungen für den internen Kunden in der Fertigung, Entwicklung oder Verwaltung verfügbar zu machen. Sie stellt systematisch Instrumente und Gestaltungsmöglichkeiten der Bedarfsanalyse und Bedarfsspezifikation, der Suche nach potentiellen Lieferanten und ihrer Beurteilung sowie der Zusammenarbeit mit Lieferanten dar. Darüber hinaus zählen zur Beschaffung (Materialwirtschaft) auch Aufgaben, die unternehmensintern erfüllt werden müssen: die Termin- und Mengenplanung des Materialbedarfs, die Materialbestandsverwaltung, die Bestimmung und Optimierung von Bestellmengen und -terminen (Materialdisposition), die Wareneingangsprüfung und die Materiallagerung.

Das vorliegende Lehrbuch ist zum einen als eine **fundierte Darstellung der Theorie und Praxis** der Beschaffung (Materialwirtschaft) konzipiert, zum anderen wurde durch Marginalien und zahlreiche Abbildungen versucht, ein **lesefreundliches** Buch zu gestalten. Ein Glossar, mind maps und Klausuraufgaben mit Lösungen sollen die **Prüfungsvorbereitung** unterstützen.

Das Studium der Beschaffung (Materialwirtschaft) soll die Grundlage schaffen, eine Stelle zu besetzen wie sie beispielsweise in der folgenden Anzeige beschrieben ist:

EINKÄUFER INVESTITIONEN/ DIENSTLEISTUNGEN

Die Aufgabe:

Beck's ist die deutsche Biermarke mit nationaler und weltweiter Bedeutung. Beck's, das Spitzen-Pilsener aus der Brauerei Beck & Co. Mit einem Gruppenumsatz von 1,6 Mrd. DM und einem Getränkeabsatz von rund 9 Mio. hl zählen wir zu den Großen der Branche. Produktqualität, Markenkraft und engagierte Mitarbeiter bewirken diesen Erfolg und geben ihm weitere Perspektive.

Zu Ihren Aufgabenschwerpunkten gehören der Einkauf von Investitionsgütern (incl. Ersatz- und Verschleißteile), Dienstleistungen und Werkverträgen, die Analyse relevanter Beschaffungsmärkte sowie die Identifizierung/Realisierung von Kostensenkungspotentialen. Sie optimieren den Beschaffungsprozeß für Ersatz- und Verschleißteile, führen Verhandlungen mit Lieferanten und schließen Rahmenverträge ab.

Ihre Qualifikation:

Nach Abschluß eines betriebswirtschaftlichen/technischen Studiums oder einer Fachausbildung für Einkauf- und Materialwirtschaft haben Sie bereits Berufserfahrung im industriellen Einkauf erworben. Sie sind in der Lage, strategische Ziele und Entscheidungen zu erarbeiten und konsequent umzusetzen. Dabei praktizieren Sie einen eigenverantwortlichen und interdisziplinären Arbeitsstil. Ihre Kenntnisse im Vertragsrecht und Ihr Verhandlungsgeschick befähigen Sie, schwierige Verhandlungen erfolgreich abzuschließen. Fundierte Englischkenntnisse in Wort und Schrift sowie gute PC-Anwenderkenntnisse (Word, Excel, PowerPoint) setzen wir voraus. SAP R/3-Kenntnisse sind erwünscht.

Wenn Sie in einem erfolgreichen Unternehmen mitarbeiten möchten, sind Sie bei uns genau richtig. Wir freuen uns auf Ihre aussagefähige Bewerbung.

BRAUEREI BECK & CO
PERSONALABTEILUNG · POSTFACH 107307 · 28073 BREMEN

Welche Kenntnisse und Fähigkeiten werden benötigt, um die in der Beispielsanzeige genannte Stelle zu besetzen? Welche Aufgaben hat ein Einkäufer? Wie kann seine Leistung beurteilt werden? Welche Instrumente stehen ihm zur Verfügung, seine Ziele zu erreichen? Welchen Rahmenbedingungen ist der Mitarbeiter ausgesetzt? Welche Softwareunterstützung steht dem Mitarbeiter zur Verfügung? Auf diese und eine Reihe weiterer Fragen sollen auf den folgenden Seiten Antworten gegeben werden.

Ruth Melzer-Ridinger
Homepage: www.melzer-ridinger.de

1 Einkaufen kann jeder? Gemeinsamkeiten und Unterschiede zwischen privater und industrieller Beschaffung

**Beschaffungs-
aufgaben**

Von Kindesbeinen an hatten Sie Gelegenheit, die Beschaffungs-Praxis zu beobachten. Die Aufgaben, Konzepte und Instrumente in Zusammenhang mit der Bereitstellung von Erzeugnissen und Dienstleistungen, die nicht selbst erstellt, sondern von Lieferanten und Dienstleistern fremdbezogen werden, unterscheiden sich für einen 4-Personen-Haushalt und für ein Industrie-Unternehmen nicht grundsätzlich. In beiden Fällen fungiert die Beschaffung als „interner Dienstleister" für „interne Kunden", d.h. im privaten Haushalt für Ehegatten, Kinder bzw. im Industrieunternehmen für die Fertigung und Mitarbeiter in der Verwaltung, im Vertrieb und in der Entwicklung. Die Beschaffung umfasst die Klärung der vom internen Kunden gewünschten Merkmale des Produktes oder der Dienstleistung (Spezifikation/Lastenheft), die Planung der Bedarfsmengen- und –termine, die Bestellmengen- und –terminoptimierung, die Lieferantensuche und -auswahl, die Bestellabwicklung, die Prüfung der Lieferung und der Rechnung, die Einlagerung, die Lagerverwaltung und die Auslagerung (vgl. Abbildung 1-1).

Abbildung 1-1: Beschaffungsaufgaben

Die Beschaffung ist (erfolgreich) abgeschlossen, wenn es gelungen ist, die gewünschten Produkte und Dienstleistungen zum gewünschten Termin in der benötigten Menge mit den geforderten Eigenschaften (Qualität) zu geringstmöglichen Kosten zur Verfügung zu stellen.

**Gemeinsam-
keiten zwischen
privater und
industrieller
Beschaffung**

Im privaten Haushalt kann eine Reihe von Konzepten beobachtet werden, die auch in der industriellen Beschaffung angewendet werden, um die Konflikte zwischen den Anforderungen an die Qualität, an die Verfügbarkeit und der Kostenminimierung zu bewältigen:

**Ungleichbehand-
lung**

Die Palette der Produkte und Dienstleistungen ist in der Industrie sehr groß und auch im Haushalt werden nicht nur Nahrungs- und Putzmittel sondern auch Gebrauchsgüter (Fernseher, Auto) und Dienstleistungen (Klavierunterricht, Malerarbeiten) eingekauft. Die Verschiedenartigkeit der Beschaffungsobjekte empfiehlt eine Ungleichbehandlung bei der Gestaltung der Beschaffung. Auch im privaten Haushalt werden Grundnahrungsmittel grundsätzlich anders behandelt als Champagner oder Frischfleisch: Die Hausfrau plant den Bedarf an Nudeln, Reis und Kartoffeln nur sehr grob, auf der Basis von Erfahrungswerten. Sie stellt die Verfügbarkeit der Produkte durch großzügige Bestände sicher. Für hochwertige und verderbliche Produkte wird eine präzise Bedarfsplanung durchgeführt und gezielt für den Bedarfsfall eingekauft. Für Produkte, die einen hohen Preis haben, wendet die Familie einen größeren Aufwand auf, die Angebote zu vergleichen. Auch die Verteilung der Zuständigkeiten für die Planung und Abwicklung der Beschaffung wird nicht für alle Produkte gleich gehandhabt. Für Güter des täglichen Bedarfs ist die Hausfrau für die gesamte Planung und Abwicklung der Beschaffung allein verantwortlich, hochwertige Gebrauchsgüter und Dienstleistungen werden dagegen im Team beschafft.

**Lieferanten-
treues Verhalten**

Private Haushalte verhalten sich - wie industrielle Einkäufer auch - für ausgewählte Beschaffungsobjekte „lieferantentreu". Sie beziehen diese Beschaffungsobjekte von einem stabilen Kreis an Lieferanten, deren Leistungsfähigkeit und Leistungswille bekannt ist, deren Ansprechpartner bekannt und mit denen die Abläufe eingespielt sind. Dieses Verhalten reduziert das subjektiv wahrgenommene Beschaffungsrisiko und senkt die Bestellabwicklungskosten, allerdings muss damit gerechnet werden, dass nicht zum günstigsten Preis eingekauft wird. Lieferantentreues Verhalten ist erforderlich, wenn der Lieferant kundenspezifische Produkte oder Dienstleistungen erstellen soll, für die er Investitionen tätigen muss und detaillierte Kenntnisse über den Kunden haben muss (dies ist im privaten Haushalt bei der Beschäftigung eines Klavierlehrers, im industriellen Einkauf bei der Zusammenarbeit mit einem Lieferanten der Fall, wenn dieser für den Kunden die Bewirtschaftung des Lagers übernehmen soll). Andere Beschaffungsobjekte werden ohne jegliche Bindung an einen Lieferanten auf dem sog. spot market bezogen. Dieses Verhalten zeigt die Hausfrau, wenn sie den Wochenmarkt besucht und ihre Kaufentscheidung von dem aktuellen Angebot abhängig macht, der industrielle Einkäufer, wenn er eine Ausschreibung oder Auktion für standardisierte Rohstoffe durchführt. Der Einkauf auf dem spot market verspricht Preisvorteile, allerdings ist er aufwändig, wenn zunächst Anstrengungen unternommen werden, um alternative Anbieter zu finden und deren Konditionen zu vergleichen. Zwischen diesen beiden grundlegenden Verhaltensweisen gegenüber Lieferanten gibt es eine Reihe von Mischformen.

Bestands-
management

Auch im Haushalt ist ein systematisches Bestandsmanagement eine unabdingbare Voraussetzung für erfolgreiche Beschaffung. Es ist zu entscheiden, ob die Produkte fallweise entsprechend dem aktuellen Bedarf eingekauft werden sollen oder ob Bestände gehalten werden sollen. Dabei werden Luxusgüter (Champagner, Kaviar) gezielt für bestimmte Gelegenheiten beschafft, während geringwertige, problemlos zu lagernde Güter des täglichen Bedarfs auf Vorrat beschafft werden. Für „lagerhaltige" Produkte ist ein geeigneter Lagerplatz zu finden und der Bestand zu überwachen, um sicherzustellen, dass der Bestand rechtzeitig wieder aufgefüllt wird. Auch im Haushalt kann eine „chaotische Bestandsführung" beobachtet werden, die sich dadurch auszeichnet, dass Erzeugnisse nicht streng einem Lagerplatz zugewiesen werden, sondern bei Anlieferung jeweils der optimale Lagerplatz gesucht wird.

Gesamtkosten-
betrachtung

Private und industrielle Einkäufer beurteilen verschiedene Handlungsmöglichkeiten nicht nur auf Grund offensichtlicher Kostenunterschiede. Bei der Beschaffung eines Gebrauchsgutes (Drucker, Auto) ist beispielsweise nicht nur der Anschaffungspreis von Interesse sondern auch der Preis von Verbrauchsmaterial und Ersatzteilen, die Nutzungsdauer und

Instandhaltungs- und Wartungsaufwand. Auch beim Vergleich der Kosten für ein Produkt, das beim Versandhändler und in einem Fachgeschäft angeboten wird, reicht es offensichtlich nicht aus, die Preise zu vergleichen (Versandkosten-Pauschale gegenüber Zeitaufwand, Fahrtkosten und Parkgebühren).

Geringere Fertigungstiefe

In Industrieunternehmen war in den letzten Jahren zu beobachten, dass die Zahl der Arbeitsgänge, die in Eigenfertigung durchlaufen werden (Fertigungstiefe), immer geringer wird. Von außen werden nicht nur einfache Einzelteile und Rohstoffe bezogen, sondern immer mehr komplexe Baugruppen, die als Module bezeichnet werden. Dieser Trend ist auch im privaten Haushalt zu beobachten. Die Hausfrau hat die Möglichkeit, statt der Zutaten für ein Gericht, „Baugruppen" wie gefüllte Pasta oder Strudelteig oder ein Fertiggericht zu kaufen. Die Entscheidung zwischen „make or buy" geht auch im Haushalt nach Abwägen von Kosten- und Qualitätsunterschieden häufig für „buy" aus.

Abbildung 1-2: Gemeinsamkeiten privater und individueller Beschaffung

Unterschiede zwischen privater und industrieller Beschaffung

Trotz dieser Gemeinsamkeiten zwischen privaten und industriellen Verhaltensweisen ist es unverkennbar, dass die Hausfrau vergleichsweise einfache Rahmenbedingungen hat, die es ihr erlauben, ihre Entscheidungen im Wesentlichen auf Intuition und Erfahrung zu stützen. Schwierigere Rahmenbedingungen und ein größerer Erfolgsdruck sind die Gründe dafür, dass im industriellen Beschaffungsmanagement analytischer und systematischer gearbeitet wird und gearbeitet werden muss (vgl. Abbildung 1-3 und 1-4).

Variantenvielfalt

Die Industrie bietet ihre Erzeugnisse häufig in einer großen Zahl von Ausstattungs-, Länder- und Packungsvarianten an. Die Variantenvielfalt des Enderzeugnisses hat auf der Ebene der fremdbezogenen Komponenten zur Folge, dass für eine

Vielzahl von Beschaffungsobjekten Lieferanten gesucht, Verhandlungen geführt, Bedarfsplanung durchgeführt, optimale Bestände errechnet und Lagerplätze gefunden werden müssen. Eine Vielzahl dieser Beschaffungsobjekte wird nur für eine geringe Zahl von Kunden benötigt oder sind exotische Varianten, die nur selten nachgefragt werden. Obwohl diese nur einen geringen Anteil am jährlichen Beschaffungswert verursachen, sind sie besonders aufwändig zu planen, weil sie keine statistischen Gesetzmäßigkeiten des Bedarfs zeigen.

Arbeitsteilung   Die Hausfrau erfüllt alle Beschaffungsaufgaben in Personalunion. Insbesondere plant sie den Speiseplan und die dafür benötigten Zutaten. Die Vielzahl der Beschaffungsobjekte, Lieferanten und Bestellaufträge erzwingt in der Industrie eine Arbeitsteilung. Diese basiert auf genau zugewiesenen Zuständigkeiten und Verantwortungsbereichen. Während die Hausfrau die Möglichkeit hat, ihren Speiseplan auf der Grundlage der Preise und Qualität des Angebots auf dem Wochenmarkt kurzfristig anzupassen, ist dies im industriellen Beschaffungsprozess nicht möglich. Ein Mitarbeiter entscheidet, was wann in welchen Mengen hergestellt werden soll, andere Mitarbeiter sind dafür zuständig, den Bestellauftrag administrativ abzuwickeln, wiederum andere Mitarbeiter prüfen den Wareneingang und die Rechnung. Diese Arbeitsteilung zwischen Mitarbeitern, die verschiedenen Abteilungen und eventuell Standorten zugehören, erfordert einen aufwändigen Informations- und Abstimmungsprozess, um Informationsdefizite, Doppelaufwand, Missverständnisse und Konkurrenz zwischen Bestellaufträgen zu vermeiden. Auch wenn die Arbeit innerhalb des Unternehmens auf verschiedene Mitarbeiter und Abteilungen verteilt wird, soll erreicht werden, dass das Unternehmen nach außen zum Lieferanten als Einheit auftritt und seine Position als Nachfrager durch Abstimmung der Lieferantenpolitik und Bestellaufträge stärkt.

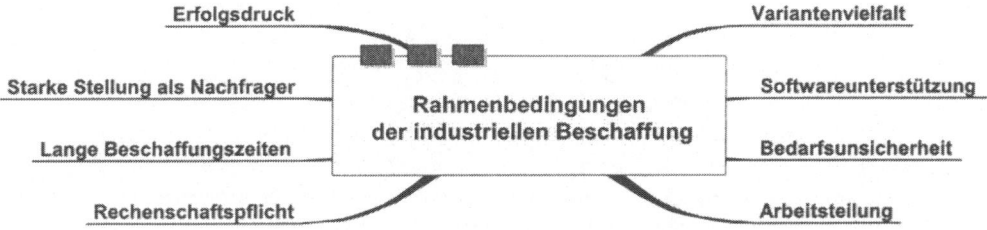

Abbildung 1-3: Rahmenbedingungen der industriellen Beschaffung

Lange Beschaffungs-zeit

Die meisten Produkte, die der Haushalt fremd bezieht, können „um die Ecke" ohne vorherige Absprache mit dem Lieferanten gekauft werden. Die industrielle Beschaffung hat hier schwierigere Bedingungen. Rohstoffe und Bauteile werden auch von regional sehr weit entfernten Lieferanten bezogen, die einen weiten und störungsanfälligen Transportweg zu überbrücken haben. Wenn der Lieferant die gewünschten Produkte selbst nicht bevorratet, verlängert sich die Transportzeit um den Zeitraum, den der Lieferant benötigt, um seinerseits Komponenten zu beschaffen und die Erzeugnisse herzustellen. Lange Beschaffungszeiten zwingen den Abnehmer zu einer frühzeitigen und genauen Bedarfsplanung oder – falls diese nicht möglich ist oder als zu aufwändig empfunden wird - zu hohen Beständen im Materiallager, um die Fertigung vor Fehlmengensituationen zu schützen.

Bedarfs-unsicherheit

Die Hausfrau hat einen kleinen Kreis von Kunden mit bekanntem und stabilem Verhalten zu versorgen. Der direkte Kontakt mit ihren Familienmitgliedern ist selbstverständlich. Die Industrie erfährt von dem Kundenbedarf häufig erst mit dem Auftrag. Da der Kunde auf dem Absatzmarkt immer kürzere Lieferfristen fordert, müssen die Fertigung und die Beschaffung lange vor dem Eintreffen des Kundenauftrags geplant und angestoßen werden. Wenn sich die Beschaffung nur auf Erfahrungen und Erwartungen des Vertriebs über Auftragseingänge stützen kann, ist es unvermeidlich, dass immer wieder zu spät, zu wenig oder zu viel und zu früh bestellt wird. Die Folge dieser Bedarfsunsicherheit ist das scheinbar paradoxe Phänomen, dass die Fertigung zum Erliegen kommt, obwohl (hohe, aber falsche) Materialbestände vorhanden sind. Konzepte und Instrumente, die helfen, die Bedarfsunsicherheit zu reduzieren, sind daher für die Beschaffung von großer Bedeutung.

Erfolgsdruck

Die Mitarbeiter, die am industriellen Beschaffungsprozess beteiligt sind, unterliegen einem starken Erfolgsdruck. Durch die Reduzierung der Fertigungstiefe hat die Bedeutung der Beschaffung für den Unternehmenserfolg weiter zugenommen. In vielen Unternehmen entstehen mehr als 50% der Gesamtkosten für fremdbezogene Produkte und Dienstleistungen. Damit wird auch die Preisuntergrenze für die am Absatzmarkt angebotenen Enderzeugnisse wesentlich von der Beschaffung mitbestimmt. Die Fähigkeit, wichtige Zukaufprodukte erheblich günstiger einzukaufen als die Konkurrenten, ist daher insbesondere auf Absatzmärkten, auf denen ein erheblicher Preisdruck herrscht (z.B. Computer, Stereoanlagen), ein entscheidender Erfolgsfaktor. Auch die Qualität der Absatzprodukte wird immer weniger im eigenen Unternehmen „hergestellt" und immer mehr durch die Fähigkeit und Bereitschaft der Lieferanten beeinflusst, Zukaufteile zu liefern, die den Anforderungen in der Spezifikation gerecht werden. Die Fähigkeit, in kurzen und zuverlässigen Lieferzeiten zu liefern, ist erheblich von den Beschaffungszeiten und der Liefertreue auf den Beschaffungsmärkten abhängig.

Rechenschafts-pflicht

In regelmäßigen „reports" gegenüber ihren Vorgesetzten legen Mitarbeiter Rechenschaft ab über die Fähigkeit, die Bedarfsanforderungen der internen Kunden termin-, mengen- und spezifikationsgerecht zu erfüllen und über die Kosten, die in diesem Zusammenhang verursacht wurden. In Anbetracht ihrer Bedeutung für die Wettbewerbsfähigkeit des Unternehmens werden ständige Verbesserungen gefordert.

Software-unterstützung

Die Vorstellung einer privaten Hausfrau, die ihren Bestand an Milch und Nudeln am PC verwaltet, löst ein gönnerhaftes Lächeln aus. Angesichts der Arbeitsteilung und der Vielfalt der Komponenten und Lieferanten ist eine industrielle Beschaffung ohne Softwareunterstützung nicht (mehr) denkbar. So geben z.B. Lagerverwaltungssysteme Auskunft über den aktuellen Bestand und weisen den Mitarbeiter auf die Notwendigkeit hin, nachzubestellen. Der zukünftige Bedarf an Teilen und Rohstoffen muss nicht vom Mitarbeiter geplant werden, sondern wird automatisch errechnet, wenn das Produktionsprogramm geplant ist. Einkaufsinformationssysteme archivieren die Daten über Lieferanten und ausstehende Bestellungen und erstellen automatisch Bestellaufträge.

Strategisches Beschaffungs- marketing

Die Beschaffung für den privaten Haushalt verhält sich gegenüber dem Angebot auf dem Beschaffungsmarkt eher passiv. Die Hausfrau wählt unter den ihr bekannten Angeboten aus, ohne den Versuch zu machen, auf das Angebot Einfluss zu nehmen. Die private Beschaffung übernimmt keine vertraglichen Pflichten gegenüber Geschäften und Lieferanten, sodass die Entscheidungen kurzfristig revidierbar sind. Die industrielle Beschaffung geht mit ausgewählten Lieferanten enge Verbindungen ein, um die Attraktivität der Geschäftsbeziehung für den Anbieter zu steigern und ihn zu preislichen Zugeständnissen und abnehmerspezifischen Anstrengungen im Bereich der Produktentwicklung, zu kontinuierlicher Qualitätsverbesserung, zur Verbesserung des Lieferservice und zur Senkung der Bestellabwicklungskosten zu motivieren.

Die in Abbildung 1-4 nochmals zusammenfassten Unterschiede der Rahmenbedingungen und Verhaltensweisen der privaten und industriellen Beschaffung machen deutlich, dass die industrielle Beschaffung zwar einerseits erschwerte Bedingungen aufweist, ihr andererseits jedoch auch durch Softwareunterstützung, durch systematisches Beschaffungsmarketing und Nachfragemacht mehr Möglichkeiten offen stehen, die benötigten Produkte zu geringen Kosten zur Verfügung zu stellen. In den nachfolgenden Kapiteln wird gezeigt, wie die industrielle Beschaffung auf diese Rahmenbedingungen reagieren kann und wie sie sie beeinflussen kann.

1   Einkaufen kann jeder?

Private Beschaffung	Industrielle Beschaffung
• Personalunion	• Arbeitsteilung
• Beschränkte Zahl an Beschaffungsobjekten und Lieferanten	• Vielfalt der Beschaffungsobjekte und Lieferanten
• Wenige Kunden mit bekanntem Nachfrageverhalten	• Hohe Bedarfsunsicherheit
• geringer Erfolgsdruck	• Strategischer Erfolgsfaktor
• Wenig Kontrolle	• Detaillierter regelmäßiger Rechenschaftsbericht
• Kurze Beschaffungszeiten	• Lange Beschaffungszeiten für kundenspezifische Produkte und bei global sourcing
• Eher operative und passive Ausrichtung	• Strategisches Beschaffungsmarketing
• Manuelle Tätigkeiten und intuitive Entscheidungen	• Unterstützung, Automatisierung und Vereinfachung durch Software
• Unbedeutend als Kunde	• Nachfragemacht

Abbildung 1-4: Unterschiede zwischen privater und industrieller Beschaffung

Einige Zahlen zur Beschaffung in der Praxis....

In Unternehmen des Maschinenbaus werden durchschnittlich 1000 ständige Lieferanten beschäftigt, die Gesamtanzahl der Teile liegt bei ca. 100 000 (davon lebende 52 000), das Einkaufsvolumen pro Mitarbeiter umfasst 9,1 Mio. DM/ Jahr; es werden pro Einkäufer und Jahr durchschnittlich 488 Anfragen gemacht, jeder Mitarbeiter im Einkauf wickelt ca. 2 000 Bestellungen pro Jahr ab.
Die Materialkosten nehmen im Maschinenbau mit 42,5 % die dominierende Stellung vor den Personalkosten (37,1 %) und den sonstigen Kosten (20,4 %) ein. Dabei umfassen die 42,5 % Materialkosten noch nicht die Materialgemeinkosten, die zusammen mit 3,3 % der Gesamtkosten veranschlagt werden. Diesem Kostenblock stehen im Durchschnitt nur 2,0 % der Beschäftigten im Einkauf und 6,6 % in anderen Beschaffungsabteilungen gegenüber.

Quelle: Pflieger, H.: Materialkosten sind dominierender Kostenblock. In: VDMA (Hrsg.): Materialwirtschaft im Wandel – Fallbeispiele und Trends. Frankfurt 1999 S. 44-45

2 Fragestellungen und Ergebnisse einer Beschaffungstheorie

Erwartungen der Praxis

Die Mitarbeiter in der Praxis der industriellen Beschaffung erwarten häufig von der Theorie, dass sie konkrete Handlungsempfehlungen für die Probleme in der Praxis gibt. Dazu ist die Theorie leider angesichts der Vielzahl und der unterschiedlichen Merkmale der Beschaffungsobjekte in der Industrie und angesichts der Komplexität der zu berücksichtigenden Handlungsmöglichkeiten, Zielkonflikte und unterschiedlichen Beschaffungssituationen nicht in der Lage. Daher stellt sich die Frage, was die Praxis von einer Beschaffungstheorie erwarten darf.

Beschreibungs-modelle

Beschreibungsmodelle erfassen bestimmte Ausschnitte der Realität und bilden sie vereinfacht in einem grafischen (Geschäftsprozess, Organisationsstrukturen), verbalen (Merkmale eines Systemlieferanten) oder mathematischen Modell (Entwicklung der Lagerkosten bei Veränderung des Lagerbestands) ab. So untersucht die Beschaffungstheorie Vor- und Nachteile von Konzepten, wie z. B. dem just-in-time-Konzept und stellt die Rahmenbedingungen dar, die vorliegen oder geschaffen werden müssen, damit das Konzept seine erhofften Wirkungen entfaltet und die Nachteile beschränkt oder vermieden werden können. Die Beschaffungstheorie schärft damit den Blick für das Wesentliche und gibt Hinweise auf die Aspekte, die bei der Prüfung von Alternativen zu beachten sind.

Referenzmodelle

Die Beschaffungstheorie entwickelt zudem sog. Referenzmodelle. Diese bilden einen konzeptionellen Rahmen für unternehmens- oder produktspezifische Modelle.

Referenzmodelle erheben den Anspruch der Allgemeingültigkeit und haben empfehlenden Charakter. Durch ihren Vorbildcharakter sind sie als Anhaltspunkt für die Entwicklung spezifischer Modelle geeignet und sind gleichzeitig Vergleichsmaßstab. Referenzmodelle dienen daher auch als Instrument zur Schwachstellenanalyse und Verbesserung bestehender Vorgehensweisen.

**Entscheidungs-
modelle**

Entscheidungsmodelle ermitteln unter bestimmten Bedingungen, die als Modellprämissen bezeichnet werden, eine
optimale Lösung.

Nachfolgende Zusammenstellung zeigt einige Beispiele für
die Fragestellungen der Beschaffungstheorie:

**Entwicklung von Beschreibungsmodellen als Aufgabe
der Beschaffungstheorie:**

- Welche Aufgaben sind in der Beschaffung zu erfüllen?
- Welche vertraglichen Vereinbarungen sind geeignet,
  die Vorteile einer single source Politik zu erreichen und
  die Nachteile zu reduzieren?
- Wie können Beschaffungsobjekte zu homogenen Materialgruppen zusammengefasst werden?
- Wie kann die Leistung der Beschaffung gemessen werden? Welche Ziele werden in der Beschaffung verfolgt?
- Welche Bedeutung hat die Leistung der Beschaffung
  für die Wettbewerbsfähigkeit des Unternehmens?

Entwicklung von **Referenzmodellen** als Aufgabe der Beschaffungstheorie:

- Welche administrativen/dispositiven Geschäftsprozesse
  sind für geringwertige Massenware geeignet?
- Welche Konzepte sind geeignet, die Liefertreue des
  Lieferanten zu verbessern?

Entwicklung von **Entscheidungsmodellen** als Aufgabe der
Beschaffungstheorie:

- Welche Datenbasis wird benötigt, um einen Sicherheitsbestand zu optimieren?
- Welche Berechnungen und Überlegungen sind anzustellen, um die kostengünstigste Bestellmenge zu
  bestimmen?

Abbildung 2-1 : Beispiele für Fragestellungen und Ergebnisse der Beschaffungstheorie

3 Der Geschäftsprozess Beschaffung

3.1 Phasen und Aufgaben im Geschäftsprozess Beschaffung

Generischer Geschäftsprozess

Die Beschaffung zählt zu den Geschäftsprozessen, die in jedem Unternehmen, gleich welcher Branche und Größe zu finden sind (diese werden als generische Geschäftsprozesse bezeichnet). Dabei unterscheidet sich zwar die Palette der Beschaffungsobjekte einer Bank (security service, Gebäudetechnik, Reinigung, Dienstwagen, Geldtransporte, Büromaterial) von der Palette der Beschaffungsobjekte eines pharmazeutischen Industrienunternehmens (Produktionsmaterial, Packmittel, Transportleistungen, Wartungsarbeiten etc.). Es werden unterschiedliche Beträge für den Bezug von Produkten und Dienstleistungen ausgegeben und die Abläufe und Zuständigkeiten sind in der Praxis durchaus unterschiedlich. Jedoch finden sich die in Abbildung 3-1 dargestellten Aufgaben und Phasen des Beschaffungsprozesses in jedem Unternehmen.

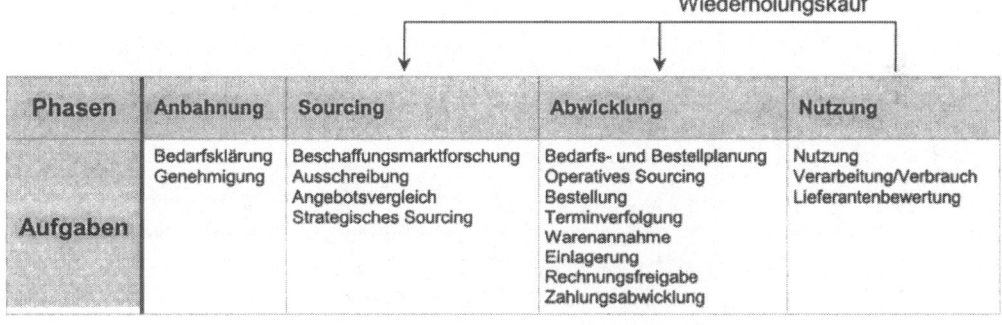

Abbildung 3-1: Phasen und Teilaufgaben des Beschaffungsprozesses (in Anlehnung an Dolmetsch, R. S. 131ff , Wirtz, B. S. 167)

Die in Abbildung 3-1 dargestellten Teilaufgaben werden nicht in jedem Beschaffungsfalle und nicht immer in gleicher Intensität durchlaufen. Tatsächlich weist der Beschaffungsprozess in der Praxis eine große Anzahl von Varianten auf: Unternehmen beschaffen ein breites Spektrum an Beschaffungsobjekten, für die unterschiedliche sourcing-Strategien und unterschiedliche Geschäftsprozesse entwickelt werden. Die Beschaffungsprozessvarianten unterscheiden sich zum einen für die verschiedenen Beschaffungsobjekte, zum anderen durch die praktizierte sourcing-Strategie (vgl. Abschnitt 3.3 und 6.2.2.2).

3.2 Arbeitsteilung im Geschäftsprozess Beschaffung

Arbeitsteilung

Während die Beschaffung im privaten Haushalt häufig weitgehend in Personalunion von der Hausfrau erfüllt wird, müssen die Beschaffungsaufgaben im Industrieunternehmen wegen der Vielzahl der Beschaffungsobjekte, Lieferanten und Einzelentscheidungen auf mehrere Aufgabenträger verteilt werden. Mit der Arbeitsteilung wird versucht, Vorteile durch eine Spezialisierung des Mitarbeiters zu realisieren, den notwendigen Abstimmungsaufwand gering zu halten und die notwendige Abstimmung zu erleichtern.

Die Arbeitsteilung wird in der Praxis nach mehreren Gesichtspunkten vorgenommen:

- Arbeitsteilung nach Tragweite der Entscheidung (strategische und operative Beschaffungsaufgaben),
- Arbeitsteilung nach Funktionen und
- Arbeitsteilung nach Beschaffungsobjekten.

3.2.1 Arbeitsteilung nach der Tragweite der Entscheidung (strategische und operative Beschaffung)

Die Gestaltung und Lenkung des Materialflusses in das Unternehmen erfordert eine Fülle von Einzelentscheidungen, zwischen denen enge wechselseitige Beziehungen bestehen. Angesichts der Datenfülle und der Komplexität der Wirkungsbeziehungen ist die simultane Festlegung aller Entscheidungsvariablen in einem detaillierten Gesamtplan nicht möglich. Die Planung und Lenkung des Materialflusses wird daher in einem zwei- oder mehrstufigen System von Teilplänen vollzogen:

Strategische Beschaffung

Strategische Entscheidungen werden in der Führungsebene bzw. in der zentralen Stabsstelle für den gesamten Konzern getroffen. Strategische Überlegungen werden häufig nicht für einzelne Materialidentnummern getroffen, sondern für Sachnummerngruppen (z.B. metallische Rohstoffe, Packmittel). Die Entscheidungen werden in Arbeitsanweisungen als strenge Vorgabe niedergelegt (z.B. Beurteilungskriterien und Beurteilungsverfahren für Lieferanten) oder als Zielvorgabe dem operativen Mitarbeiter vorgegeben (z.B. Steigerung des Anteils am Einkaufsvolumen, der in Osteuropa bezogen wird, um x%). Strategische Beschaffungsentscheidungen haben den Charakter von Grundsatzentscheidungen, Zielvorgaben und Rahmenbedingungen, die kurzfristig nicht revidiert werden sollen oder können.

Merkmale

Entscheidungen sind dann als strategisch einzustufen, wenn sie mindestens eines der folgenden Merkmale aufweisen

- die Entscheidung beeinflusst die Wettbewerbsfähigkeit wesentlich,
- zwischen Durchführung einer Aktion und Wirkung vergeht ein langer Zeitraum,
- die Entscheidung ist kurzfristig nicht oder nur unter Inkaufnahme hoher Kosten revidierbar.

Strategische Beschaffung

Aufgabe der strategischen Beschaffung ist es, Leistungspotenziale im Beschaffungsmarkt zu schaffen und Strategien für den Material- und Informationsfluss festzulegen, mit denen der Materialfluss vom Beschaffungsmarkt in das Unternehmen und der Informationsfluss innerhalb des Unternehmens und zum Beschaffungsmarkt gestaltet werden.

Beispiele

Beispiele für strategische Beschaffungsentscheidungen:

- Gestaltung des betrieblichen Informationsflusses als programmorientierte oder verbrauchsorientierte Materialdisposition,
- Gestaltung des Informationsflusses zum Lieferanten als konventionelle Auftragsübermittlung oder als rollierendes Bedarfsinformationssystem und Lieferabruf,
- Gestaltung des Materialflusses in das Unternehmen als einsatzsynchrone Beschaffung oder Vorratsbeschaffung,
- Gestaltung des Materialflusses in das Unternehmen hinsichtlich Anzahl und regionale Streuung der Lieferanten,
- Gestaltung des Materialflusses in das Unternehmen hinsichtlich Art und Anzahl der Beschaffungsobjekte (Beschaffungsprogrammpolitik),
- Gestaltung des Materialflusses in das Unternehmen hinsichtlich Häufigkeit und Umfang der Lieferungen durch die Festlegung bestandswirksamer Bestellparameter (vgl. Kap. 6).

| 3.2 | Arbeitsteilung |

Die strategischen Beschaffungsaufgaben werden häufig in funktionsübergreifenden Teams erfüllt, die mit Mitarbeitern aus der Fertigung, dem Vertrieb, der Disposition, dem Controlling, dem Qualitätsmanagement und dem Einkauf besetzt werden.

Operative Beschaffung

Die operative Lenkung des Materialflusses findet innerhalb der strategischen Rahmenbedingungen statt. Die dort getroffenen Entscheidungen sind kurzfristig revidierbar und von geringerer Tragweite. Die operative Lenkung des Materialflusses umfasst die Grundfunktionen disponieren-einkaufen-prüfen und lagern. Die operativen Beschaffungsaufgaben werden wiederum nach Funktionen und/oder Beschaffungsobjekten aufgeteilt:

3.2.2 Arbeitsteilung nach Funktionen

Bei funktionsorientierter Arbeitsteilung wird der Geschäftsprozess Beschaffung in seine Teilaufgaben zerlegt und verschiedenen Verantwortungsbereichen (Abteilungen) zugewiesen, die in Kunden-Lieferanten-Beziehungen miteinander verbunden werden:

Abteilungen

Im Rahmen der **Produktionsplanung** erfolgt eine Materialdisposition, die Bedarfsmengen und –termine sowie Bestellmengen und –termine für fremdbezogene Komponenten und Rohstoffe bestimmt und an die Abteilung **Einkauf** als Bestellanforderung weitergibt. Dem Einkauf obliegt die Bestellabwicklung, die eventuell eine Lieferantenwahl einschließt, sofern der Lieferant nicht im Rahmen der strategischen Lieferantenpolitik festgelegt wurde.

Bei lagerorientierter Bereitstellung wird die Ware im **Wareneingang** abgenommen und nach einer Identitäts- und **Qualitätsprüfung** für die Fertigung freigegeben und bis zur Verarbeitung im Materiallager eingelagert. Die Abteilung **Lager** verwaltet die Bestände, weist einen Lagerplatz zu, kommissioniert das Material aufgrund eines Materialentnahmescheins und verantwortet den innerbetrieblichen Transport zur Fertigungsstelle.

Teilaufgaben:	Zuständigkeit/Wahrnehmung durch:
• Bedarfsplanung	Disposition/Produktionsplanung
• Bestellplanung	Disposition + Einkauf
• Lieferantenauswahl	Einkauf
• Verhandlungen	Einkauf
• Bestellabwicklung	Einkauf
• Identitätsprüfung	Warenannahme
• Qualitätsprüfung	Qualitätsprüfung
• Lieferantenbewertung	Einkauf
• Einlagerung	Lager
• Lagerzugang verbuchen	Lager
• Rechnungsprüfung	Einkauf + Verwaltung

Abbildung 3-2: Operative Teilaufgaben im Geschäftsprozess Beschaffung und ihre Wahrnehmung bei funktionsorientierter Arbeitsteilung

3.2.3 Arbeitsteilung nach Beschaffungsobjekten

Objektorientierte Arbeitsteilung

Das Beschaffungsprogramm eines Industrieunternehmens umfasst häufig Tausende von Materialidentnummern, die innerhalb der Abteilung eine weitere Arbeitsteilung erforderlich machen. Um eine Spezialisierung der Mitarbeiter zu ermöglichen, wird häufig eine objektorientierte Arbeitsteilung vorgenommen, die unterscheidet nach

- Produktionsmaterial, das direkt in das Produkt eingeht (Roh- und Hilfsstoffe) oder zum Betrieb der Anlagen (Betriebsstoffe und Ersatzteile, Reparatur- und Wartungsmaterial) benötigt wird,
- Dienstleistungen (Wartungs- und Instandhaltungsarbeiten, Speditionsleistungen, Haustechnik, Beratungsleistungen),
- Anlagen, Werkzeuge und Ersatzteile.

3.3 Beschaffungsprozessvarianten

Differenzierung

Die professionelle Beschaffung zeichnet sich dadurch aus, dass differenziert gearbeitet wird. Zu den strategischen Aufgaben der Beschaffung zählt die Festlegung, wie der Geschäftsprozess ablaufen soll. Dazu wird bestimmt, welche der oben genannten Teilaufgaben mit welcher Intensität zu durchlaufen sind, der Informationsfluss und der physische Materialfluss sind zu gestalten.

Varianten des Beschaffungsprozesses entstehen durch unterschiedliche Sourcing-Strategien, Kaufsituationen und Bereitstellungsarten:

Sourcing-Strategien

Sourcing-Strategien beschreiben die Zusammenarbeit mit Lieferanten. Geschäftsbeziehungen können auf einem Kontinuum zwischen Einzelbestellungen auf dem Spot Market und unternehmensübergreifendem supply chain management eingeordnet werden:

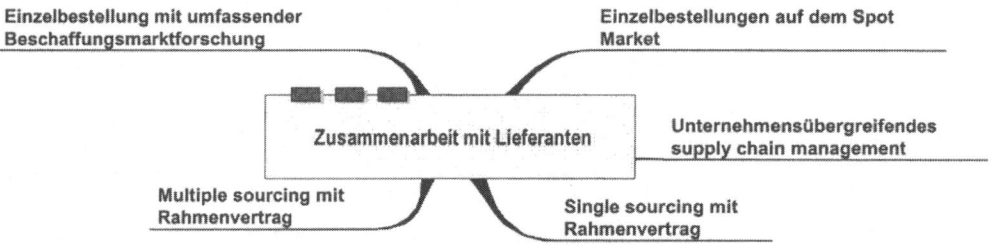

Abbildung 3-3: sourcing-Strategien

- **Einzelbestellungen auf dem Spot Market**
  Das Produktsegment verzeichnet auf dem Beschaffungsmarkt ein Überangebot mit sinkenden Preisen oder unterliegt starken Preisschwankungen. Der Einkauf strebt in dieser Situation nicht an, langfristig stabile Preise zu erzielen, sondern versucht günstige Beschaffungssituationen durch Einzelbestellungen auf dem sog. Spot Market zu nutzen. Es werden daher keine Verträge abgeschlossen, mit denen der Abnehmer über den einzelnen Bestellauftrag hinausgehende Verpflichtungen eingeht.

- **Einzelbestellung mit umfassender Beschaffungs-marktforschung**

  Eine umfangreiche Beschaffungsmarktforschung ist für Beschaffungsobjekte erforderlich, die einmalig oder vergleichsweise selten benötigt werden oder einem raschen technologischen Wandel unterworfen sind. In diesem Falle kann die Gestaltung der Spezifikation bzw. Lastenhefts Teil des Beschaffungsvorgangs sein. Der Einkäufer sucht geeignete Anbieter und führt eine Ausschreibung mit anschließendem Angebotsvergleich durch.

- **multiple sourcing mit Rahmenvertrag**

  Der Einkauf praktiziert für das Produktsegment multiple sourcing, indem Rahmenvereinbarungen mit mehreren Lieferanten geschlossen werden, die ein Lieferantenzulassungsverfahren erfolgreich durchlaufen haben. Der Gesamtbedarf wird mit dem Ziel einer hohen Versorgungssicherheit oder um Preisdruck auszuüben, gezielt auf mehrere Lieferanten verteilt (Bedarfssplitting). Vereinbart werden eine Produktspezifikation (d.h. die Spezifikation des Beschaffungsobjekts ist über einen längeren Zeitraum stabil) und Lieferungs- und Zahlungsbedingungen, eventuell auch eine Abnahmemenge. Aus der Liste der zugelassenen Lieferanten wird fallweise ein Lieferant ausgewählt, der lieferfähig ist und aktuell zum günstigsten Preis anbietet. Bei jedem Beschaffungsvorgang sind daher eine (beschränkte) Ausschreibung und ein Angebotsvergleich durchzuführen.

- **single sourcing mit Rahmenvertrag**

  Der Einkauf legt einen Vorzugslieferanten, bei dem in einer festgelegten Periode bestellt wird, fest (single sourcing). Es wird ein Volumenvertrag vereinbart, der auf Basis einer geplanten Abnahmemenge kundenspezifische Preise, Lieferungs- und Zahlungskonditionen festlegt. Die Kaufphasen Anbahnung und Vereinbarung werden im taktischen/strategischen Einkauf durchlaufen und münden in den Abschluss des Volumenvertrags. Die operative Bestellabwicklung kann in diesem Falle durch den Bedarfsträger oder autorisierte Personen dezentral durchgeführt werden. Für direktes Produktionsmaterial wird dies die Disposition oder die Lagerverwaltung sein, für indirekte Produkte der Bedarfsträger oder ein autorisierter Bestellanforderer.

- **Unternehmensübergreifendes supply chain management**

  Bisher vorwiegend bei direkten Produktionsmaterialien und mit Lieferanten, zu denen langfristige Bindungen bestehen, wird eine Zusammenarbeit gesucht, die über die Abwicklung einzelner Bestellaufträge hinausgeht. Der vereinbarte Abrufvertrag enthält nicht nur Jahresabnahmeverpflichtungen, der Abnehmer stellt seinen Lieferanten sog. forecasts zur Verfügung, mit denen er seinen voraussichtlichen Materialbedarf beim Lieferanten ankündigt. Diese forecasts werden aus der Produktionsplanung des Abnehmers abgeleitet und rollierend überarbeitet und schrittweise präzisiert. Vorwiegend in der Zusammenarbeit zwischen Handelsunternehmen und ihren Lieferanten wird eine Übertragung der Dispositionsverantwortung auf den Lieferanten praktiziert (vendor managed inventory VMI). Bei kooperativer Disposition tauschen Lieferant und Abnehmer Bestands- und Kapazitätsdaten aus und stimmen ihre Produktions-, Distributions- und Materialbedarfsplanung ab.

Kaufsituationen

Auf der Grundlage dieser Klassifizierung der Sourcing-Strategien können verschiedene Kaufsituationen unterschieden werden, die sich durch den unterschiedlichen Stellenwert der in Abbildung 3-1 dargestellten Phasen des Beschaffungsprozesses und der jeweiligen Teilaufgaben unterscheiden:

Erfolgsfaktor Anbahnung und Sourcing

Die Phasen Anbahnung und Sourcing haben eine besondere Bedeutung, wenn die Lieferantenwahl strategischen Charakter hat. Dies ist der Fall, wenn der Bestellwert des Beschaffungsobjekts einen hohen Anteil am gesamten Einkaufsvolumen hat und wenn der Einkauf die Absicht hat, Abnahmeverpflichtungen für längere Zeiträume einzugehen.

Auch wenn die Spezifikation (die genaue Beschreibung der geforderten Produkt- oder Leistungsmerkmale) des Beschaffungsobjekts noch nicht feststeht, weil das Beschaffungsobjekt erstmals oder einmalig bzw. selten beschafft wird, kommt der Phase der genauen Bedarfsklärung und Beschaffungsmarktforschung eine besondere Bedeutung zu.

Erfolgsfaktor Abwicklung

Die Phase der Abwicklung ist hingegen von besonderer Bedeutung, wenn das Beschaffungsobjekt über längere Zeit in unveränderter Spezifikation von Stammlieferanten bezogen wird oder wenn das Beschaffungsobjekt als geringwertig und standardisiert den sog. C-Teilen[1] zuzuordnen ist. Der Beschaffungsprozess wird auch durch die Bereitstellungs- und Auftragsauslösungsart stark geprägt: Die konventionelle Vorratsbeschaffung zeichnet sich dadurch aus, dass die Bestellmengen regelmäßig höher sind als der aktuelle Bedarf. Der Lagerbestand wird über einen Zeitraum durch Entnahmen entsprechend dem Bedarf der Fertigung abgebaut, um anschließend durch eine - relativ zur aktuellen Bedarfsmenge große - Bestellmenge wieder aufgebaut zu werden. Häufig wird eine Bestellung ausgelöst, bevor die Produktion endgültig geplant ist oder ein Kundenauftrag vorliegt. Die Bestellanforderung wird von der Abteilung Produktionsplanung/Disposition erzeugt, im Einkauf geprüft und eventuell modifiziert, die Bestellung mit allen Konditionen in der ERP-Software erfasst und eine Terminkontrolle durchgeführt. Die Lieferung wird im zentralen Wareneingang entgegengenommen, dort auf Übereinstimmung mit der Bestellung kontrolliert und nach einer Qualitätsprüfung „für die Fertigung freigegeben". Anschließend wird das Material ins Materiallager transportiert, dort als Lagerzugang verbucht, ein Lagerplatz zugewiesen und bis zur Verwendung eingelagert. Soll das Material in der Fertigung eingesetzt werden, wird auf der Grundlage eines Materialentnahmescheins die benötigte Menge kommissioniert und zur Fertigungsstelle transportiert.

Erfolgsfaktor Bedarfsplanung

Das Konzept der **einsatzsynchronen Beschaffung** (just-in-time-Beschaffung) sieht vor, dass der Lieferant die täglich benötigte Materialmenge artikel- und mengengenau direkt an die Stelle in der Fertigung liefert, die das Material verarbeiten wird. Im Gegensatz zu dem Ablauf bei Vorratsbeschaffung nimmt der Abnehmer keine Identitäts- und Qualitätsprüfung vor, innerbetrieblicher Transport, Ein- und Auslagerungsvorgänge, Bestandsführung und Kommissionierung entfallen. Der Beschaffungsprozess konzentriert sich auf eine frühzeitige und präzise Planung der Bedarfsmengen und –termine.

---

[1] Zur ABC-Klassifizierung vgl. die Ausführungen in 5.1.3

3	Der Geschäftsprozess Beschaffung

3.3	Beschaffungsprozessvarianten

Einfachste Abläufe und minimaler dispositiver Aufwand kennzeichnen das **KANBAN-System**. Der Lieferant liefert den gewünschten Artikel in einem Mehrweg-Behälter, dessen Standardfüllmenge und Artikelnummer auf der angehefteten Karte (KANBAN) verzeichnet ist. Die Bevorratung erfolgt direkt am Ort des Verbrauchs. Ein Bestellauftrag wird nicht erzeugt. Vielmehr dient der an einer vereinbarten Stelle zur Abholung bereitgestellte leere Behälter als Auftrag, den Behälter wieder zu füllen. Eine Lagerverwaltung mit laufender Erfassung der Lagerab- und –zugänge erfolgt nicht (vgl. im Einzelnen Kap. 6.4).

Abbildung 3-4: Stellenwert der Beschaffungsaufgabe

Quellen und weiterführende Literatur zu 3:

Dolmetsch (2000); Wirtz (2000) S. 167 ff; Schulte (1995) S. 326 ff; Wildemann (1997) S. 138 ff; Stahlmann (1988) S. 86 ff; Clemenz/ Weberpals (1999) S. 12-66.

4 key performance indicators für die Beschaffung und ihre Beeinflussung

4.1 Funktionen der key performance indicators

Erfolgsdruck

Die Mitarbeiter, die am industriellen Beschaffungsprozess beteiligt sind, unterliegen einem starken Erfolgsdruck. Durch die Reduzierung der Fertigungstiefe hat die Bedeutung der Beschaffung für den Unternehmenserfolg weiter zugenommen. In vielen Unternehmen entstehen mehr als 50% der Gesamtkosten für fremdbezogene Produkte und Dienstleistungen. Damit wird auch die Preisuntergrenze für die am Absatzmarkt angebotenen Enderzeugnisse wesentlich von der Beschaffung mitbestimmt. Die Fähigkeit, wichtige Zukaufprodukte erheblich günstiger einzukaufen als die Konkurrenten, ist daher insbesondere auf Absatzmärkten, auf denen ein erheblicher Preisdruck herrscht (z.B. Computer, Stereoanlagen), ein entscheidender Erfolgsfaktor. Auch die Qualität der Absatzprodukte wird immer weniger im eigenen Unternehmen „hergestellt" und immer mehr durch die Fähigkeit und Bereitschaft der Lieferanten beeinflusst, Zukaufteile zu liefern, die den Anforderungen in der Spezifikation gerecht werden. Ebenso ist die Fähigkeit, in kurzen und zuverlässigen Lieferzeiten zu liefern, erheblich von den Beschaffungszeiten und der Liefertreue auf den Beschaffungsmärkten abhängig.

reports

In regelmäßigen „reports" gegenüber ihren Vorgesetzten legen Mitarbeiter Rechenschaft ab über die Fähigkeit, die Bedarfsanforderungen der internen Kunden termin-, mengen- und spezifikationsgerecht zu erfüllen und über die Kosten, die in diesem Zusammenhang verursacht wurden. In Anbetracht ihrer Bedeutung für die Wettbewerbsfähigkeit des Unternehmens werden ständige Verbesserungen der key performance indicators (KPI) gefordert.

Funktionen

Die Vorgabe von Zielen und nachträgliche Messung von Zielerreichungsgraden bieten einen Maßstab, um Handlungsmöglichkeiten zu vergleichen und Schwachstellen und Verbesserungspotenziale aufzuspüren. Die Vorgabe abgestimmter und operational messbarer Ziele ist die Grundlage eines management by objektives für die Mitarbeiter, die im Beschaffungsprozess unabhängig und dennoch abgestimmt aufeinander Teilaufgaben durchführen. Die periodische Messung von Zielerreichungsgraden misst den Erfolg von Verbesserungsprojekten und eingesetzten Instrumenten.

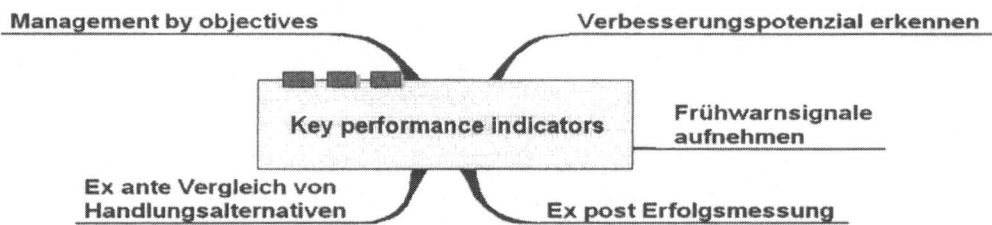

Abbildung 4-1: Funktionen von key performance indicators (KPI)

4.2 Leistungsziele und ihre Beeinflussung

4.2.1 Versorgungssicherheit und Flexibilität

Die Beschaffung wird u.a. an ihrer Fähigkeit gemessen, den Materialbedarf termin- und mengengerecht zu befriedigen.

Bedeutung

Das Ziel Versorgungssicherheit erhält seine Bedeutung durch den Schaden, der dem abnehmenden Unternehmen bei drohenden Fehlmengensituationen (Material wird zum Bedarfstermin ohne entsprechendes Engpassmanagement nicht oder nicht in ausreichender Menge zur Verfügung stehen) oder eingetretenen Fehlmengensituationen entsteht. In der Beschaffungstheorie wird dieser Schaden mit dem Begriff Fehlmengenkosten belegt.

Fehlmengen-kosten

Höhe und Erscheinungsformen der Fehlmengenkosten sind abhängig von

- der Dauer der Fehlmenge,
- dem Umfang der Fehlmenge,
- dem Zeitpunkt, zu dem die drohende Fehlmenge erkannt wird (je frühzeitiger eine drohende Fehlmenge erkannt wird, um so größer ist die Zahl der Handlungsmöglichkei-

ten und damit die Chance, die Fehlmengenkosten gering zu halten),

- der Reaktion auf drohende oder eingetretene Fehlmengensituationen (Wechsel des Lieferanten, des Transportmittels, Materialsubstitution, Änderung des Produktionsprogramms).

Im schlimmsten Falle drohen ein Produktionsstillstand und anschließend eine Lieferverzögerung gegenüber den Kunden des Abnehmers. In diesem Falle entstehen sog. Opportunitätskosten durch unbeschäftigte Anlagen und Mitarbeiter und durch Imageverlust auf dem Absatzmarkt. Eine weitere mögliche Ausprägung der Fehlmengenkosten können Vertragsstrafen sein, die dem Kunden zustehen, wenn eine sog. Pönale vereinbart wurde (vgl. 6.2.3).

Lieferbereit-schaftsgrad/ Liefertreue

Die Erreichung des Ziels Versorgungssicherheit wird in der Praxis durch regelmäßige reports gemessen, in denen der Mitarbeiter für die von ihm betreute Materialgruppe bzw. Lieferantengruppe die Kennzahl Lieferbereitschaftsgrad für lagerhaltige Materialidentnummern bzw. Liefertreue für bedarfsorientiert beschaffte Materialidentnummern und für Lieferanten errechnet (vgl. 5.2.2).

Instrumente

Um Versorgungssicherheit zu erreichen, stehen der Beschaffung die folgenden Instrumente zur Verfügung:

- umfangreiche Sicherheitsbestände und –zeiten,
- frühzeitige und präzise Bedarfsplanung und Information des Lieferanten,
- Zusammenarbeit mit lieferzuverlässigen Lieferanten,
- Terminverfolgung (Kontrolle der Auftragsbestätigung und wichtiger Meilensteine der Auftragsabwicklung),
- Engpassmanagement (Beschleunigung der internen Prozesse, der Bestellübermittlung, des Beschaffungstransports, Nutzung kurzfristig lieferfähiger Anbieter).

Flexibilität

Die Leistungsfähigkeit der Beschaffung wird nicht nur an der Verfügbarkeit frühzeitig bekannter Bedarfe gemessen, sondern auch an der Fähigkeit und Bereitschaft, kurzfristige Änderungen geplanter und bereits ausgelöster Bestellaufträge zu bewältigen (Flexibilität). Um die Wettbewerbsfähigkeit auf dem Absatzmarkt zu sichern, sind Unternehmen häufig gezwungen, sehr kurze Lieferzeiten anzubieten. Zum Zeitpunkt der Produktions- und Materialbedarfsplanung liegen dann häufig noch keine Kundenaufträge vor, sodass aus den Erfahrungen der Vergangenheit abgeleitete Prognosen über den Absatz die Basis für die Produktions- und Materialbedarfsplanung bilden. Stellen sich die Erwartungen als falsch heraus, wird die Produktionsplanung geändert; diese Vorgehensweise führt zu kurzfristigen und starken Änderungen des Materialbedarfs. Auf der Ebene des Einkauf entstehen eventuell kurzfristig neue Bestellanforderungen, denen die Plan-Beschaffungszeit nicht zur Verfügung steht (Engpass-Bestellaufträge) oder bereits ausgelöste Bestellungen müssen beschleunigt, geändert oder storniert werden.

Um Flexibilität zu erreichen, ist ein hoher personeller Aufwand im Einkauf erforderlich. Regionale Lieferanten, die kurze Transportzeiten aufweisen, sind zu bevorzugen. Eine größere Zahl von Lieferanten erhöht die Wahrscheinlichkeit, kurzfristigen Bedarf aus dem Lager eines Lieferanten bedienen zu können.

Abbildung 4-2: Instrumente zur Sicherung der Versorgung

4.2.2 Qualität

Spezifikations- gerechtes Material

Eine weitere Anforderung an die Beschaffung ist die Fähigkeit, Material entsprechend den Anforderungen des internen oder externen Kunden bereitzustellen. Die Anforderungen an die funktionalen Eigenschaften, Abmessungen, Form, Werkstoffeigenschaften u.a. Merkmale werden in der sog. Spezifikation (für Dienstleistungen im sog. Lastenheft) beschrieben, die in der Regel durch eine Fehlertabelle ergänzt wird. Das Qualitätsziel ist erreicht, wenn die in der Spezifikation beschriebenen Merkmale geliefert werden.

Fehlerkosten

Werden die erwarteten oder vereinbarten Produktmerkmale nicht geliefert, entstehen Fehlerkosten, die vielerlei Ausprägungen annehmen können: Ausschuss und Nacharbeit in der Fertigung, administrativer Aufwand zur Bearbeitung von Reklamationen, Imageverlust bei externen Kunden.

Instrumente

Unter dem Begriff Qualitätslenkung werden die Instrumente zusammengefasst, die eine fehlerfreie Anlieferung sicherstellen, die Freigabe fehlerhaften Materials für die Fertigung vermeiden oder wenigstens die entstandenen Fehlerkosten auf den verursachenden Lieferanten überwälzen können:

Unmissverständliche und vollständige Spezifikation

• Voraussetzung für fehlerfreie Lieferungen ist die unmissverständliche und vollständige Spezifikation der gewünschten Merkmale, sowie etwaiger Toleranzen und Prioritäten, falls die geforderten Merkmale nicht gleichzeitig zu erreichen sind (diese Aufgabe der Qualitätsplanung wird meist nicht im Einkauf erfüllt, sondern von der Forschungs- und Entwicklungsabteilung oder der Konstruktionsabteilung). Häufig wird der Lieferant ausführlich über die geplante Verarbeitung und Verwendung der Komponente informiert, um ihm Gelegenheit zu geben, eine geeignete Spezifikation vorzuschlagen (funktionale Ausschreibung).

Identitäts- und Qualitätsprüfung

• Um eine fehlerhafte Lieferung zu erkennen und unverzüglich zu beanstanden, führt der Abnehmer zunächst im Wareneingang eine sog. Identitätsprüfung durch, bei der die Bestellung mit dem Lieferschein und der Lieferung verglichen wird. Transportschäden, Mindermengenlieferung und Falschlieferung werden dabei festgestellt. In vielen Fällen wird auch eine vorzeitige Lieferung beanstandet. Die Übereinstimmung der in der Spezifikation festgelegten Produkteigenschaften mit den gelieferten Merkmalen wird in einer Qualitätsprüfung untersucht, zu der der Abnehmer verpflichtet ist, sofern er Kaufmann ist und nichts Anderes vereinbart wurde. Hierbei werden sog. „offene Mängel" erkannt. Die Qualitätsprüfung entscheidet in Abhängigkeit von der Anzahl der beanstandeten Produkte im Vergleich zur Stichprobe, ob die Lieferung komplett abzulehnen ist oder ob die Lieferung für die Fertigung freizugeben ist und nur die offenen Mängel zu rügen sind. Eine weitere Reaktion auf eine (teilweise) fehlerhafte Lieferung ist die „Freigabe des Materials mit Auflagen", bei der die Qualitätsprüfung verstärkte Prüfungen während des Fertigungsprozesses oder eine Nacharbeit anordnet. Fehler am Produkt, die während der Verarbeitung oder beim Endabnehmer entdeckt werden, können als sog. versteckte Mängel auch später beanstandet werden, sofern der Abnehmer eine „ordnungsgemäße Qualitätsprüfung" durchgeführt hat und die Mängel eindeutig auf einen bestimmten Lieferanten zurückzuführen sind.

Lieferanten-zulassung und -bewertung

- Eine fehlerhafte Lieferung hat der Lieferant zu verantworten, wenn das gelieferte Produkt fehlerhaft hergestellt wurde, wenn es auf dem Transport oder bei Umschlagsvorgängen beschädigt wurde (Lieferbedingung „frei Haus") und wenn dem Lieferanten ein Auftragserfassungs- oder Kommissionierfehler unterlaufen ist. Um die Leistungsfähigkeit und –bereitschaft des Lieferanten beurteilen zu können (präventives Qualitätsmanagement) wird der Lieferant vor der ersten Auftragserteilung einer ausführlichen Prüfung unterzogen, in der seine Fertigungsausstattung, seine Geschäftsprozesse, seine Fertigungsverfahren, seine Lieferanten und Dienstleister einer sog. Auditierung unterzogen werden (Lieferantenzulassung). Im laufenden Geschäftsbetrieb wird die tatsächliche Lieferleistung des Lieferanten durch Kennzahlen beobachtet, um die weitere Lieferantenauswahl auf möglichst objektive Daten stützen zu können und Erfahrungen unter Einkäufern auszutauschen (laufende Lieferantenbewertung) (vgl. die Ausführungen in Abschnitt 6.2.2.5).

Vertragliche Vereinbarungen

- Individuelle Vereinbarungen und allgemeine Qualitätsmanagement-Vereinbarungen versuchen Einfluss zu nehmen auf das Qualitätsmanagement des Lieferanten (indem Vormaterial vorgegeben wird, Prüfungen oder Fertigungsverfahren vorgeschrieben werden). Garantieerklärungen des Lieferanten sind geeignet, die Gewährleistungs- und Schadenersatzansprüche des Abnehmers bei fehlerhaften Lieferungen gegenüber der gesetzlichen Rechtslage zu erweitern (vgl. die Ausführungen in 6.2.3.3).

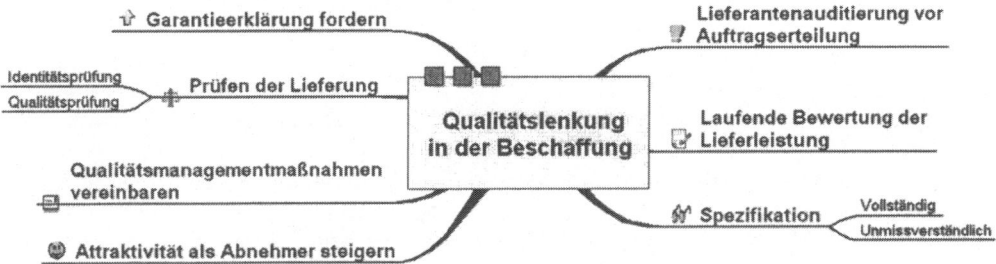

Abbildung 4-3: Instrumente zur Bereitstellung spezifikationsgerechten Materials

4.2.3 Umweltschutz

Umweltmanagement verfolgt als Oberziel die Vermeidung und Verminderung von Umweltbelastungen in einem Umfange, wie es sich mit der wirtschaftlich vertretbaren Anwendung der besten verfügbaren Technik erreichen lässt. Daraus ergeben sich für die Beschaffung die folgenden Aufgaben und Ziele:

- **Vermeidung**/Verminderung von Umweltbelastungen durch Substitution problematischer Einsatzstoffe und ökologische Lieferantenauswahl, sachgerechten Umgang mit Gefahrstoffen bei Transport und Lagerung, Berücksichtigung ökologischer Aspekte bei der Transportmittelwahl, der Lieferantenpolitik, bei der Wahl der Bereitstellungsart und bei der operativen Bestellplanung.
- **Überwälzung** ökologischer Risiken und Haftungstatbestände durch vertragliche Regelungen mit Lieferanten über Haftungsausschlüsse und Rückgabevereinbarungen bezüglich Abfällen und Altprodukten.
- **Versichern** des Risikos durch Abschluss einer Transportversicherung für Gefahrgüter.
- Sicherung der **Rechtskonformität** verlangt die Einhaltung aller einschlägigen Umweltvorschriften. Hieraus ergibt sich für die Beschaffung die Aufgabe, die beschafften Güter und Stoffe hinsichtlich ihrer Umweltrelevanz und hinsichtlich der entsprechenden rechtlichen Regelungen und Haftungsfolgen genau zu kennen, die Erfüllung der gesetzlichen Vorschriften regelmäßig zu bewerten und Verfahren zu entwickeln, die die Einhaltung sicherstellen.
- Verminderung der **Kosten** durch Verbesserung der Ressourceneffizienz (Transportmittelauslastung).

4.3 Kostenverantwortung und –einfluss der Beschaffung

**Kosten-
verantwortung**

Der Aufgabenbereich Beschaffung ist für die Gestaltung, Lenkung und Kontrolle des Materialflusses in das Unternehmen sowie des zugehörigen Informationsflusses zuständig. Bei funktionsorientierter Arbeitsteilung verantworten die Abteilungen die auf ihren Kostenstellen anfallenden und ihnen durch Umlage zugerechneten Gemeinkosten (Personal-, Sachkosten-, Umlagekosten) sowie die den Beschaffungsobjekten zurechenbaren Einzelkosten. Eine Schlüsselstellung im Kostenmanagement nehmen die Abteilungen Einkauf, Qualitätsprüfung und Produktionsplanung/ Disposition ein. Diese verantworten die in der folgenden Tabelle aufgeführten Kostenarten, die im Rechnungswesen als Materialkosten bezeichnet werden (vgl. Abbildung 4.4):

Abteilung	Verantwortung für
• Einkauf	• Einstandskosten • Personalkosten • Sachkosten (Reisekosten, Telefon u.ä.) • Umlagen (Raum- kosten, Kantine u.ä.)
• Qualitätsprüfung	• Prüfmittel • Prüfanlagen • Prüfpersonal • Umlagen
• Lager	• Lagerplatzkosten • Personalkosten für Lagerverwaltung, Kom- missionierung, internen Transport und Handling • Umlagen
• Produktionsplanung/Disposi- tion	• Prüfmittel • Prüfanlagen • Personalkosten • Umlagen

Abbildung 4-4: Kostenverantwortung der Beschaffungsabteilungen

Aus der Sicht der einzelnen Beschaffungsabteilung sind Verbesserungspotenziale also zunächst bei den Kostenarten zu suchen, die sie verantworten und unmittelbar beeinflussen. So wird der Einkauf versuchen Abläufe zu beschleunigen, zu standardisieren und zu vereinfachen, um die Personalkosten für Einkäufer zu reduzieren (vgl. die Ausführungen in 6.3.2 zum Geschäftsprozessmanagement und 7.2 zur Bestellabwicklung) und nach Möglichkeiten suchen, die Einstandskosten für die Materialien und Dienstleistungen zu reduzieren:

Einstandskosten

Die Einstandskosten für ein Beschaffungsobjekt berechnen sich aus dem individuellen Angebotspreis oder einem veröffentlichten Katalog-/Listenpreis abzüglich Preisnachlässen, die in Abhängigkeit von der Bestellmenge (Rabatte), dem Auftragswert oder dem Jahresumsatz (Boni), von der Zahlungsweise (Skonto) und von Eigenschaften/ Merkmalen des Kunden abhängig gemacht werden, zuzüglich Transport-, Versicherungs-, Verpackungskosten und Zoll, wenn die Lieferungsbedingungen dies vorsehen (Lieferung ab Werk).

Listenpreis

- Rabatt
- Bonus
- Skonto
+ Transportkosten
+ Verpackungskosten
+ Versicherungskosten
+ Zoll

= Einstandskosten

Abbildung 4-5 : Vom Listenpreis zu den Einstandskosten

Reduzierung der Einstandskosten

Instrumente zur Reduzierung der Einstandskosten können zunächst versuchen, auf die Höhe des Angebotspreises und auf Preisnachlässe Einfluss zu nehmen. Dazu sind alle Instrumente geeignet, die dem Lieferanten den eigenen Kundenwert deutlich machen und die den wahrgenommenen Wettbewerb zwischen den Anbietern steigern:

| **4.3** | Kostenverantwortung und –einfluss der Beschaffung |

- Intensive Beschaffungsmarktforschung mit dem Ziel, eine große Zahl von Anbietern zur Hand zu haben, um Preisunterschiede zu erkennen und diese in Verhandlungen offen legen zu können,
- Vertragliche Verpflichtungen eingehen, um Verhandlungsbereitschaft des Lieferanten zu erreichen,
- Erreichen von Verhandlungsmacht durch zentrale Bündelung, Einkaufskooperation und single sourcing,
- Spekulation (in Zeiten vorübergehender Preistiefs kaufen),
- Anreize gewähren und vermarkten, um Bereitschaft des Anbieters zu steigern, ein individuelles Preisangebot zu unterbreiten und Preisnachlässe zu gewähren. Vorteile einer Beziehung für den Lieferanten vermarkten, um Kundenwert zu verdeutlichen,
- Angebotenes Skonto nutzen,
- Wechselkosten für den Lieferanten steigern, um seine Abhängigkeit zu erhöhen,
- Hohe Bestellmengen, um Rabatte und Boni zu erzielen,
- Bündelung von Bestellaufträgen über mehrere Artikel hinweg, um Auftragswertboni zu erzielen.

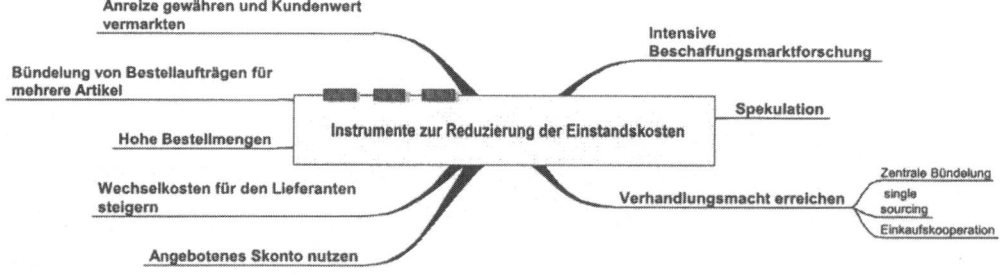

Abbildung 4-6: Instrumente zur Reduzierung der Einstandskosten

Lieferbedingung   Eine Lieferbedingung frei Haus bedeutet, dass der Lieferant Organisation, Kosten und das Transportrisiko verantwortet, bis das Beschaffungsobjekt der Verfügungsgewalt des Abnehmers übergeben wird. Wenn der Abnehmer den Transport, die Verpackung und die Transportversicherung (ab Werk) kostengünstiger gestalten kann als der Lieferant und der Lieferant den Angebotspreis um die tatsächlich anfallenden Transportkosten senkt, ist die Lieferbedingung ab Werk für den Abnehmer günstiger. Dies wäre auch dann der

Fall, wenn die im Angebotspreis des Lieferanten kalkulierte Pauschale höher ist als die tatsächlich anfallenden Transportkosten (der Abnehmer bestellt auf die Transportkapazitäten abgestimmte Mengen, der Lieferant kalkuliert mit einer durchschnittlichen Transportentfernung, die größer ist als die Distanz zwischen Lieferant und Abnehmer). In jedem Falle stellt sich der Einsparungseffekt nur unter der Bedingung ein, dass der Lieferant bei Übergang auf die Lieferbedingung ab Werk einen Preisnachlass gewährt, der die dem Abnehmer anfallenden Transportkosten übersteigt.

Lagerkosten

Lagerkosten entstehen einerseits unabhängig von der eingelagerten Menge und unabhängig von dem Lagerwert für die Bereitstellung von Lagerraum und -ausstattung (Kosten für Miete bzw. Opportunitätskosten, Abschreibungen). Diese Kosten für Lagerraum und -ausstattung sind kurzfristig nicht beeinflussbar (fixe Kosten). Das im Lager gebundene Kapital verursacht (Opportunitäts-)Kosten, wenn das Material vor der Verarbeitung bezahlt werden muss und dadurch Anlagezinsen entgehen bzw. Fremdkapitalzinsen aufzuwenden sind. Kapitalbindungskosten sind durch kurzfristige Entscheidungen über Bestelltermine und –mengen beeinflussbar (variable Kosten).

Reduzierung der Lagerkosten

Im Verantwortungsbereich der Produktionsplanung/ Disposition kann zunächst versucht werden, den im Lager befindlichen Lagerwert zu reduzieren, indem häufiger und in kleineren Mengen bestellt und eingelagert wird, für geeignete Materialidentnummern auf Bestände verzichtet wird. Eine frühzeitige und präzise Materialbedarfsplanung bildet eine Möglichkeit, Sicherheitsbestände zu reduzieren, ohne die Versorgung der internen Kunden zu gefährden. Der Einkauf kann die Disposition durch Zusammenarbeit mit zuverlässigen, regionalen Lieferanten unterstützen. Der Einkauf kann auch versuchen, längere Zahlungsziele zu vereinbaren oder die Verantwortung für die Kapitalbindung durch die Vereinbarung eines Konsignationslagers auf den Lieferanten zu überwälzen. Eine Reduzierung des Sicherheitsbestands kann durch eine Terminverfolgung und Engpassmanagement im Einkauf unterstützt werden, um die Versorgung der Fertigung sicherzustellen.

| **4.4** | Zielkonflikte und ihre Handhabung |

Abbildung 4-7 Instrumente zur Reduzierung der Lagerkosten

4.4 Zielkonflikte und ihre Handhabung

Kostenkonflikt

Bei der Beurteilung von Handlungsmöglichkeiten zur Senkung einer Kostenart muss damit gerechnet werden, dass eine Maßnahme zur Senkung einer Kostenart bei einer anderen Kostenart Steigerungen zur Folge hat (Kostenkonflikt). Ein häufig auftretender Kostenkonflikt ist der Konflikt zwischen Einstandskosten, Personalkosten für Bestellabwicklung und Lagerkosten. Zuverlässige, regionale Lieferanten werden häufig höhere Preise aufweisen, kleine Bestellmengen verursachen höhere Personalkosten für die Bestellabwicklung, Mengenrabatte können nicht in Anspruch genommen werden. Der Abschluss von Rahmenverträgen und single sourcing reduziert einerseits durch die Vereinbarung von Preisen, Lieferungs- und Zahlungsbedingungen und die Klärung der geforderten Spezifikation Personalkosten im Einkauf, andererseits können durch die Bindung an einen Lieferanten kurzfristige Preischancen nicht wahrgenommen werden. In den weiteren Ausführungen werden noch weitere Kostenkonflikte behandelt.

Total cost approach

Offensichtlich ist es nur dann sinnvoll die betrachtete Maßnahme durchzuführen, wenn die Kostennachteile nicht die ursprüngliche Kostensenkung übersteigen. Bei der Beurteilung von Maßnahmen zur Verbesserung des Kostenziels dürfen daher die Kostenerfolge nicht isoliert betrachtet werden. Die Beurteilung der Eignung einer Handlungsmöglichkeit sollte vielmehr auf Basis der gesamten von der Handlungsmöglichkeit beeinflussten Kosten erfolgen (total cost approach). Die Bestimmung der sog. entscheidungsrelevanten Kosten ist daher von zentraler Bedeutung, um ganzheitlich vorteilhafte Entscheidungen zu treffen. Dabei wird es in vielen Fällen nicht ausreichen, die Kostenanalysen und –vergleiche auf einzelne Abteilungen zu beschränken. Je nach Fragestellung und Handlungs-alternativen sind unterschiedliche Abgrenzungen der Kosten entscheidungsrelevant.

Total cost of ownership

Besonders bekannt geworden ist die Abgrenzung der sog. total cost of ownership. Diese Abgrenzung versucht, die Kosten bzw. Kostenunterschiede bis zur Freigabe des Materials für die Fertigung zu erfassen. Während die Abgrenzung Einstandskosten Kosten für unternehmensinterne Beschaffungsaufgaben unbeachtet lässt (und damit implizit unterstellt, dass sie sich für die betrachteten Handlungsalternativen nicht unterscheiden), werden bei der Abgrenzung der total cost of ownership Bestellabwicklungstätigkeiten in der Disposition, im Einkauf und in der Qualitätsprüfung sowie Lagerkosten explizit einbezogen. Die Bestimmung der total cost of ownership zwingt den Entscheidungsträger, sich mit den etwaigen Vor- und Nachteilen einer Handlungsalternative auch dann auseinanderzusetzen, wenn diese nicht in seinem Verantwortungsbereich auftreten. Wie im Abschnitt 6.2.2.3 Lieferantenpolitik noch ausführlich erläutert wird, können durch die gezielte Erschließung und Nutzung ausländischer Lieferquellen (global sourcing) häufig erhebliche Preisvorteile erzielt werden, die auch durch die erhöhten Transportkosten nicht kompensiert werden. Ein Vergleich des local mit dem global sourcing auf der Grundlage der Einstandskosten ignoriert jedoch die Tatsache, dass Beschaffungszeiten länger werden, die Liefertreue durch lange Transportwege und häufigen Wechsel der Transportmittel sowie durch Mentalitätsunterschiede schlechter werden kann, dass die Kommunikation mit dem ausländischen Lieferanten schwieriger und aufwändiger wird (sog. Transaktionskosten), dass eventuell die Wahrscheinlichkeit fehlerhafter Lieferungen steigt durch unterschiedliche Fertigungsverfahren, Transportschäden oder schlechteres Qualitätsmanagement des ausländischen Lieferanten. Bei der Erfassung der total cost of ownership wird nun der Versuch gemacht, die Kostenwirkungen dieser Unterschiede zu erfassen, indem die Lagerkosten höherer Sicherheitsbestände und höherer Bestellmengen, Prüfungskosten für verschärfte Qualitätsprüfungen und erhöhte Personalkosten für Bedarfsplanung in der Disposition und für Lieferantenzulassung und –pflege im Einkauf quantifiziert werden und den Einstandskostenvorteilen gegenübergestellt werden.

| **4.4** | Zielkonflikte und ihre Handhabung |

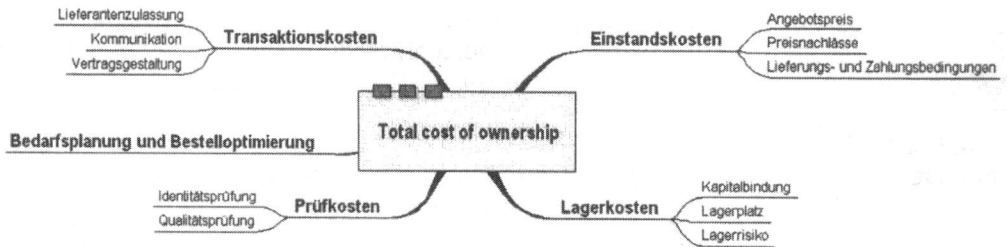

Abbildung 4-8: Zusammensetzung der total cost of ownership

life cycle cost

Der Begriff der life cycle cost dehnt die Betrachtung auf die Phase der Nutzung eines Gebrauchsguts oder die Entsorgung eines Beschaffungsobjekts aus. Während die Abgrenzungen der Einstandskosten und der total cost of ownership anzuwenden sind, wenn sich die Handlungsmöglichkeiten nur in der Beschaffung unterscheiden, berücksichtigt die Abgrenzung life cycle cost z.B. Unterschiede in den Wartungs- und Instandhaltungskosten, unterschiedliche Betriebskosten oder Entsorgungskosten am Ende der Nutzungsdauer.

Praxis

Die ganzheitliche Betrachtung der entscheidungsrelevanten Kosten ist in der Praxis nicht immer einfach, weil die Nachteile

- bei einer anderen Kostenart,
- bei einer anderen Materialidentnummer,
- in einem anderen Verantwortungsbereich,
- zu einem späteren Zeitpunkt

auftreten können und daher schwer zu bestimmen sind. Auch tritt häufig das Problem auf, dass zahlungswirksame Nachteile bei einer Kostenart (z.B. Einstandskosten) hingenommen werden müssen, um Vorteile bei Kostenarten zu erreichen, die (zumindest kurzfristig) nur kalkulatorischen Charakter haben (z.B. Einsparung von Personalarbeitszeit, die nicht zu Personalabbau führt, Reduzierung von Fehlmengenkosten).

Kosten-Leistungs-konflikte

Zielkonflikte treten häufig auch als Kosten-Leistungskonflikt auf. Bemühungen zur Verbesserung der Erreichungsgrade bei den Leistungszielen ziehen Kostensteigerungen nach sich oder Handlungsmöglichkeiten zur Kostensenkung haben eine Beeinträchtigung bei den Leistungszielen zur Folge. So hat der Bezug arbeitsintensiver Komponenten aus den sog.

Billiglohnländern den Vorteil niedriger Einstandskosten. Wegen langer Transportzeiten steigt jedoch das Risiko von Lieferverzögerungen und die Flexibilität der Beschaffung wird geringer.

Strenge Neben-bedingung

Kosten-Leistungskonflikte können bei der Entscheidungsfindung berücksichtigt werden, indem für eines oder mehrere Ziele Mindest-Zielerreichungsgrade als strenge Nebenbedingung vorgegeben werden und anschließend die Handlungsmöglichkeit gesucht wird, die das verbleibende Ziel bestmöglich erfüllt.

Punktbewer-tungsverfahren

Bei der Beurteilung von Handlungsmöglichkeiten der Beschaffung tritt häufig das Problem auf, dass die Wirkungen der Handlungsmöglichkeiten nicht (monetär) quantifizierbar sind.

Neben diesen Bewertungsproblemen muss eine vergleichende Gegenüberstellung der unterschiedlichen Bedeutung der Beurteilungskriterien Rechnung tragen. Nicht zuletzt gibt es Beurteilungskriterien, bei denen ein Unterschreiten des Mindestniveaus zur Ablehnung einer Alternative führen muss, auch wenn alle übrigen Beurteilungsmerkmale hervorragend erfüllt werden.

Eine Lösung dieser Bewertungs- und Gewichtungsfragen kann über die Durchführung eines Punktbewertungsverfahrens (auch scoring-Modell oder Nutzwertanalyse) erreicht werden.

Durchführung

Die Durchführung eines Punktbewertungsverfahrens erfolgt in 4 Schritten:

Anforderungs-profil

(1) Für alle Beurteilungskriterien kann zunächst ein Mindestniveau festgelegt werden. In die weitere Betrachtung werden nur die Alternativen einbezogen, deren Eigenschaftsprofil bei allen Merkmalen mindestens dem Anforderungsprofil entspricht.

Punktwert

(2) Die Ausprägungen der Beurteilungskriterien werden mit Punktwerten belegt, die die relativen Unterschiede der Alternativen widerspiegeln sollen und zugleich die unterschiedlichen Dimensionen der Entscheidungskriterien vereinheitlichen.

Die Beschreibung der Ausprägungen, die zu einem bestimmten Punktwert zugeordnet werden, sollte möglichst operational erfolgen, um die Bewertung

4.4   Zielkonflikte und ihre Handhabung

realer Ausprägungen zu erleichtern. Zudem sollte die Zuordnung von Punktwerten zu Ausprägungen berücksichtigen, dass eine Ausprägung, die den doppelten Punktwert erhält, bei der Gesamtbewertung einen zweifachen Nutzen der Merkmalsausprägung impliziert.

Die maximal erreichbare Punktzahl kann willkürlich festgelegt werden. Allerdings ist zu bedenken, dass eine hohe maximale Punktzahl eine hohe Differenzierung der Ausprägungen impliziert und eine sinnvolle Einstufung realer Ausprägungen mit steigendem maximalem Punktwert immer schwieriger wird. Eine maximale Punktzahl von 10 ist häufig ausreichend.

Gewichtung   (3)   Jedes Beurteilungskriterium wird mit einem Gewichtungsfaktor entsprechend seiner relativen Bedeutung versehen. Die Punktwerte der Merkmalsausprägungen werden mit dem Gewichtungsfaktor multipliziert. Das Ergebnis wird als Teilnutzenwert bezeichnet.

Nutzenkennziffer   (4)   Die gewichteten Punktwerte können als dimensionslose Nutzenkennziffern addiert werden, um zu einer Gesamtbewertung der Handlungsmöglichkeiten zu gelangen.

Beispiel   Die Vorgehensweise und die Ergebnisse der Schritte 3 und 4 demonstriert das folgende Beispiel; zu beurteilen ist ein Anbieter:

Entscheidungskriterien für die Auswahl eines Lieferanten	Gewichtungsfaktor (%)	Punktzahl PZ	Gewichteter Punktwert
1. Qualität	25		
- Technische Qualität		3	
- Ausschussquote		3	
- Normung		2	
- Qualitätsgarantien		4	
- Umweltbelastung		2	
Summe aller PZ/ Gewichteter Punktwert für 1.		14	3,5

2. Zeit	**20**		
- Lieferfristen		1	
- Einhaltung der Liefer-termine (Termintreue)		5	
- Liefersicherheit		5	
- Lieferbereitschaft		4	
- Verständigung des Abnehmers bei Lieferverzögerung oder Lieferausfall		1	
Summe aller PZ/ Gewichteter PW für 2.		**16**	**3,2**
3. Preis	**20**		
- End- bzw. Abnahme-preis (Einstandspreis)		5	
- Gewährung von Skonti und/oder Rabatten		1	
- Einräumung von Liefe-rantenkrediten		0	
- Versicherungskosten		1	
- Fracht- und Transport-kosten		3	
- Montagekosten		3	
Summe aller PZ/ Gewich-teter PW für 3.		**13**	**2,6**
4. Service	**15**		
- Erledigung der zwischenbetrieblichen Kommunikation (Schriftverkehr, Telefax, etc.)		4	
- Beratung		2	
- Kooperationsbereitschaft		4	
- Kommunikationsfähigkeit		3	
- 24-Stunden-Service		4	
- Schulungsangebote		2	
- Erledigung von Reklamationen		5	
Summe aller PZ/ Gewichteter PW für 4.		**24**	**3,6**

5. Ort	10		
- Standort des Lieferanten		6	
- Lieferantennationalität		6	
- Bezugsquellen des Lieferanten		3	
- Verkehrsanschlüsse bzw. -anschlüsse des Lieferanten		5	
- Service vor Ort		4	
Summe aller PZ/ Gewichteter PW für 5.		**24**	**2,4**
6. Allgemeine Kriterien	10		
- F&E-Tätigkeit und/oder Potential		2	
- Image des Lieferanten		1	
- Kapazität des Lieferanten		5	
- Gegengeschäftsmöglich keiten		0	
- Flexibilität (z.B. in der Lieferung kurzfristig angeforderter Abnahme volumen - Teillieferung)		5	
- Übernahme der Lagerhal tung, der Qualitätskon trolle		1	
- Verkaufspolitik und -ethik		3	
Summe aller PZ/ Gewichteter PW für 6.		**17**	**1,7**
Resultat/ Gewichteter Gesamt- punktwert		**108**	**17**

Abbildung 4-9: Anwendung eines Punktbewertungsverfahrens (Quelle: Hartmann, H., Pahl, H.J., Spohrer, H. S. 85)

Quellen und weiterführende Literatur zu 4:

Schulte (1995) S. 132 ff; Vollrath/Nase (2003) S. 31-36; Ellram (2002); Mindach (1997) S. 55 ff; Krokowski (1998) S. 62-72; Dyllick/Hamschmidt (2002) S. 477-488, Stahlmann (1988); Melzer-Ridinger (1995) S. 75 ff; Glaser/Michels (1994) S. 17 ff, S. 152-168; Brauer (2002) S. 90 ff; Franke (2003) S. 104ff; Pfeifer (1996) S. 105-146, Pfeifer (2001) S. 449-483.

5 Systematisches und differenziertes Beschaffungsmanagement

5.1 Klassifizierung von Beschaffungsobjekten

5.1.1 Was ist eine Klassifizierung und wozu dient sie?

Differenzierte Behandlung

Das Spektrum der Beschaffungsobjekte eines Industrieunternehmens ist sehr heterogen. Fremdbezogene Produkte und Dienstleistungen unterscheiden sich durch Bedarfsmengen und -schwankungen, durch ihre Spezifizität, durch ihren Wert, durch Volumen und Haltbarkeit und durch die Rahmenbedingungen auf dem Beschaffungsmarkt wie saisonale Verfügbarkeit, Anzahl der Anbieter und deren Leistungsfähigkeit. Die charakteristischen Merkmale der Beschaffungsobjekte erzwingen oder empfehlen eine differenzierte Behandlung, eine individuelle statt einheitliche Gestaltung der Beschaffung, die das individuelle Verhältnis zwischen Einstandskosten und Lagerkosten, zwischen Einstandskosten und Beschaffungsprozesskosten, zwischen Versorgungssicherheit, Qualität und Kostenminimierung adäquat berücksichtigt (vgl. Abbildung 5-1).

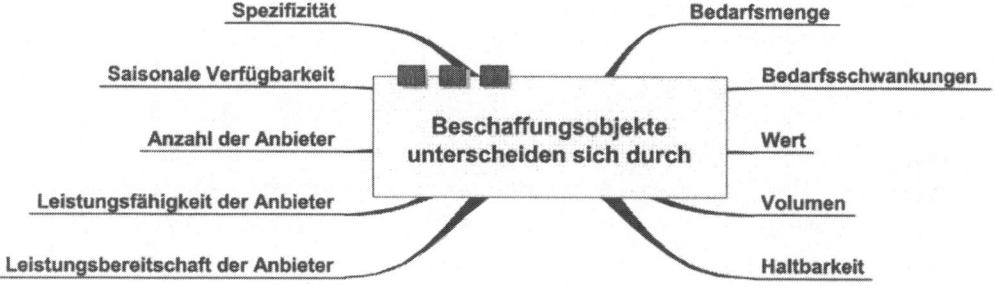

Abbildung 5-1: Heterogenes Beschaffungsprogramm

Für geringwertige standardisierte Massenprodukte, die in gleich bleibender Spezifikation regelmäßig bezogen werden, sollten einfache und möglichst automatisierte Beschaffungsprozesse entwickelt werden, die Qualität und Versorgungssicherheit zu geringstmöglichen Prozesskosten gewährleisten. Die Beschaffungskonditionen können mit einem Stammlieferanten einmalig abgeklärt und der laufende

5	Beschaffungsmanagement

5.1	Klassifizierung von Beschaffungsobjekten

Bestellprozess weitgehend automatisch abgewickelt werden. Im Gegensatz dazu ist bei der Beschaffung von hochwertigen Gebrauchsgütern ein aufwändiger Geschäftsprozess unvermeidbar, der die Bedarfsklärung, umfangreiche Beschaffungsmarktforschung, Angebotsvergleiche und Verhandlungen umfasst. Die Gestaltung der Beschaffung konzentriert sich hierbei auf die Erzielung von Einsparungen bei den life cycle cost[1] (Anschaffung, Ersatzteile, Betriebskosten), hohe Beschaffungsprozesskosten sind zu akzeptieren.

Kompromiss

Jedoch ist eine individuelle Behandlung, d.h. auf die Merkmale der Identnummer zugeschnittene Gestaltung der Bedarfsplanung und Bestellplanung, der Bestandspolitik, des strategischen Einkaufs und der Beschaffungsorganisation[2] außerordentlich aufwändig. Die Klassifizierung des Beschaffungsprogramms ist ein Kompromiss zwischen der individuellen und der Gleichbehandlung der Beschaffungsobjekte.

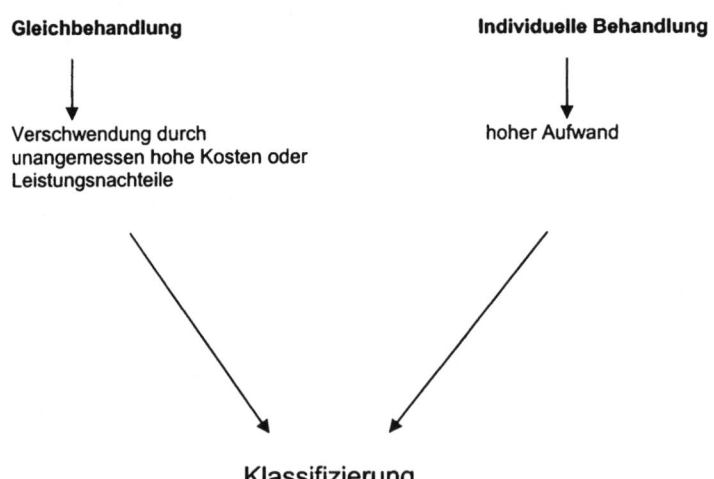

Gleichbehandlung

Verschwendung durch unangemessen hohe Kosten oder Leistungsnachteile

Individuelle Behandlung

hoher Aufwand

Klassifizierung

Abbildung 5-2: Klassifizierung als Kompromiss zwischen Gleich- und individueller Behandlung der Beschaffungsobjekte

---

[1] Vgl. die Ausführungen in 4.3.1
[2] Die Gestaltungsmöglichkeiten der strategischen Beschaffung werden in Abschnitt 6 dargestellt

**Homogene
Beschaffungs-
objekte**

Die Klassifizierung hat zum Ziel, die Beschaffungsobjekte innerhalb der Gruppe weitgehend gleich zu behandeln und gleichzeitig deutlich von der Behandlung der Beschaffungsobjekte in anderen Klassen zu unterscheiden. Daher wird versucht, die Klassen/Gruppen so zu bilden, dass die in einer Klasse befindlichen Beschaffungsobjekte untereinander im Wesentlichen homogen sind, während sie sich von den Beschaffungsobjekten anderer Klassen deutlich unterscheiden. So können beispielsweise alle Identnummern der Packmittel ungeachtet der unterschiedlichen Abmessungen, Farben, Bedruckung und Werkstoffqualität zu einer Klasse zusammengefasst werden, die sich deutlich z.B. von der Klasse „chemische Rohstoffe" unterscheidet. Alle Materialidentnummern (Varianten) innerhalb der Klasse erfahren im Wesentlichen die gleiche Behandlung, denn für die Lieferantenpolitik und das Bestandsmanagement von Verpackungsmaterial spielt wahrscheinlich keine Rolle, welche Farbe die Bedruckung aufweisen soll.

In den folgenden Abschnitten werden mehrere Ansätze gezeigt, das Beschaffungsprogramm zu klassifizieren. Keines der vorgestellten Kriterien ist allein geeignet, Empfehlungen für die Gestaltung der Beschaffung abzuleiten. Auch sind die dargestellten Ansätze zur Klassifizierung nicht überschneidungsfrei, da die Klassifizierungskriterien untereinander abhängig sind. Erst die Kombination der Kriterien ergibt in der Praxis klar abgrenzbare Klassen, für die Referenzmodelle entwickelt werden können.

5.1.2 Klassifizierung nach dem internen Kunden: direktes Material und indirekte Produkte

MRO-Products

Beschafft wird nicht nur direktes Produktionsmaterial, das in das Erzeugnis eingeht (Komponenten, Bauteile, Rohstoffe) und für die Weiterverarbeitung vorgesehen ist, sondern auch eine breite Palette von Beschaffungsobjekten, die als indirekte Produkte (und Dienstleistungen) bezeichnet werden. Indirekte Produkte kauft ein Unternehmen für die Nutzung (Gebrauchsgüter) oder den Konsum (Verbrauchsgüter) im Unternehmen. Unter diese Gruppe der indirekten Produkte fallen sog. MRO-Produkte (Maintenance-Repair-Operating-Products, also Instandhaltungsmaterial, Reparaturmaterial, Betriebsstoffe), die in der Fertigung und fertigungsnahen Bereichen (Labor, Werkstatt) als Verbrauchsmaterial eingesetzt werden, sowie indirekte Produkte für den

5.1   Klassifizierung von Beschaffungsobjekten

administrativen Bereich (Büromaterial, Fachzeitschriften, Bewirtung, Werbegeschenke, Reinigungsleistungen, Beratungsleistungen). Neben diesen Produkten und Dienstleistungen, die laufend benötigt werden (repetitiver Bedarf) gibt es eine Reihe von Beschaffungsobjekten, die der interne Bedarfsträger als Gebrauchsgüter erstmals, einmalig oder nur selten benötigt (PC-Ausstattung, Kopierer, Telefonanlagen, Software, Erstausstattung für neue Mitarbeiter). Die Beschaffung indirekter Produkte wird auch als Operating Resource Management bezeichnet.

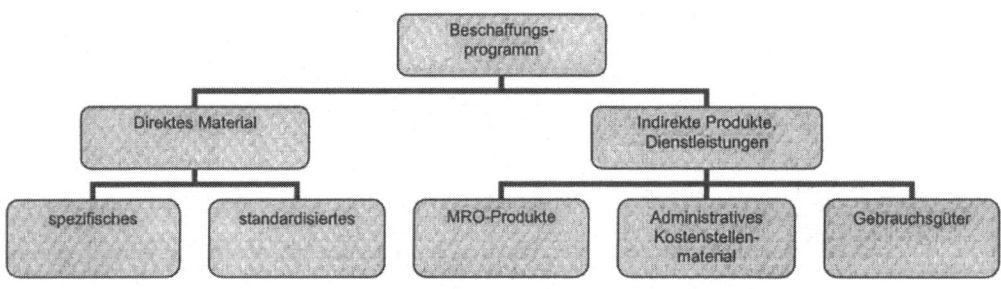

Abbildung 5-3. : direkte und indirekte Beschaffungsobjekte

Indirekte physische Produkte	Dienstleistungen
Büromaterial	Reinigungsleistungen
Büroausstattung (Fax, Kopierer)	Weiterbildung
Büromöbel	Geschäftsreiseleistungen
Werbegeschenke	Unternehmensberatung
Computer	Autoleasing
Fachzeitschriften	Instandhaltungsleistungen
Werkzeuge	Werbedienstleistungen
Ersatzteile	Logistische Dienstleistungen
Kühlmittel, Schmierstoffe	Bewirtung, Kantine
Arbeitskleidung	Bankdienstleistungen

Abbildung 5-4:   Typische Beschaffungsprodukte des indirekten Bereichs (Operating Resource Management)

Unterschiede

Direkte Produkte weisen einige für die Gestaltung der Beziehungen zu Lieferanten und der Geschäftsprozesse wichtige Unterschiede zu indirekten Produkten auf:

Interne Kunden

- Indirekte Produkte haben gemeinsam, dass der Bedarf bei jedem Mitarbeiter im Unternehmen anfallen kann, während Beschaffungsanforderungen für direktes Material nur von bestimmten Funktionsträgern in der Produktionsplanung/Disposition und in der Lagerverwaltung platziert werden. Diese entwickeln eine hohe Routine in der Anwendung der ERP-Software.

Aufwändige Anbahnung

- Während die direkten Produkte meist eine für längere Zeiträume feste Spezifikation aufweisen, muss diese bei indirekten Produkten, die erstmalig, einmalig oder selten benötigt werden, im Laufe des Beschaffungsprozesses entwickelt, mit den Beschaffungsmöglichkeiten abgestimmt und eventuell bei Vorgesetzten genehmigt werden (z.B. PC-Ausstattung, Büroausstattung).

Bedarfsplanung

- Dem Einkaufsvorgang für direktes Produktionsmaterial ist eine Bedarfsplanung vorgeschaltet, die für einen großen Teil der direkten Produkte eine programmorientierte Disposition[3] durchführt und mit einem Planungshorizont von häufig mehreren Monaten Bedarfsmengen und –termine zukunftsorientiert ermittelt. Die termingerechte Verfügbarkeit kann daher auch bei langen Beschaffungszeiten sichergestellt werden. Der Bedarf an indirekten Produkten hingegen hat keinen Zusammenhang zum Produktionsprogramm. Repetitiver indirekter Bedarf kann – sofern Aufschreibungen über den Bedarf geführt werden - mit Hilfe statistischer Verfahren verbrauchsorientiert[4] geplant und bevorratet werden. Ein Teil der indirekten Produkte soll nicht bevorratet werden – lange Beschaffungszeiten verursachen für den Bedarfsträger entsprechende Wartezeiten.

Nutzung des ERP-Systems

- Direktes Produktionsmaterial wird mit Unterstützung durch PPS-Systeme (Produktionsplanungs- und –Steuerungssysteme), die in ERP-Systeme (Enterprise-

---

[3] Vgl. die Ausführungen in 7.2.4.1

[4] Vgl. die Ausführungen in 7.2.3.1

Resource-Planning) eingebettet sind, disponiert. Diese Systeme bieten eine Unterstützung der Bedarfsplanung und Bestelloptimierung. Lieferanten- und Materialstammdaten werden gepflegt. Die Verwendung von ERP-Systemen für die automatisierte Beschaffung von indirekten Produkten, die selten beschafft werden und geringwertig sind, ist jedoch ineffizient. ERP-Systeme sind für die Beschaffung von indirekten Produkten zu komplex, zu langsam und zu teuer. Die im Rahmen der ERP-Systeme notwendige Stammdatenpflege verursacht einen hohen Aufwand für Erfassung und Aktualisierung der Stammdaten.

Prozesskosten

- Eine Analyse der für den Beschaffungsprozess in den Abteilungen Einkauf, Lager, Wareneingang, Disposition und Verwaltung anfallenden Gemeinkosten (Prozesskosten) ergibt in aller Regel, dass geringwertige indirekte Produkte einen wesentlichen Teil der Prozesskosten verursachen: sie verursachen die meisten Bestellungen, verzeichnen die größte Vielfalt der Beschaffungsobjekte und die meisten Lieferanten. Die Höhe der Prozesskosten steht häufig in krassem Missverhältnis zu den Einstandskosten.

Lieferanten

- Indirekte Produkte werden bei einer Vielzahl von Lieferanten beschafft, die häufig kleine, nur regional tätige Unternehmen sind. Sie zählen meist nicht zu den strategisch wichtigen Geschäftspartnern. Der Austausch von forecasts, Abrufaufträgen und Bestandsdaten über EDI-Technologien ist für diese Lieferanten nicht wirtschaftlich. Aufgrund der relativ hohen Einstiegskosten ist eine große Anzahl von Geschäftsvorfällen und eine langfristige Bindung an den Lieferanten notwendig, um die Technologie wirtschaftlich betreiben zu können.

5.1.3 Klassifizierung nach Mengen-/Wertanteil – die ABC-Analyse

Anteil am Einkaufsvolumen p.a.

Die klassische ABC-Analyse unterscheidet Beschaffungsobjekte nach ihrem Anteil an dem gesamten Einkaufsvolumen. In den meisten Fällen beobachtet das Unternehmen, dass die fremdbezogenen Produkte und Dienstleistungen von sehr unterschiedlicher Bedeutung für das jährliche Einkaufsvolumen in € sind. Häufig verursacht ein sehr geringer Anteil der Produkte und Dienstleistungen weit über die Hälfte des Beschaffungswertes. Diese sog. A-Produkte weisen häufig relativ geringe Beschaffungsmengen bei hohen Einstandskosten/Stück auf.

Empfehlungen

Die ABC-Analyse empfiehlt, den Personalaufwand im Einkauf und in der Disposition auf diese A-Produkte und -Dienstleistungen zu konzentrieren, weil besonders hohe Einsparungen bei den Einstandskosten und Bestandskosten erzielt werden können. Das klassische C-Produkt ist ein geringwertiges Massenprodukt. Für Produktionsmaterial, das als C-Material klassifiziert wird, konzentrieren sich die Bemühungen auf die Gestaltung einfacher und standardisierter Beschaffungsprozesse.

Durchführung

Eine ABC-Analyse auf der Basis des Mengen-Wert-Verhältnisses kann auf Statistiken über Bedarfsmengen und Einstandskosten beruhen oder sich auf Prognosewerte stützen. Die Durchführung erfolgt in 5 Schritten:

(1) Berechnung des Einkaufsvolumens in € aus dem Produkt von Jahresbedarfsmenge und Einstandskosten je Materialidentnummer.
(2) Berechnung des Anteils am Einkaufsvolumen in € p.a. und des Anteils am Jahresbedarf in ME je Materialidentnummer.
(3) Festlegung der Rangfolge nach dem Einkaufsvolumen in € p.a.
(4) Sortieren der Materialidentnummern nach Rang und Berechnung der kumulierten Jahresbedarfsmengen und Einkaufsvolumina.
(5) Klassifizierung der Materialarten. In Klasse A befinden sich Identnummern, die gemeinsam einen hohen Anteil am Einkaufsvolumen in € (meist mehr als 60%) verursachen. In Klasse C befindet sich meist eine große Zahl von Identnummern, die insgesamt einen geringen Anteil am Einkaufsvolumen in € (häufiger geringer als 10%) haben. Es handelt sich um geringwertige Massengüter oder Beschaffungsobjekte mit seltenem Bedarf. Alle Identnummern, die nicht eindeutig Klasse A oder C zugeordnet werden können, werden als B-Produkte klassifiziert.

5	Beschaffungsmanagement

5.1	Klassifizierung von Beschaffungsobjekten

Tabelle 1 zeigt an einem vereinfachten Beispiel das Ergebnis der Schritte 1-3:

Materialidentnummer	Anteil am Jahresbedarf in ME	Anteil am Einkaufsvolumen in €	Rang nach Anteil am Jahresbedarf in ME	Rang nach Anteil am Einkaufsvolumen in €
1	13,07%	2,54%	4	9
2	3,27%	3,17%	7	7
3	6,54%	9,52%	6	4
4	0,65%	12,69%	10	3
5	2,61%	25,38%	8	2
6	1,96%	26.65%	9	1
7	6,54%	9,14%	5	5
8	19,61%	7,61%	3	6
9	19,61%	0,76%	2	10
10	26,14%	2,54%	8	1
	∑ 100,00 %	∑ 100,00%		

Tabelle 1: ABC-Analyse - Rangfolge der Materialidentnummern

Tabelle 2 zeigt die Ergebnisse der Schritte 4 und 5:

Materialidentnummer	Rang nach Anteil am Einkaufsvolumen in €	Kumulierter Anteil am Jahresbedarf in ME	Kumulierter Anteil am Einkaufsvolumen in €	Klasse
6	1	1,96%	26.65%	A
5	2	4,57%	52,03%	A
4	3	5,22%	64,72%	A
3	4	11,76%	74,24%	B
7	5	18,30%	83,38%	B
8	6	37,91%	90,99%	C
2	7	41,18%	94,16%	C
10	8	67,32%	96,70%	C
1	9	80,39%	99,24%	C
9	10	100%	100%	C

Tabelle 2: Ergebnis der ABC-Analyse

Die Klassifizierung ergibt,

- dass 3 Materialien mit einem Anteil am Jahresbedarf in ME von nur 5% einen Anteil von 65% des Einkaufsvolumens haben (diese werden als A-Material eingestuft),
- dass 2 Materialien mit einem Anteil am Jahresbedarf von ca. 13% einen Anteil von ca. 20% des Einkaufsvolumen verursachen (diese werden als B-Material eingestuft),
- dass 5 Materialien mit einem Anteil von ca. 82% des Jahresbedarfs einen Anteil von nur 17% am Einkaufs volumen verursachen (diese werden als C-Material eingestuft).

Empfehlungen

Das klassische A-Produkt verursacht hohe Kapitalbindungskosten. Daher wird für diese Produktgruppe versucht, Bestände zu minimieren. Um die Sicherheitsbestände möglichst gering halten zu können, sollte die Disposition aufwändige, aber genaue Bedarfsplanungsverfahren einsetzen (programmorientierte Disposition). Häufige und kleine Bestellmengen sind geeignet, die Ausgleichsbestände gering zu halten. Das A-Produkt zeichnet sich auch durch relativ hohe Einstandskosten aus. Zur Vorbereitung und laufenden Kontrolle der sourcing-Entscheidung und zur Vorbereitung von Preis- und Konditionenverhandlungen sind eine umfassende Beschaffungsmarktforschung, aufwändige Angebotsvergleiche und Verhandlungen sinnvoll. Um die Verhandlungsmacht gegenüber dem Lieferanten zu stärken, ist die Bündelung der Bedarfe im Konzern und eine single-source-Politik von Vorteil[5].

Detaillierte Vorschläge zu einer unterschiedlichen Behandlung der Materialien aus den Ergebnissen einer ABC-Analyse können allein auf Basis des Mengen-Wert-Verhältnisses nicht abgeleitet werden - hierzu sind detaillierte Analysen notwendig.

5.1.4 Klassifizierung nach Bedarfsmerkmalen

Wiederhol-häufigkeit des Bedarfs

Eine Klassifizierung des Beschaffungsprogramms nach der Wiederholhäufigkeit des Bedarfs in einmaligen, erstmaligen, sporadischen und Serienbedarf ist die Grundlage, um die Geschäftsprozesse und die Zuständigkeiten für die Beschaffungsaufgaben zu gestalten. Wenn ein Beschaffungsobjekt (zumindest in einem überschaubaren Planungshorizont) einmalig, erstmals oder nur gelegentlich (sporadisch) beschafft wird, liegen keine oder veraltete Angebote von Lieferanten vor. In diesen Fällen sind die der Bestellung vorgelagerten Einkaufsaufgaben (Bedarfsklärung, Beschaffungsmarktforschung, Anfragen, Angebotsvergleiche, Verhandlungen, Vertragsgestaltung) von besonderer Bedeutung. Die Kaufentscheidung hat jeweils den Charakter eines Neukaufs, Intensive Abstimmung mit dem internen Kunden und Genehmigungsverfahren sind erforderlich. Im Gegensatz dazu haben Kaufentscheidungen für Beschaffungsobjekte, die in gleich bleibender Spezifikation über einen längeren Zeitraum regelmäßig bezogen werden, Routinecharakter. Die potenziellen Lieferanten und ihre Leistungsfähigkeit sind

---
[5] vgl. die Ausführungen in 6.2.2.2

bekannt. Es ist möglich (und sinnvoll), mit ausgewählten Lieferanten Rahmenverträge auszuhandeln, die Preise und Preisnebenbedingungen für mehrere Lieferungen festlegen. Die Schwerpunkte der Einkaufsaufgaben verschieben sich, weil im Tagesgeschäft keine Lieferantenauswahl mehr erforderlich ist. Die Bestellauslösung kann an die Materialdisposition delegiert werden, die auch die Bedarfsplanung und das Bestandsmanagement verantwortet.

XYZ-Analyse

Mittels einer XYZ-Analyse wird das Produkt- und Teilespektrum nach Schwankungen des Bedarfs und der Vorhersagegenauigkeit klassifiziert. Sie ist – insbesondere in Zusammenhang mit der ABC-Analyse - eine Entscheidungshilfe für die Festlegung der Bereitstellungs- und Dispositionsart.

Vorhersagegenauigkeit

X-Produkte haben einen stetigen Verbrauch mit nur geringen Bedarfsschwankungen und sollten eine hohe Bedarfsprognosequalität aufweisen. Y-Produkte weisen trendförmigen, saisonalen oder leicht schwankenden Bedarf und eine mittlere Bedarfsprognosegenauigkeit auf. Z-Produkte sind durch Bedarfsverläufe gekennzeichnet, die keine Gesetzmäßigkeit zeigen und deren Bedarf nur schlecht prognostiziert werden kann. Z-Produkte benötigen einen hohen Sicherheitsbestand, um die Lieferbereitschaft sicher zu stellen. Z-Produkte sind eher ungeeignet für eine just-in-time-Beschaffung, da diese für den Lieferanten nicht (wirtschaftlich) zu realisieren ist.

Die Kombination der XYZ- und der ABC-Analyse lässt Rückschlüsse auf Produkte zu, für die eine bestandslose Versorgung der Fertigung näher untersucht werden sollte (vgl. hierzu die Ausführungen in 6.4.1 Lagerpolitik).

5.1.5 Klassifizierung nach Risiko und Anfälligkeit

Ergänzung der ABC-Analyse

Eine ABC-Analyse für direktes Produktionsmaterial empfiehlt für Identnummern, die als A- oder B- Material klassifiziert werden, eine drastische Bestandssenkung, die große Einsparungen bei den Kapitalbindungskosten verspricht. Grundsätzlich ist eine Bestandssenkung erreichbar durch kleine Bestellmengen und häufiges Bestellen, durch eine Reduzierung der geforderten Lieferbereitschaft, durch eine Verbesserung der Prognosequalität und eine Verbesserung der Zuverlässigkeit des Lieferanten[6].

Eine Klassifizierung der Materialidentnummern hinsichtlich ihres Beschaffungsrisikos einerseits und hinsichtlich ihrer Anfälligkeit andererseits gibt näheren Aufschluss über geeignete Instrumente, die Bestandssenkung umzusetzen. Im Gegensatz zu der ABC-Analyse werden bei dieser Klassifizierung 2 Merkmale herangezogen, die Beschaffungsobjekte einzuordnen. Das Ergebnis der Klassifizierung wird als Portfolio bezeichnet.

Beschaffungs-risiko

Materialidentnummern weisen ein hohes Beschaffungsrisiko auf, wenn zum Zeitpunkt der Bestellung (noch) ein hohes Bedarfsrisiko besteht und/oder wenn der Lieferant eine geringe Termin-, Mengen- oder Qualitätszuverlässigkeit aufweist bzw. seine Zuverlässigkeit nicht bekannt ist.

Anfälligkeit

Materialidentnummern weisen eine hohe Anfälligkeit gegenüber Beschaffungsrisiko auf, wenn Lieferverzögerungen und –ausfälle hohe Fehlmengenkosten verursachen und/oder Abweichungen der gelieferten Produktmerkmale von der geforderten Spezifikation hohe Fehlerkosten verursachen. Eine geringe Anfälligkeit ist beispielsweise gegeben, wenn ein Material durch ein Substitutionsmaterial ersetzt werden kann, kurzfristig andere Lieferquellen zur Verfügung stehen oder fehlerhafte Materiallieferungen nachgearbeitet werden können bzw. „nur" Schönheitsfehler am Enderzeugnis verursachen.

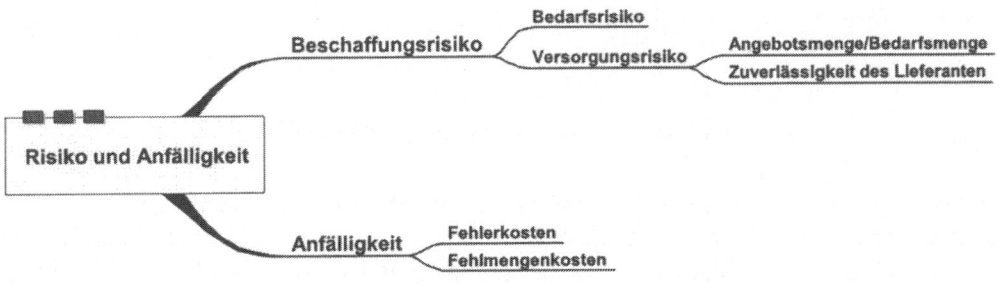

Abbildung 5-5: Kriterien für die Beurteilung des Beschaffungsrisikos und der Anfälligkeit

---

[6] vgl. Abschnitt 4.3 und Abbildung 4-7

Für C-Material wird es in der Regel sinnvoll sein, Beschaffungsrisiko durch entsprechend hohe Bestände auszugleichen (dieses Verhalten wird im Risikomanagement als „Übernahme" bezeichnet), um Fehlmengen- und Fehlerkosten in der weiteren Prozesskette, insbesondere in der Fertigung zu vermeiden. Bei geringer Anfälligkeit darf auch in Erwägung gezogen werden, die Anforderungen an die Lieferbereitschaft und die Spezifikation zu korrigieren. Für A-Produkte lohnt sich der Aufwand, Konzepte zu entwickeln, die den Lieferanten bei der Verbesserung seiner Zuverlässigkeit unterstützen (rollierende forecasts, Finanzierungshilfen, technische Beratung, VMI) und die eigene Bedarfsplanung zu verbessern (programmorientierte Disposition, internes supply chain management).

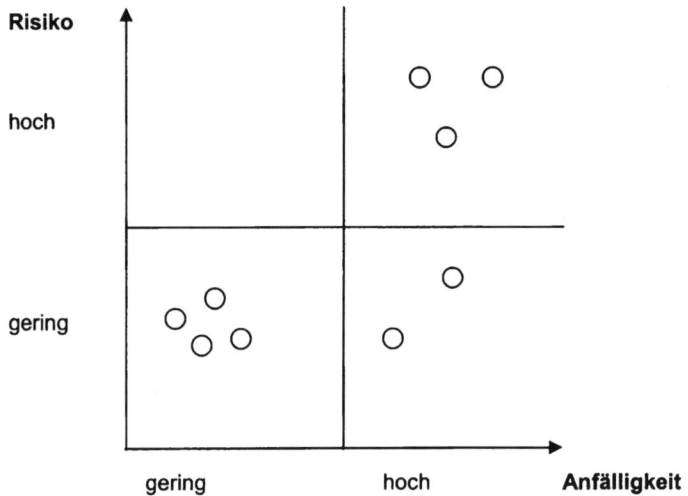

Abbildung 5-6: Risiko-Anfälligkeitsportfolio

5.1.6 Klassifizierung nach Marktmacht

Macht-Portfolio

Eine Gegenüberstellung der Abnehmer- und Lieferantenmacht in einem Macht-Portfolio unterstützt die Gestaltung der Lieferanten- und Kontraktpolitik. Die Klassifizierung nach der Marktmacht soll die Materialidentnummern aufzeigen, bei denen der Abnehmer durch Ausnutzung seiner Marktmacht Kosten- und Leistungserfolge erzielen kann. In dieser Situation kann der Abnehmer einseitige Erfolge erreichen durch Kostenüberwälzung, indem er den Lieferanten zwingt, eine Pönale zu akzeptieren, umfassende Garantien zu geben und Ausgangsprüfungen nach Vorgaben des Abnehmers durchzuführen. In einer Macht-Gleichgewichtssituation, in der sich gleich starke Geschäftspartner gegenüberstehen, sind die Voraussetzungen für unternehmensübergreifendes supply chain management gegeben. Hier ist partnerschaftliches Verhalten in der Lieferanten- und Kontraktpolitik angezeigt und es werden Konzepte umgesetzt, die beiden Geschäftspartnern Erfolge versprechen (z.B. VMI, Preisgleitklauseln). Herrscht eine Übermacht des Lieferanten, muss sich der Abnehmer anpasserisch verhalten und in den eigenen Unternehmensgrenzen nach Verbesserungspotenzialen suchen, beispielsweise durch Neugestaltung der Geschäftsprozesse und durch Verbesserung der abteilungsübergreifenden Abstimmung (unternehmensinternes supply chain management).

Angebotsmacht

Die folgenden Rahmenbedingungen deuten auf eine hohe Lieferantenmacht hin:

- die gesamte Angebotsmenge auf dem Beschaffungsmarkt ist geringer als die Nachfrage bzw. die Produktionskapazität wächst langsamer als die Nachfrage,
- die Zahl der Anbieter ist gering, es liegen hohe Markteintrittsbarrieren vor,
- die benötigten Produktmerkmale sind kundenspezifisch (sog. Zeichnungsteile oder specialities), gleichzeitig ist die Bedarfsmenge eher unattraktiv für den Lieferanten,
- die Kapazitätsauslastung der Lieferanten ist gut,
- die Lieferanten weisen eine hohe Leistungsfähigkeit auf.

Nachfragemacht

Die folgenden Situationsmerkmale verschaffen dem Abnehmer eine starke Verhandlungsposition:

- das vom Lieferanten angebotene Produkt hat die charakteristischen Eigenschaften eines commodity: die Eigenschaften des Produktes sind (nahezu) standardisiert und werden in vielerlei Anwendungen eingesetzt (z.B. Kabel, Mehl). In den Augen des Abnehmers sind die Angebote der Lieferanten austauschbar, die Lieferantentreue der Abnehmer ist gering,

- der Bedarf des Abnehmers ist hinsichtlich Menge, Regelmäßigkeit und Wachstum für den Lieferanten attraktiv,
- der Lieferant oder der gesamte Beschaffungsmarkt weist überschüssige Kapazitäten auf,
- der Abnehmer hat eine große Bekanntheit und genießt einen guten Ruf; er ist daher als Referenzkunde gut geeignet,
- das Bestellvolumen des Abnehmers entspricht einem großen Anteil des Gesamtabsatzes und –umsatzes des Lieferanten.

Die Ergebnisse der Klassifizierung können in einem Macht-Portfolio visualisiert werden (vgl. Abbildung 5-7), um Beschaffungsobjekte zu erkennen, bei denen ein Macht-Gleichgewicht besteht (Felder I und III), Beschaffungsobjekte, bei denen der Lieferant eine höhere Macht aufweist (Feld IV) und Beschaffungsobjekte, bei denen der Abnehmer seine Macht ausspielen kann (Feld II).

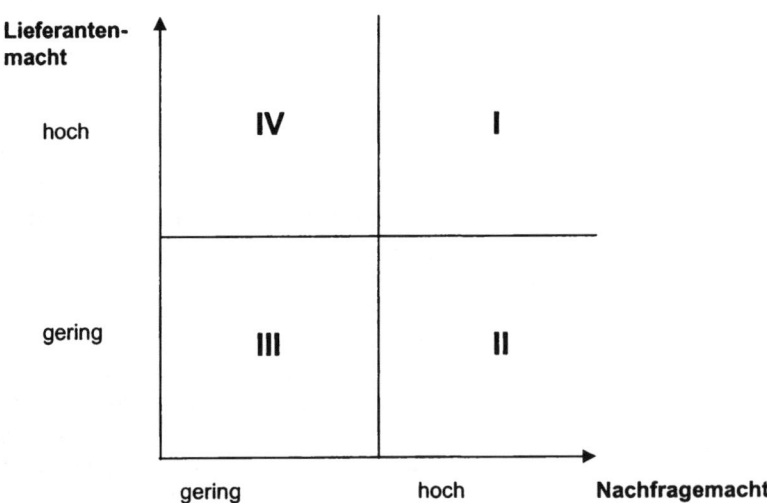

Abbildung 5-7: Macht-Portfolio

Abbildung 5-8 zeigt die dargestellten Ansätze einer Klassifizierung im Überblick:

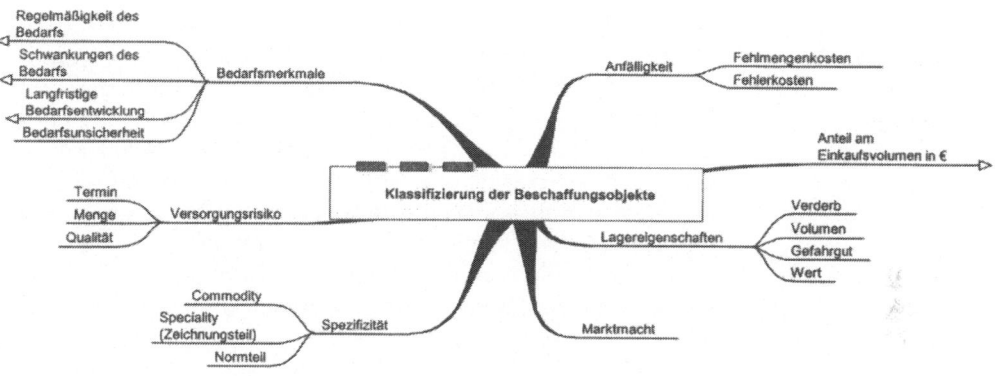

Abbildung 5-8: Klassifizierung von Beschaffungsobjekten

5.2 Kennzahlen

5.2.1 Was ist eine Kennzahl und wozu dient sie?

Kennzahlen

Kennzahlen sind absolute Zahlen oder Verhältniszahlen, die in konzentrierter Form wesentliche Aussagen über zahlenmäßig erfassbare, interessierende Sachverhalte enthalten und rückblickend darüber informieren oder vorausschauend diese festlegen. Kennzahlen werden in der Praxis für Beschaffungsobjekte, Lieferanten und zunehmend auch für den Geschäftsprozess Beschaffung bzw. Abschnitte desselben erhoben. Die Kennzahlenerhebung und ihre Interpretation ist Aufgabe des sog. Beschaffungscontrollings. Die Tätigkeit des Controllers ist mit der des Qualitätsbeauftragten vergleichbar. Der Controller arbeitet eng mit Managern zusammen. Er unterstützt den Manager durch Informationsversorgung und dem Recht auf kritischen Diskurs bei einer „vernünftigen" Unternehmensführung. Insbesondere soll er durch die Ermittlung von Kennzahlen

Beschaffungs-controlling

- Transparenz schaffen – damit können Entscheidungen fundierter getroffen werden (als nur intuitiv) aber auch durch andere besser nachvollzogen werden,
- einseitige Sichtweisen und inkonsistente Zielvorgaben vermeiden,
- auf Verbesserungspotenzial aufmerksam machen,

| 5.2 | Kennzahlen |

- frühzeitig auf negative Entwicklungen aufmerksam machen, bevor sie zu signifikanten Ergebnisproblemen werden,
- die Erfolge von eingeleiteten Maßnahmen messen (Erfolgskontrolle und Erfahrungen sammeln).

Nutzung von Kenzahlen

Kennzahlen sind die Grundlage einer gezielten, präzisen und übersichtlichen Berichterstattung. Die Mitarbeiter der Beschaffung legen in regelmäßigen reports Rechenschaft ab über die Erfolge in dem von ihnen betreuten Teil des Geschäftsprozesses, bei den von ihnen beschäftigten Lieferanten und den von ihnen betreuten Beschaffungsobjekten. Angesichts der Vielzahl der Beschaffungsobjekte und Lieferanten ist es nicht immer einfach, die Anstrengungen auf die Beschaffungsobjekte, Beschaffungsaufgaben und Lieferanten zu konzentrieren, bei denen die schwerwiegendsten Schwachstellen bestehen und das größte Verbesserungspotenzial liegt. Kennzahlen helfen hier, die Informationsflut zu bewältigen. Sie unterstützen den Entscheidungsträger auch dabei, Zielkonflikte zu erkennen und die Ursachen aktueller Probleme zu analysieren. Hierzu werden Kennzahlen mit dem geplanten Soll oder dem Ist einer vergangenen Periode verglichen. Zukunftsorientierte Kennzahlen dienen als Prognosewerte oder als Zielvorgaben. Nicht zuletzt werden Kennzahlen in der täglichen Beschaffungsarbeit benötigt (vgl. Abbildung 5-9):

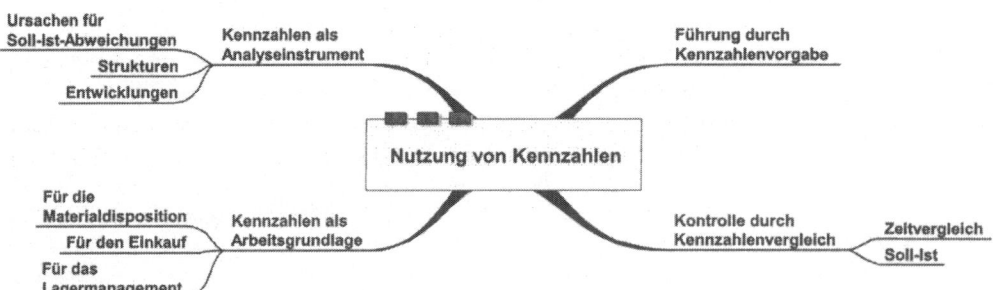

Abbildung 5-9: Nutzung von Kennzahlen in der Beschaffung

5.2.2 Erfassung und Interpretation von Kennzahlen

Abbildung 5-10 gibt einige Beispiele für Kennzahlen und ihre Verwendung in der Beschaffung. Die meisten der Kennzahlen sind selbsterklärend bzw. werden mit geringfügigen Abweichungen vom Controller definiert:

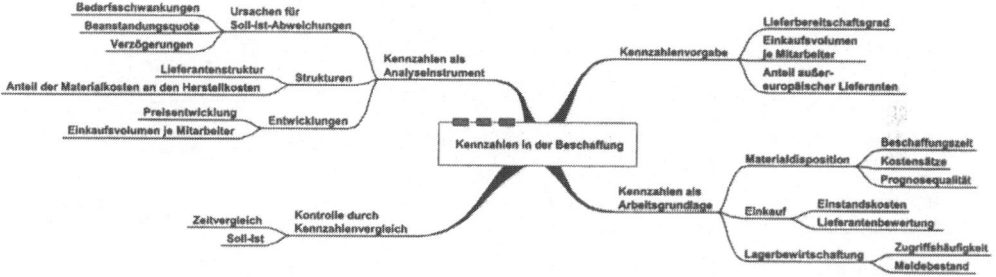

Abbildung 5-10: Kennzahlen und ihre Nutzung im Beschaffungscontrolling

Aus der Fülle der für die Beschaffung sinnvollen Kennzahlen sollen hier nur einige Kennzahlen für das Lager und den Einkauf näher erläutert werden:

Lagerkennzahlen

Wegen der Kapitalbindungskosten und des Lagerrisikos, die durch hohe Bestände verursacht werden, ist die Beobachtung und Beurteilung der Lagerbestände eine zentrale Aufgabe der Beschaffung. Dabei ist der Vergleich von Beständen der verschiedenen Beschaffungsobjekte in Mengeneinheiten wenig aussagekräftig, wenn die Beschaffungsobjekte einen unterschiedlichen Bedarf aufweisen. Die Kennzahlen Lagerreichweite und Lagerumschlagsgeschwindigkeit relativieren die Bestandsangaben, indem sie diese in Beziehung zum durchschnittlichen Bedarf setzen. Damit sind sog. Ladenhüter, die Überbestände aufweisen, leicht erkennbar:

- Durchschnittlicher Lagerbestand = (Anfangsbestand + 12 Monatsendbestände) ÷ 13
- Lagerreichweite in Tagen = aktueller Bestand in Mengeneinheiten ÷ durchschnittlicher Bedarf pro Tag
- Lagerumschlagshäufigkeit = Bedarf pro Jahr ÷ durchschnittlicher Bestand

5.2   Kennzahlen

Bei einem (gleichmäßigen) Bedarf von 1 000 Stück pro Monat und einer Bestellmenge von 1 000 Stück ergibt sich idealtypisch der in Abbildung 5-11 dargestellte Bestandsverlauf mit einem durchschnittlichen Bestand von 500 Stück. Dieser hat eine durchschnittliche Reichweite von ½ Monat und eine Lagerumschlagshäufigkeit von 24.

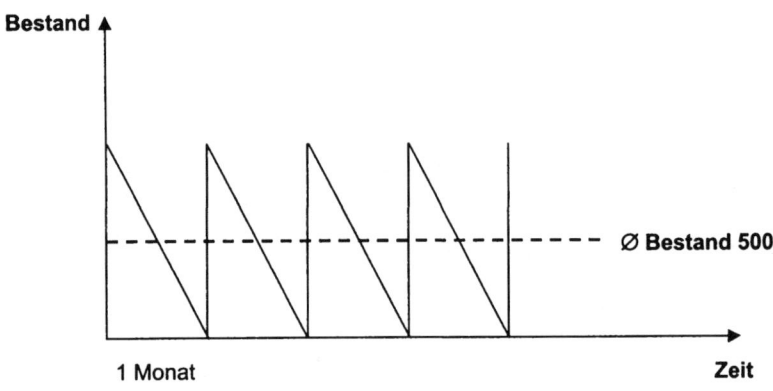

Abbildung 5-11: idealtypischer Bestandsverlauf

- Lieferbereitschaft in % = Anzahl Bedarfsanforderungen, die ab Lager bedient werden konnten ÷ Gesamtzahl der Bedarfsanforderungen einer Periode ·100

Die Lieferbereitschaft wird für Beschaffungsobjekte gemessen, die auf Vorrat beschafft werden. Sie misst (nur) die Häufigkeit, mit der Fehlmengensituationen aufgetreten sind, macht aber keine Aussage über den Umfang der Fehlmenge(n) oder die Dauer der Fehlmengensituation(en).

Einkaufskenn-
zahlen

Der Einkauf benötigt für ein systematisches Lieferantenmanagement Kennzahlen über Lieferanten, die Auskunft geben über die Leistungsfähigkeit des Lieferanten (vgl. auch die Ausführungen zur Lieferantenbewertung in 6.2.2.5). Die Kennzahl Termintreue erfasst den Anteil der Bestellaufträge, die zum bestätigten Termin geliefert wurden. Die Qualitätszuverlässigkeit misst den Anteil der Bestellaufträge, die ohne Beanstandung für die Fertigung freigegeben wurden.

Praxis

Bei der Bildung und Interpretation von Kennzahlen sind einige Voraussetzungen und Fehlerquellen des Kennzahleneinsatzes zu berücksichtigen:

- Mit Kennzahlen können nur solche Tatbestände abgebildet werden, die quantifizierbar sind. So ist zwar die Termintreue eines Lieferanten als Anteil termingerecht gelieferter Bestellungen quantifizierbar, die „Güte der Beziehung zum Lieferanten" ist dagegen nur behelfsweise quantifizierbar.
- Es muss sichergestellt sein, dass die Basisdaten aktuell und präzise sind.
- Die organisatorische Zuständigkeit für die Bereitstellung der Basisdaten, die Bildung und die Interpretation der Kennzahlen ist zu klären.
- Durch Kosten-Nutzen-Abwägung ist die wirtschaftliche Vertretbarkeit der Bildung und Interpretation der Kennzahlen sicher zu stellen.
- Bei der Bildung und Interpretation von Kennzahlen muss darauf geachtet werden, dass keine Größen zueinander in Beziehung gesetzt werden, die in keinem Zusammenhang stehen und dass die Bedeutung der Kennzahl richtig eingeschätzt wird (Ist das Unterschreiten des geplanten Materialeinkaufsvolumens ein Zeichen von Einkaufserfolg oder Zeichen einer falschen Planvorgabe?).

Quellen und weiterführende Literatur zu 5:

Weber/ Bacher/ Groll (2002) S. 147-166; Werner (2000) S. 93-100; Hartmann (1999); Wildemann (2002); Schulte (2001) S. 60-78, S. 368-393; Engelhardt (2002) S. 110ff; Frehner/ Bodmer (2002) S. 102ff.

6 Strategische Gestaltung der Beschaffung – Beschaffungspolitik

6.1 Bausteine der Beschaffungspolitik

Grundsatz-entscheidungen

Die Beschaffungspolitik trifft für einzelne Beschaffungsobjekte oder für homogene Materialgruppen (vgl. die Ausführungen zur Klassifizierung von Beschaffungsobjekten in Abschnitt 5.1) Grundsatzentscheidungen. Diese bilden langfristige Rahmenbedingungen für die operativen Geschäftsprozesse der Beschaffung, sie werden den Mitarbeitern als Vorgaben und Ziele in den Verfahrensanweisungen vorgegeben und legen die Vorgehensweise der softwareunterstützten Planung fest.

Gestaltungsfelder

Die Gestaltung der Beschaffungspolitik umfasst die Festlegung des strategischen Beschaffungsprogramms, die Lieferantenpolitik, die Kontraktpolitik und die Festlegung der Bereitstellungsart sowie der Dispositionsart. Darüber hinaus sind intern Aufgaben und Kompetenzen zu verteilen und die Geschäftsprozesse zu gestalten (Organisation der Beschaffung). Für jedes Handlungsfeld der Beschaffungspolitik existieren mehrere Gestaltungsmöglichkeiten (vgl. Abbildung 6-1 S. 65).

Beschaffungs-strategie

Jede der in den folgenden Abschnitten dargestellten möglichen Ausprägungen der Lieferantenpolitik, Kontraktpolitik, Bereitstellung und Organisation hat ihre Vor- und Nachteile, die bei unterschiedlichen Rahmenbedingungen und Merkmalen des Beschaffungsobjekts von unterschiedlicher Bedeutung sind. Jede der möglichen Ausprägungen ist nur unter bestimmten Voraussetzungen praktikabel, die nicht für jedes Beschaffungsobjekt erfüllt werden können oder aus Kostenüberlegungen nicht erfüllt werden sollen. Die Kunst des Beschaffungspolitikers liegt darin, die Bausteine der Beschaffungspolitik so zu einem „Mauerwerk" zusammenzusetzen, dass die Mauer nicht einstürzt (die Ziele Versorgungssicherheit, Qualität und Umweltschutz entsprechend ihrer jeweiligen Priorität erreicht werden) und gleichzeitig möglichst geringe Kosten (Einstandskosten, Transaktionskosten, Kontrolle, Puffer) verursacht werden (vgl. Abbildung 6-2.).

Baustein					
Beschaffungsprogrammpolitik - Fertigungs- und Leistungstiefe	verlängerte Werkbank	Teilelieferant	Teilelieferant +Dispositions-verantwortung	Modullieferant	Systemlieferant
Lieferantenpolitik – Zahl der Lieferanten	Single sourcing	Dual sourcing	Multiple sourcing		
Lieferantenpolitik – regionale Ausdehnung des Beschaffungsmarktes	Local sourcing	European sourcing	Global sourcing		
Lieferantenpolitik - Lieferantenzulassung	keine	Selbstauskunft	Zertifikat	Eigenes Audit	
Lieferantenpolitik - Lieferantenbewertung	Alle Lieferanten	Alle Lieferanten direkten Materials	Stammlieferanten	A-Lieferanten	
Lieferantenpolitik - Zusammenarbeit	Einzelbestellungen auf dem Spot Market	Einzelbestellung mit Beschaffungs-marktforschung	multiple sourcing mit Rahmenvertrag	single sourcing mit Rahmenvertrag	supply chain management
Lieferantenpolitik - Beziehung zum Lieferanten	Adversative Beziehung	Partnerschaftliche Zusammenarbeit			
Kontraktpolitik - Preisvereinbarung	Festpreise	Ohne Preisbindung	Preisgleitklausel		
Kontraktpolitik – Vertragsinhalte	Spezifikation, Preis, Lieferbedingungen, Menge, Liefertermin	+ Prüfvereinbarung, Abbedingung der Prüf- und Rügepflicht	+ allgemeine Qualitätsmanagement-vereinbarung	+Individuelle Quali-tätsmanagement-vereinbarung	
Kontraktpolitik - Vertragslaufzeit	Einzelbestellungen	Rahmenvereinbarungen mit begrenzter Laufzeit	Life cycle Verträge		
Kontraktpolitik - Lieferbedingung	Frei Haus	Ab Werk			
Kontraktpolitik - Eigentumsübergang + Zahlungsfreigabe	Nach Wareneingang	Nach Entnahme	Nach Verarbeitung und Prüfung	Nach Verkauf des Enderzeugnisses	
Kontraktpolitik - Rechnungsstellung	Einzelrechnung	Sammelrechnung	Gutschrift		
Bereitstellungsart	Vorratsbeschaffung mit Qualitätsprüfung	Vorratsbeschaffung ohne Qualitätsprüfung	KANBAN	Einzel-beschaffung	Just-in-Time Beschaffung
Dispositionsart	verbrauchsorientiert	bedarfsorientiert nach Auftrag	rollierend programmorientiert		

Abbildung 6-1: Bausteine der Beschaffungspolitik

6	Strategische Gestaltung der Beschaffung
6.2	Gestaltungsfelder des strategischen Einkaufs

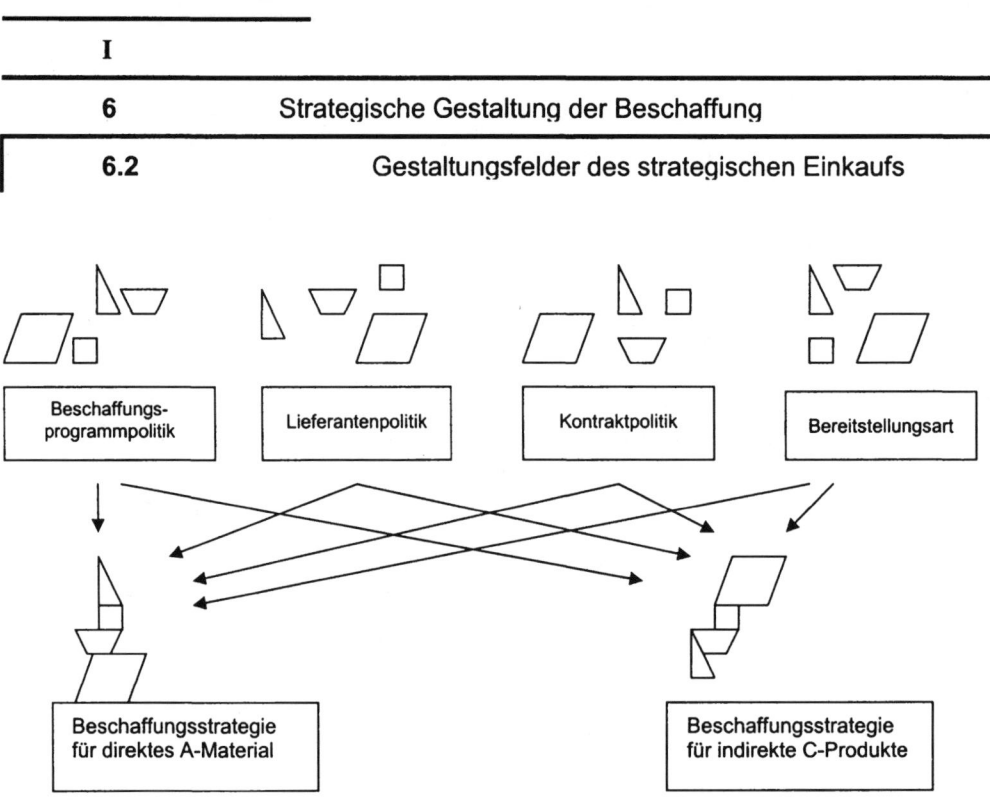

Abbildung 6-2: Aus den Bausteinen der Beschaffungspolitik wird eine geeignete Beschaffungsstrategie zusammengesetzt

Quellen und weiterführende Literatur zu 6.1:

Arnold (1996); Wildemann (1997).

6.2 Gestaltungsfelder des strategischen Einkaufs

6.2.1 Beschaffungsprogrammpolitik

6.2.1.1 Fragestellungen der Beschaffungsprogrammpolitik

Fertigungs- und Leistungstiefe

Die Herstellung eines verkaufsfähigen Enderzeugnisses durchläuft vom Rohstoffabbau über diverse Zwischenstufen der Be- und Verarbeitung von Vorprodukten zahlreiche Fertigungsstufen. Sie werden vorbereitet, begleitet und kontrolliert von vielfältigen Dienstleistungen (Planung der Qualitätsmerkmale in der Entwicklung, Planung des Materialbedarfs und des Bestands, Instandhaltung der Fertigungsanlagen, Qualitätsprüfung, Transport, Kundendienst). Die Fertigungs- und Leistungstiefe eines Unternehmens gibt das Ausmaß an, in dem die Fertigungs- und Dienstleistungen innerhalb des eigenen Unternehmens erstellt werden.

Vertikale Arbeitsteilung

Viele Unternehmen haben ihre Fertigungstiefe in der jüngeren Vergangenheit stark reduziert. Dieser Effekt wurde durch die Fremdvergabe bisher selbst hergestellter Einzelteile und Baugruppen erreicht und durch die Vergabe von Dienstleistungen an Externe. Der Trend zur Vergabe von Dienstleistungen an Externe macht auch deutlich, dass die Bestimmung der Fertigungs- und Leistungstiefe nicht nur die grundsätzliche Entscheidung zwischen den Alternativen Eigenerstellung oder Fremdbezug erfordert, sondern vielmehr die optimale vertikale Arbeitsteilung im logistischen Kanal zu suchen ist, die von der Beschäftigung eines Lieferanten als „verlängerte Werkbank" bis zur Zusammenarbeit mit „Systemlieferanten" reichen kann.

Outsourcing

Die Frage nach der optimalen Fertigungs- und Leistungstiefe ist für jedes Enderzeugnis zu beantworten, das neu ins Absatzprogramm aufgenommen werden soll (make-or-buy-Entscheidung). Auch für bisher selbst erstellte Fertigungs- und Dienstleistungen wird gelegentlich erwogen, strategisch auf Fremdbezug überzugehen (diese Fragestellung wird als outsourcing bezeichnet). Neben diesen Grundsatzentscheidungen, bestimmte Komponenten des Enderzeugnisses selbst herzustellen oder fremd zu beziehen, erstellt die Beschaffungspolitik eine Liste von Komponenten, die im Falle kurzfristiger Kapazitätsengpässe in der eigenen Fertigung geeignet sind, vorübergehend fremd bezogen zu werden.

Teilevielfalt

Die reduzierte Fertigungstiefe und die explodierende Variantenvielfalt bei den Enderzeugnissen, die in verschiedenen Ausstattungs-, Farb- und Ländervarianten angeboten werden, hatte auch ein starkes Anwachsen des Beschaffungsprogramms zur Folge. Die Vielzahl der Teilenummern wird auch bei der Neuentwicklung von Absatzprodukten erhöht, wenn in der Entwicklung/Konstruktion nicht geprüft wird, ob bereits im Beschaffungsprogramm befindliche Teile. Der Einkauf hat in der Praxis wenig Einfluss auf die Zahl der Beschaffungsobjekte. Er muss sich darauf beschränken, für die Probleme der Teilevielfalt zu sensibilisieren und die Beschaffungsobjekte, die nur geringe Unterschiede in den Spezifikationen aufzeigen, offen zu legen.

6	Strategische Gestaltung der Beschaffung
6.2	Gestaltungsfelder des strategischen Einkaufs

6.2.1.2 Vorbereitung von Make-or-buy-Entscheidungen und Gestaltung der vertikalen Arbeitsteilung

Kriterien

Bei der Gegenüberstellung von Vor- und Nachteilen einer Eigenerstellung (make) oder eines Fremdbezugs (buy) von Produkten und Dienstleistungen sind die folgenden Kriterien zu berücksichtigen:

- Kosten,
- Qualität,
- Kapitalbedarf,
- Absatzwirkungen,
- Abhängigkeit von Lieferanten,
- Risiko bezüglich Preis, Menge, Qualität und Lieferzuverlässigkeit.

Argumente

Welche der beiden Alternativen die günstigere ist, kann nicht allgemeingültig entschieden werden, sondern ist in der jeweiligen Situation zu überprüfen. In Abbildung 6-3 werden häufig genannte Argumente pro und contra Eigenerstellung (Dienstleistungen) bzw. Eigenfertigung gegenübergestellt:

Entscheidungskriterium	Potenzielle Vorteile der Eigenerstellung bzw. der Eigenfertigung
Kosten	Vertriebs-, Transport-, Verpackungskosten und Gewinn, die im Preis des Lieferanten kalkuliert sind, können eingespart werden.
Qualität	Sorgfältige und wirksame Qualität kann gewährleistet werden.
Absatzwirkungen	Das eigengefertigte Teil kann evtl. in das Absatzprogramm aufgenommen werden, bei entsprechender Vermarktung kann hohe Leistungstiefe („alles aus einer Hand") verkaufsfördernde Wirkung haben.
Risiko und Abhängigkeit	Geringeres Versorgungs- und Qualitätsrisiko, da bessere Kontrolle der Lieferanten von Vormaterial.

Abbildung 6-3: Potenzielle Vorteile der Eigenfertigung

Entscheidungskriterium	Potenzielle Vorteile der Fremderstellung bzw. der Fremdfertigung
Kosten	Der Lieferant hat Kostenvorteile, die er im Preis weitergeben kann: • durch Größenvorteile, die den Einsatz kostengünstiger Anlagen und Herstellungsverfahren erlauben und zu günstigeren Materialkosten in Folge einer größeren Nachfragemacht auf dem Beschaffungsmarkt für Vormaterial führen, • durch ein geringeres Lohnniveau, andere Tarifverträge oder andere Sozialgesetzgebung, die beim Lieferanten zu geringeren Lohn- und Lohnnebenkosten führen, • durch Spezialisierung, die Kostenvorteile verspricht durch größere kumulierte Erfahrung, besonders ausgebildetes Personal, spezialisierte Anlagen und Prüfeinrichtungen.
Qualität	Der Lieferant verspricht Qualitätsvorteile, • wenn Größenvorteile und Spezialisierung den Einsatz besonders leistungsfähiger Anlagen, Mitarbeiter, Herstellungs- und Prüfverfahren und umfangreiche Forschungs- und Entwicklungstätigkeit erlauben, • wenn der Lieferant Einfluss nehmen kann auf die Qualität der Vormaterialien.
Kapitalbedarf	Investitionen in Forschung und Entwicklung, in Anlagen und Werkzeuge werden vom Lieferanten finanziert.

Abbildung 6-3: Potenzielle Vorteile der Fremdfertigung

Möglichkeiten einer vertikalen Arbeitsteilung

Wenn für ein bisher selbst erstelltes Bauteil erwogen wird, auf Fremdbezug überzugehen, kann sich die Fremdvergabe auf die eigentliche Fertigung beschränken, kann jedoch auch bisher selbst erstellte Dienstleistungen umfassen. Die folgende Übersicht zeigt idealtypische Möglichkeiten, die vertikale Arbeitsteilung im logistischen Kanal zu gestalten:

Verlängerte Werkbank

• Fremdvergabe der Fertigung mit Materialbeistellung und eventuell Finanzierung der Anlagen und Werkzeuge durch den Abnehmer (verlängerte Werkbank); dieses Geschäftsmodell wird häufig genutzt, wenn die betrachtete Komponente weiterhin eigengefertigt wird und der Lieferant nur genutzt wird, um kurzfristige Belastungsspitzen in der eigenen Fertigung zu überbrücken. Eine verlängerte Werkbank führt meist einfache Arbeitsgänge (z.B. einfache Montage- oder Verpackungsarbeiten) zu geringen Kosten durch.

Teilelieferant

• Fremdvergabe der Fertigung von Einzelteilen eventuell mit Vorgabe der Spezifikation und des Arbeitsplans durch den Abnehmer, outsourcing der Dienstleistung Auswahl und Koordination der Vorlieferanten und Bereitstellung der Kapazitäten, Fremdbezug des Beschaffungstransports. Der konventionelle Teilelieferant bietet nicht nur die Fertigungsleistung an, sondern beschafft (im Gegensatz zur verlängerten Werkbank) das benötigte Material selbst.

Konsignations-lager

- Der Teilelieferant verantwortet auch die Materialdisposition des Abnehmers (Vendor/Supplier Managed Inventory VMI/SMI) und übernimmt die Kapitalbindungskosten des Abnehmers (Konsignationslager).

Modullieferant

- Der Teilelieferant entwickelt sich zu einem Modullieferanten, wenn er die von die ihm gefertigten Teile zu einer komplexen Baugruppe montiert (z.B. eine Fahrerkabine für einen Traktor, ein Armaturenbrett für einen PKW) und dabei die logistische Verantwortung für die Baugruppe und die Verantwortung für die (integrale) Qualität der Baugruppe übernimmt. Ziel der Zusammenarbeit mit einem Modullieferanten ist es, die Anzahl der Beschaffungsobjekte deutlich zu verringern und damit die gesamten Transaktionskosten des Abnehmers zu senken. Dabei sinkt die Zahl der Lieferanten in der gesamten Kette nicht, sondern nur die Zahl der Lieferanten, mit denen der Abnehmer direkten Kontakt hat. Der Modullieferant erbringt im Wesentlichen eine logistische Integrationsleistung.

Systemlieferant

Bei kundenspezifischen Beschaffungsobjekten kann die Fremdvergabe auch die Entwicklungsleistung umfassen. Der Lieferant erhält dann eine sog. funktionale Ausschreibung, die die geplante Verwendung und Verarbeitung der zu entwickelnden Komponente beschreiben. Der Lieferant übernimmt zusätzlich zu den Aufgaben des Teile- oder Modullieferanten die Verantwortung für die Qualitätsplanung und gestaltet die Produktmerkmale, die geeignet sind, die geforderten funktionalen Eigenschaften zu erfüllen. Dieser Lieferantentyp wird als Systemlieferant bezeichnet. Die Einkaufs-aktivitäten werden in eine sehr frühe Phase des Produktentstehungsprozesses vorverlagert. An die Stelle preisorientierter Lieferantenauswahl tritt ein sog. Konzeptwettbewerb. Die Entwicklungsinvestitionen bergen für den Systemlieferanten ein hohes Risiko.

In Abbildung 6-4 sind die Spielarten der vertikalen Arbeitsteilung nochmals gegenübergestellt:

Aufgaben / Lieferantentyp	Entwicklung/ Qualitätsplanung	Vormaterial-beschaffung	Fertigung	Bedarfsplanung und Bestands-management für Material	Koordination der Teile-lieferanten
Verlängerte Werkbank	Aufgabe des Abnehmers	Aufgabe des Abnehmers	Aufgabe des Liefe-ranten	Aufgabe des Abnehmers	Aufgabe des Abnehmers
Konventioneller Teilelieferant	Aufgabe des Abnehmers (kun-denspezifische Teile), Aufgabe des Lieferanten (commodities)	Aufgabe des Lieferanten	Aufgabe des Liefe-ranten	Aufgabe des Abnehmers	Aufgabe des Abnehmers
Teilelieferant mit erweiterter logistischer Verantwortung	Aufgabe des Abnehmers (kun-denspezifische Teile), Aufgabe des Lieferanten (commodities)	Aufgabe des Lieferanten	Aufgabe des Liefe-ranten	Aufgabe des Lieferanten	Aufgabe des Abnehmers
Modullieferant	Aufgabe des Abnehmers (kun-denspezifische Teile), Aufgabe des Lieferanten (commodities)	Aufgabe des Lieferanten	Aufgabe des Liefe-ranten	Aufgabe des Abnehmers oder Lieferanten	Aufgabe des Lieferanten
Systemlieferant	Aufgabe des Lieferanten	Aufgabe des Lieferanten	Aufgabe des Liefe-ranten	Aufgabe des Abnehmers oder Lieferanten	Aufgabe des Lieferanten

Abbildung 6-4: Idealtypische Arbeitsteilung in der logistischen Kette

6.2.1.3 Vermeidung und Reduzierung der Teile-vielfalt

Breite des Beschaffungs-programms

Die Breite des Beschaffungsprogramms wird gemessen durch die Zahl und die Verschiedenartigkeit der Beschaffungsobjekte. In der jüngeren Vergangenheit ist eine wachsende Breite des Beschaffungsprogramms zu beobachten. Diese ist – bei divergierender Fertigung[1] – auf eine Reduzierung der Fertigungstiefe zurückzuführen. Eine andere Ursache für die wachsende Teilevielfalt ist die Breite des

---

[1] Eine divergierende Fertigung zeichnet sich dadurch aus, dass aus einer relativ geringen Zahl von Vorprodukten eine große Zahl von Enderzeugnissen hergestellt wird. Die Bäckerei und die Herstellung von Zucker sind Beispiele für eine divergierende Fertigung

Absatzprogramms, das sich durch eine Vielzahl von Ausstat-
tungsvarianten,   Farbvarianten   und   Ländervarianten
auszeichnet.

**Hohe Kosten
durch Teile-
vielfalt**

Eine hohe Teilevielfalt verursacht zum einen hohe Beschaf-
fungsprozesskosten, da der administrative Aufwand in den
Beschaffungsabteilungen steigt und steigende Kosten für die
Lagerverwaltung, -platz und –kapitalbindung verursacht wer-
den, zum anderen wirkt sie sich nachteilig auf die
Einstandskosten aus (vgl. Abbildung 6-5):

**Beschaffungs-
prozesskosten**

Durch den Anstieg der Kaufteilepositionen wird nicht nur die
Anzahl der zu bearbeitenden Bestellanforderungen erhöht;
auch seltener anfallende Aufgaben wie Stammdatenerfas-
sung und –pflege, Lieferantenzulassung und Verhandlungen
mit Lieferanten (sog. Transaktionskosten) werden umfangreicher. Der personelle Aufwand für Bedarfsprognose und
Bestandsoptimierung ist groß, da nicht nur eine Vielzahl von
Identnummern zu bearbeiten sind, sondern ein großer Anteil
der Komponenten sporadischen Bedarf[2] aufweist, für den
einfache Dispositions- und Bereitstellungsarten ungeeignet
sind.

Bestandskosten

Die Vielfalt der Beschaffungsobjekte führt auch zu höheren
Bestandskosten, da jede Identnummer einen Lagerplatz
benötigt und eine Bestandsführung durchzuführen ist. Viele
Beschaffungsobjekte weisen einen sporadischen Bedarf auf
und erfordern hohe Sicherheitsbestände, um den geforderten
Lieferbereitschaftsgrad   zu   gewährleisten.   Mindestbestell-
mengen und Mindermengenzuschläge zwingen zu hohen
Ausgleichsbeständen bei exotischen Beschaffungsobjekten
mit geringem Bedarf.

Einstandskosten

Die Variantenvielfalt hat bei gleichem Einkaufsvolumen eine
geringere Bedarfsmenge des jeweiligen Variantenteils zur
Folge. Dies verursacht aus zwei Gründen höhere Einstandskosten - zum einen hat der Lieferant relativ hohe Kosten, die
bei   kostenorientierter   Preisfindung   den   Angebotspreis
bestimmen, zum anderen schwächt die geringe Bedarfsmenge der Varianten die Verhandlungsposition des Einkaufs:

---

[2] sporadischer Bedarf zeichnet sich dadurch aus, dass er keine statistische Gesetzmäßigkeit zeigt.
Der Anteil der Perioden, in denen kein Bedarf auftritt, ist häufig hoch, die Bedarfsmengen schwanken
stark.

- Handelt es sich bei dem Variantenteil um ein vom Liefe-ranten kundenspezifisch gefertigtes Teil, hat er hohe Herstellkosten durch die geringen Bedarfsmengen. Die Entwicklungs-, Werkzeug-, und Rüstkosten haben Fix-kostencharakter – bei kleinen Ausbringungsmengen belasten sie die Stückkosten erheblich. In der Fertigung des Lieferanten entstehen wechselnde Engpässe, auf die er mit entsprechend überhöhter Nor-malkapazität reagieren muss, um Schwankungen der Lieferzeit zu vermeiden.
- Kleinere Bestellmengen und steigende Anlieferhäufigkei-ten verursachen beim Lieferanten nicht nur höhere Herstellkosten, sondern auch höhere Vertriebskosten durch steigende Transport- und Auftragsabwicklungskos-ten und eventuell höhere Lagerkosten. Der Lieferant wird versuchen mit Mindermengenzuschlägen zu reagieren und den erhöhten Aufwand in Fertigung und Vertrieb bei Preisverhandlungen ins Feld führen.

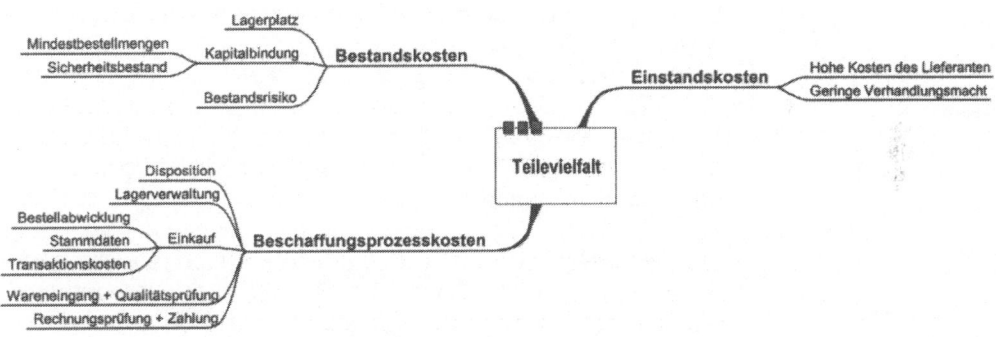

Abbildung 6-5: Teilevielfalt als Verursacher hoher Materialkosten

Standardisierung   Die Strategie der Standardisierung hat zum Ziel, eine unnö-tige Vielfalt in den Ausprägungen einzelner Materialarten zu verhindern. Alle Materialien werden auf ihre Funktion hin untersucht und geprüft, ob nicht mehrere Materialien die gleiche Funktion wahrnehmen. Ist dies der Fall, ist zu entscheiden, welches der bisher verwendeten Materialien nunmehr allein diese Funktion in mehreren Baugruppen und Enderzeugnissen erfüllen soll.

Material-substitution   Durch den Vergleich von Spezifikationen können Materiali-dentnummern identifiziert werden, die nur geringe

Unterschiede aufweisen. In Zusammenarbeit mit der Fertigung, dem Qualitätsbeauftragten und eventuell dem Vertrieb können dann Materialien gesucht werden, die die Funktionen anderer miterfüllen können. Eine Materialsubstitution mit dem Ziel der Standardisierung trifft häufig auf den Widerstand der Verwender und Kostenverantwortlichen. Diese sollen auf ein Material verzichten, das ihre individuellen Anforderungen bestmöglich erfüllt zugunsten eines Materials, das die Anforderungen nur unbefriedigend oder übererfüllt und dann Fehlerkosten oder höhere Einstandskosten verursacht. Die Gemeinkostenersparnis ist nur schwer zu quantifizieren und tritt zudem erst langfristig sowie auf anderen Kostenstellen ein.

6.2.2 Lieferantenpolitik

6.2.2.1 Fragestellungen der Lieferantenpolitik

Beziehungen und Verhaltensgrundsätze

Die Lieferantenpolitik gestaltet die Beziehungen zwischen dem beschaffenden und den liefernden Unternehmen und formuliert Grundsätze des Verhaltens gegenüber Lieferanten. Die dort getroffenen strategischen Entscheidungen werden im Qualitätsmanagement-Handbuch und in Verfahrensanweisungen festgehalten und dem Einkäufer, der das operative Tagesgeschäft betreut, als Rahmenbedingungen und Ziele vorgegeben. Die strategischen Entscheidungen müssen von den Mitarbeitern im Einkauf häufig konkretisiert und umgesetzt werden.

Ziel

Ziel der Lieferantenpolitik ist, dem beschaffenden Unternehmen eine optimale Anzahl leistungsfähiger Versorgungsquellen von dauerhafter Existenz und Lieferbereitschaft zu erschließen bzw. zu erhalten.

Die Lieferantenpolitik findet Antworten auf die folgenden Fragen (vgl. Abbildung 6-6):

Fragestellungen

- Welche Anforderungen sollen an die Lieferanten gestellt werden?
- Welche Bedeutung haben die Anforderungsmerkmale?
- Welches Zulassungsprocedere sollen die Lieferanten vor der ersten Auftragserteilung durchlaufen?
- Welche Zahl von Lieferanten soll angestrebt werden?
- Welche Beschaffungsmärkte sollen bearbeitet werden, wie sollen diese regional gestreut werden?

- Wie soll die Zusammenarbeit mit dem Lieferanten gestaltet werden?
- Welche Instrumente sollen eingesetzt werden, um die Leistungsfähigkeit und –bereitschaft der Lieferanten zu steigern (Lieferantenbeeinflussung, -erziehung)?

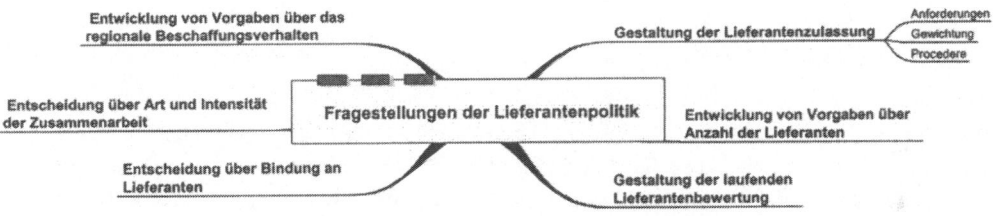

Abbildung 6-6: Fragestellungen der Lieferantenpolitik

6.2.2.2 Differenzierte Gestaltung der Zusammenarbeit mit Lieferanten (sourcing-Strategien)

Bedeutung der Lieferanten

Industrie- und Handelsunternehmen arbeiten in der Praxis mit mehreren hundert Lieferanten zusammen, deren Bedeutung hinsichtlich der Zahl der Beschaffungsobjekte, die von ihnen bezogen werden und hinsichtlich des jährlichen Einkaufsvolumens unterschiedlich ist. Die Austauschbarkeit der Lieferanten und die Bedeutung der Qualitätszuverlässigkeit und der Termintreue des Lieferanten ist von externen und internen Rahmenbedingungen abhängig, sodass es – wie bei den Beschaffungsobjekten auch – empfehlenswert ist, die Art und Intensität der Zusammenarbeit (sourcing-Strategien) differenziert zu gestalten. Geschäftsbeziehungen können auf einem Kontinuum zwischen Einzelbestellungen auf dem Spot Market und unternehmensübergreifendem supply chain management eingeordnet werden (vgl. Abbildung 6-7):

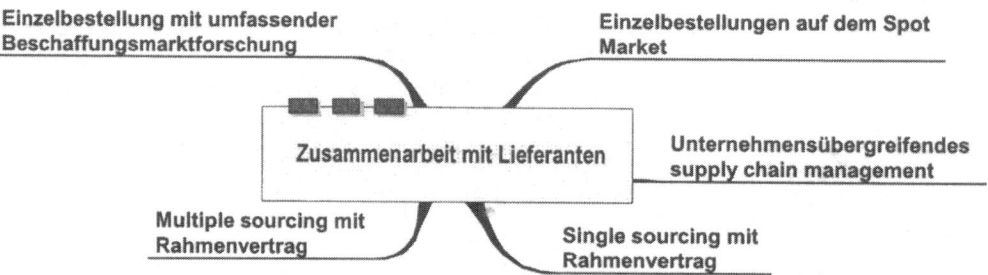

Abbildung 6-7: sourcing-Strategien

Keine Verpflich-
tungen

- **Einzelbestellungen auf dem Spot Market**

Das Beschaffungsobjekt hat commodity-Charakter oder ist standardisiert. Auf dem Beschaffungsmarkt herrscht ein Überangebot mit sinkenden Preisen oder es sind starke Preisschwankungen zu beobachten. Der Einkauf strebt in dieser Situation nicht an, langfristig stabile Preise zu erzielen, sondern versucht günstige Beschaffungssituationen durch Einzelbestellungen auf dem sog. Spot Market zu nutzen. Die Durchführung einer Reverse Auction im Electronic Procurement ist eine moderne Ausprägung dieser sourcing-Strategie (vgl. die Ausführungen in 6.3.2.2). Es werden daher keine Verträge abgeschlossen, mit denen der Abnehmer über den einzelnen Bestellauftrag hinausgehende Verpflichtungen eingeht.

Einmalbedarf

- **Einzelbestellung mit umfassender Beschaffungs-**
  marktforschung

Eine umfangreiche Beschaffungsmarktforschung ist für Beschaffungsobjekte erforderlich, die einmalig oder vergleichsweise selten benötigt werden oder einem raschen technologischen Wandel unterworfen sind. In diesem Falle kann die Gestaltung der Spezifikation bzw. Lastenhefts Teil des Beschaffungsvorgangs sein. Der Einkäufer sucht geeignete Anbieter und führt einen umfassenden Angebotsvergleich durch.

Bedarfssplitting

- **multiple sourcing mit Rahmenvertrag**

Der Einkauf praktiziert für das Beschaffungsobjekt multiple sourcing, indem Rahmenvereinbarungen mit mehreren Lieferanten geschlossen werden, die ein Lieferantenzulassungsverfahren erfolgreich durchlaufen haben. Der Gesamtbedarf wird mit dem Ziel einer hohen Versorgungssicherheit oder um Preisdruck auszuüben, gezielt auf

mehrere Lieferanten verteilt (Bedarfssplitting). Vereinbart wird eine Produktspezifikation (d.h. die Spezifikation des Beschaffungsobjekts ist über einen längeren Zeitraum stabil) und Lieferungs- und Zahlungsbedingungen, eventuell werden Abnahmemengen vereinbart. Aus der Liste der zugelassenen Lieferanten wird fallweise ein Lieferant ausgewählt, der lieferfähig ist und den günstigsten Preis anbietet. Bei jedem Beschaffungsvorgang sind daher eine (beschränkte)
Ausschreibung und ein Angebotsvergleich durchzuführen. Nachteilig ist der hohe Aufwand für Ausschreibung und Angebotsvergleich.

preferred supplier

- **single sourcing mit Rahmenvertrag**
Der Einkauf legt einen Vorzugslieferanten, bei dem in einer festgelegten Periode bestellt wird, fest (single sourcing). Es wird ein Volumenvertrag vereinbart, der auf Basis einer geplanten Abnahmemenge kundenspezifische Preise, Lieferungs- und Zahlungskonditionen festlegt. Die Kaufphasen Anbahnung und Vereinbarung werden im taktischen/strategischen Einkauf durchlaufen und münden in den Abschluss des Volumenvertrags. Die operative Bestellabwicklung kann in diesem Falle durch den Bedarfsträger oder autorisierte Personen dezentral durchgeführt werden. Für direktes Produktionsmaterial wird dies die Disposition oder die Lagerverwaltung sein, für indirekte Produkte der Bedarfsträger oder ein autorisierter Bestellanforderer. Die Bestellungen werden als Abrufauftrag getätigt, der sich auf den zuvor geschlossenen Volumenvertrag bezieht und nur noch Artikel, Liefermenge und Liefertermin konkretisiert.

Adversative Beziehung

Die konventionelle Beziehung zwischen Lieferant und Abnehmer zeigt häufig einen adversativen Charakter, unabhängig von der sourcing-Strategie. Diese Beziehung ist dadurch gekennzeichnet, dass sich die Parteien in Verhandlungssituationen feindlich gegenüberstehen. Sie betrachten die Verhandlung als Nullsummen-Spiel, in dem der Erfolg einer Partei gleich dem Misserfolg der anderen Partei ist. Die Lieferantenauswahl erfolgt primär preisorientiert. Die Beziehung ist unpersönlich und der Kontakt beschränkt sich auf die Minimalanforderungen der aktuellen Auftragsabwicklung. Der Abnehmer verhält sich opportunistisch und nutzt seine Macht gegenüber dem Lieferanten aus, indem er das in Abbildung 6-8 zusammengestellte Verhalten zeigt.

- Der Abnehmer zahlt regelmäßig nicht innerhalb der Skontofrist und zieht dennoch Skonto ab.
- Der Abnehmer zahlt regelmäßig erst nach der ersten Mahnung.
- Der Abnehmer ist auch bei steigenden Kosten des Lieferanten nicht bereit, über Festpreise nachzuverhandeln.
- Der Abnehmer verlangt vom Lieferanten eine 100% Ausgangsprüfung nach von ihm festgelegten Prüfkriterien und nach festgelegten Verfahren.
- Der Abnehmer gibt regelmäßig überhöhte forecasts und Jahres-Abnahmemengen an, um günstige Preise und hohe Versorgungssicherheit zu erreichen.
- Der Abnehmer informiert den Lieferanten nicht, wenn er sein Material nicht mehr oder in sinkenden Mengen benötigt.
- Der Abnehmer berechnet dem Lieferanten eine Pönale bei Lieferverzögerungen und eine Konventionalstrafe bei fehlerhaften Lieferungen, die deutlich höher ist als sein Schaden.

Abbildung 6-8: Merkmale einer adversativen Beziehung zum Lieferanten

Negative Folgen

Das konventionelle preisorientierte, kurzfristige und adversative Beschaffungsverhalten zeigt jedoch unter Umständen langfristig negative Folgen:

Der Angebotspreis des Lieferanten wird bestimmt von seinen Herstellkosten, dem Verhältnis zwischen Angebot und Nachfrage und der Wettbewerbsintensität zwischen den Lieferanten. Während die beiden Letztgenannten einen starken Einfluss auf das kurzfristige Preisniveau ausüben, beeinflusst die Kostenstruktur des Lieferanten insbesondere das langfristige Preisniveau.

Bei einem Angebotsüberhang verstärken die Lieferanten in einem ersten Schritt ihre Marktanstrengungen. Bei steigender Wettbewerbsintensität werden Lieferanten kurzfristig Preise akzeptieren, die unter ihrem gewünschten Niveau oder unter ihren durchschnittlichen Herstellkosten liegen. Kurzfristiges und adversatives Einkaufsverhalten zielt darauf ab, durch die Erhöhung der Wettbewerbsintensität zwischen den Lieferanten niedrige Preise zu realisieren.

Langfristig können Lieferanten jedoch nur überleben, wenn sie neben ihren durchschnittlichen Produktionskosten auch einen Gewinn realisieren können. Aus diesem Grund entscheiden, unabhängig von der kurzfristigen Einkaufspolitik der Abnehmer, letztlich die langfristigen Kostenstrukturen der

Lieferanten über den Marktpreis der Produkte.

Die Anwendung eines adversativen und kurzfristigen multiple sourcing führt zu Unsicherheit bei den Lieferanten, ob der Kunde nicht an einen Wettbewerber abwandert.

supply chain management

Bisher vorwiegend bei direkten Produktionsmaterialien und mit Lieferanten, zu denen langfristige Bindungen bestehen, wird eine Zusammenarbeit gesucht, die über die Abwicklung einzelner Bestellaufträge hinausgeht. Der vereinbarte Abrufvertrag enthält nicht nur Jahresabnahmeverpflichtungen, der Abnehmer stellt seinen Lieferanten verbindliche forecasts zur Verfügung, mit denen er seinen Materialbedarf (mit gewissen Bandbreiten) beim Lieferanten ankündigt. Diese forecasts werden aus der Produktionsplanung des Abnehmers abgeleitet und rollierend überarbeitet und schrittweise präzisiert. Teilweise wird eine Übertragung der Dispositionsverantwortung auf den Lieferanten praktiziert (vendor managed inventory VMI). Bei kooperativer Disposition tauschen Lieferant und Abnehmer Bestands- und Kapazitätsdaten aus und stimmen ihre Produktions-, Distributions- und Materialbedarfsplanung ab.

Chancen

Eine langfristig angelegte und enge Zusammenarbeit mit wenigen Lieferanten, die als Partner verstanden werden, verspricht die folgenden Vorteile:

- Durch Abschluss langfristiger Verträge mit einer Lieferverpflichtung des Lieferanten wird die Versorgungssicherung hinsichtlich Menge, Termin und Qualität unterstützt (vgl. die Ausführungen zur Kontraktpolitik in 6.2.3).
- Durch langfristige Preisvereinbarungen erzielt der Abnehmer Kalkulationssicherheit, der Lieferant Preissicherheit (vgl. die Ausführungen zur Kontraktpolitik in 6.2.3).
- Der Abschluss langfristiger Verträge ermöglicht dem Lieferanten evtl. Preiszugeständnisse, da er bei seiner Investitions-, Produktions- und Absatzplanung von gesicherten Absatzmengen ausgehen kann.
- Der Lieferant ist eher bereit, sich an langfristigen Verbesserungs- und Forschungs- und Entwicklungsprojekten zu beteiligen.
- Es werden geringere Transaktionskosten (Bestellabwicklungskosten) entstehen, da die Vertragspartner einander

kennen und wichtige Vertragsinhalte langfristig ausgehandelt werden können.

- Bei temporärer Lieferunfähigkeit des Lieferanten wird der
  Stammkunde bevorzugt beliefert.
- Der Abnehmer gewinnt Erfahrungen über die Qualitäts-
  und Lieferzuverlässigkeit des Lieferanten, die er nutzen
  kann, um seine Prüfkosten und Sicherheitsbestände zu
  reduzieren (vgl. die Ausführungen zur Lieferantenbewertung in 6.2.2.5).
- Erzielung von Kosten- und Zeitvorteilen durch gemeinsame Entwicklung: Aufgrund der engen Zusammenarbeit
  lassen sich Informationsverluste vermeiden, was zu
  besseren Planungsunterlagen, kürzerer Entwicklungs-
  dauer, früherer Markteinführung, niedrigeren Werkzeug-
  und Werkstückkosten, geringerem Änderungsaufwand
  und vereinfachtem administrativem Verkehr führt. Für
  den Lieferanten reduziert sich das Entwicklungsrisiko, da
  der Abnehmer für die entwickelte Innovation bereits feststeht. Außerdem verbessert sich seine Wettbewerbs-
  situation, da potentiellen Zulieferkonkurrenten der Markt-
  zugang erschwert wird, da sich der Produkt-
  entwicklungsprozess des Abnehmers an den spezifi-
  schen fertigungstechnischen Gegebenheiten des
  Lieferanten orientiert. Ein weiterer Vorteil der Entwick-
  lungszusammenarbeit ist, dass die Gemeinkosten auf
  beide Partner verteilt werden.
- Eine enge Zusammenarbeit erlaubt dem und motiviert
  den Lieferanten, seine Qualitätsmanagementmaßnah-
  men (z.B. Qualitätsprüfungen) auf die Bedürfnisse des
  abnehmenden Kunden einzustellen. Doppelaufwand in
  der logistischen Kette kann vermieden werden. Genaue
  Kenntnis der Verwendungs- und Verarbeitungsabsichten
  erlauben dem Lieferanten Verbesserungsvorschläge zu
  machen, die kostensenkend oder qualitätssteigernd
  wirken.
- Die Sicherheit einer langfristigen Zusammenarbeit erhöht
  die Bereitschaft des Lieferanten, Investitionen zu tätigen
  und aufwändige Beschaffungskonzepte für den Abnehmer umzusetzen (just-in-time-Belieferung, Mehrweg-
  Verpackungsmittel). Die Produktions- und Beschaffungsplanung des Lieferanten basiert auf vergleichsweise
  sicheren Absatzerwartungen, wodurch die Versorgungssicherheit des Abnehmers gesteigert werden kann und
  die Notwendigkeit von Kapazitäts- und Bestandspuffern

beim Lieferanten zurückgeht.

Gefahren einer engen Bindung

Diesen Vorteilen stehen potentielle Gefahren gegenüber:

- abnehmender Wettbewerb unter den Lieferanten, wenn andere Lieferanten keine Chance sehen, das Unternehmen als Kunden zu gewinnen; dies kann sich auf Preis, Produktqualität und Lieferservice auswirken, die vom Lieferanten und insgesamt in der Branche angeboten werden.
- Abhängigkeit vom Stammlieferanten; diese hat zur Folge, dass der Abnehmer Preiserhöhungen, Qualitäts- oder Lieferservice-Verschlechterungen hinnehmen muss. Bei kurzfristigem oder dauerhaftem Lieferausfall steht unter Umständen kurzfristig kein Ersatz-Lieferant zur Verfügung.

Bedarfssplitting

Eine Strategie zur Nutzung der Vorteile von Stammlieferanten und zur Vermeidung der Nachteile besteht in der Zusammenarbeit mit mehreren Stammlieferanten durch ein gezieltes Bedarfssplitting: das Beschaffungsvolumen wird mengenmäßig und/oder regional auf mehrere Stammlieferanten aufgeteilt. Durch eine Quotenverteilung entsprechend der Leistungsfähigkeit der Lieferanten wird der Wettbewerb zwischen den Lieferanten angeregt und die Abhängigkeit von einem Lieferanten vermieden. Bei Ausfall eines Lieferanten können andere Lieferanten, denen der Bedarf bekannt ist, kurzfristig einspringen. Die Strategie des Bedarfssplittings kann den Nachteil haben, dass Preiszugeständnisse durch die Abnahmemenge geringer sind als bei Zusammenarbeit mit einem Stammlieferanten. Die Strategie des Bedarfssplittings ermöglicht es, neue Lieferanten zu fördern und auszubauen, ohne auf die Kostenvorteile gänzlich zu verzichten, die sich aus der Zusammenarbeit mit dem Marktführer mit der größten kumulierten Erfahrung ergeben.

6.2   Gestaltungsfelder des strategischen Einkaufs

sourcing-Strategie	Beschaffungsobjekt und – situation
Einzelbestellungen bei anonymen Lieferanten	Sinkende Preise, starke Preisschwankungen, einmaliger, seltener Bedarf
Multiple sourcing + Volumenverträge	Versorgungssicherheit und Wettbewerbsdruck sollen erreicht werden, aber hohe Kosten für Ausschreibung und Angebotsvergleich
Single sourcing (Vorzugslieferant)	Hohe abnehmerspezifische Investitionen (specialities) , Prozesskosteneinsparung, Bedarfsbündelung
Supply chain management (Partnerschaftliche Beziehung)	Hohes Versorgungsrisiko, hohe Bestandskosten, hohe Fehlerkosten

Abbildung 6-9: Welche sourcing-Strategie ist geeignet?

Verzicht auf einseitige Machtausübung

Dass partnerschaftliche Zusammenarbeit nicht nur als Worthülse zu verstehen ist, kann man durch den Verzicht auf einseitige Machtausübung zeigen. Abnehmer, die als faire und verlässliche Vertragspartner gelten wollen, verzichten auf Preisvereinbarungen, die den Lieferanten einseitig mit Kostenänderungsrisiken belasten, sie zahlen innerhalb der Zahlungsfrist und halten sich an vereinbarte Skontobedingungen. Sie fordern nur solche Vertragsklauseln und Vertragsstrafen, die durch hohe Fehlmengen- und Fehlerkosten gerechtfertigt sind oder dem Abnehmer erhebliche Einsparungen versprechen und fordern keine Maßnahmen, die beim Lieferanten höhere Kosten verursachen als der Abnehmer einspart. Faire Abnehmer gehen ihrerseits vertragliche Verpflichtungen ein (z.B. Abnahmepflicht, Informationspflicht bei Änderung der Spezifikation und Änderung des Produktionsprogramms, bei strukturellen Bedarfsänderungen auf dem Absatzmarkt) und stimmen ihre Bestellaufträge auf die aktuelle Kapazitäts- und Bestandssituation des Lieferanten ab.

Praxis

Die Arbeitsgemeinschaft der Zulieferindustrie hat einen Katalog von Regeln aufgestellt, die für mehr Fairness sorgen. Dort heißt es zum Beispiel:

„ - Hat der Lieferer teilweise fehlerhafte Ware geliefert, so ist der Besteller dennoch verpflichtet, Zahlung für den unstreitig fehlerfreien Teil zu leisten, es sei denn, dass die Teillieferung für ihn nicht von Interesse ist. Im Übrigen kann der Besteller nur mit rechtskräftig festgestellten oder unbestrittenen Gegenansprüchen aufrechnen. - Bei allen Ersatzzahlungen, insbesondere bei der Höhe des Schadenersatzes, sollten auch nach treu und Glauben die wirtschaftlichen Gegebenheiten der Vertragspartner, Art, Umfang und Dauer der Geschäftsverbindung sowie der Wert der Ware angemessen berücksichtigt werden."

Die Klauseln zur vertraglichen Gestaltung partnerschaftlicher Lieferbeziehungen können beim EBM Wirtschaftsverband in Ratingen Tel. 02102-186160 angefordert werden.

Abbildung 6-10: Gestaltung einer partnerschaftlichen Beziehung

6.2.2.3 Festlegung der regionalen Verteilung der Lieferanten (local sourcing versus global sourcing)

Global sourcing bezeichnet die systematische Ausdehnung der Lieferantenpolitik auf internationale Beschaffungsquellen.

Global Sourcing verspricht die folgenden Chancen (vgl. Abbildung 6-11):

Preisvorteil

- Hauptmotiv für die Internationalisierung des Einkaufs ist der Preisvorteil. Ein kostengünstiges Global Sourcing, das die lokalen Faktorkostenvorteile nutzt, wird in Zukunft zum alltäglichen Geschäft eines Einkäufers gehören. Durch unterschiedliche Kostenstrukturen ergeben sich in verschiedenen Ländern unterschiedliche Produktionsbedingungen. Wichtige Unterschiede können in den Rohstoff- und Betriebsmittelkosten, in Arbeitskosten (Stundenlöhne und Lohnnebenkosten, Arbeitszeit), Energiekosten und Raumkosten liegen. Der Preisvorteil des Anbieters wird durch erhöhte Transport-, Verpackungs-, Versicherungskosten und Zölle gemindert. In einem Angebotsvergleich werden die Einstandskosten der alternativen Anbieter gegenübergestellt.

Druckmittel

- Die Möglichkeit des Global Sourcing kann in Preisverhandlungen mit inländischen Anbietern als Druckmittel eingesetzt werden. Durch die Androhung eines Lieferantenwechsels sieht sich die deutsche Zulieferindustrie meistens gezwungen, weiteren Preisreduzierungen zuzustimmen.

Förderung des Absatzes

- Eine neben den Einkaufspreisvorteilen unter Umständen gleichwertige Chance des Global Sourcing ist die Erschließung von Absatzpotenzialen. Ein Unternehmen mit weltweiter Nutzung von Lieferquellen wird durch Beschaffungsaktivitäten in dem Land Erfahrungen sammeln und anwenden können, die zur Erschließung eines neuen Absatzmarktes beitragen. Global sourcing ist für Unternehmen oftmals die Voraussetzung, ihre Absatzprodukte zu exportieren. Viele Länder versuchen durch eine Politik der Einfuhrbeschränkungen ihre einheimischen Produkte zu schützen oder ihren Devisenmangel auszugleichen. Das kann heißen, dass der Staat die Erschließung des Absatzmarktes für das jeweilige Unternehmen nur dann genehmigt, wenn im Gegenzug die Bereitschaft vorhanden ist, einen bestimmten Anteil an Beschaffungsobjekten im Lieferland (local content Forderungen) oder bei einem Lieferanten (Kompensationsgeschäft) abzunehmen.

Den Vorteilen des global sourcing ist eine Reihe von Risiken gegenüberzustellen (vgl. Abbildung 6-11):

Verschlechterung der Beziehungen

- Verschlechterung der nationalen Lieferantenbeziehungen: Werden global sourcing-Aktivitäten nur gestartet, um mit den niedrigen Preisen die lokalen Lieferanten bezüglich der Preise erpressen zu können, ist damit zu rechnen, dass die Kreativität, die Innovationen und der Kooperationswille seitens der Zulieferer nachlässt.

Qualitätsrisiko

- Ein geringerer technischer Entwicklungsstand, eine geringere Ausprägung des Qualitätsbewusstseins und andere technische Normen im Lieferland können ein erhöhtes Qualitätsrisiko verursachen.

Rechtliches Risiko

- Aus der Verschiedenheit der Rechtssysteme und -ordnungen der am internationalen Beschaffungsprozess beteiligten Nationen resultiert ein rechtliches Risiko. Diese Unsicherheit liegt nicht nur in der „formalen" Unkenntnis der ausländischen Gesetze, sondern vor allem auch in der fehlenden Kenntnis ihrer praktischen Handhabung und Auslegung; denn geschriebenes Recht und Rechtswirklichkeit weichen in manchen Ländern erheblich voneinander ab.

Währungsrisiko
- Für in Fremdwährung abgeschlossene Verträge besteht ein Währungsrisiko, die Gefahr einer Veränderung der Währungsrelation nach Vertragsschluss zuungunsten des beschaffenden Unternehmens.

Kommunikations-risiko
- Unterschiedliche Sprache, Kultur, Mentalität, Religion, abweichende Sitten und Gebräuche sowie verschiedene Bildungs- und Wertesysteme der betroffenen Nationen verursachen ein Kommunikationsrisiko, das zu Missverständnissen und Fehlinterpretationen bei Kaufvertragsverhandlungen führen kann.

Beschaffungszeit
- Durch die wachsende Entfernung zum Lieferanten verlängert sich die Beschaffungszeit. Kurzfristiger Materialbedarf kann nicht durch kurzfristige Bestellungen befriedigt werden. Der Beschaffungstransport wird störungsanfälliger. Auch beeinflussen unterschiedliche Mentalitäten die Lieferzeit und -zuverlässigkeit in hohem Maße.

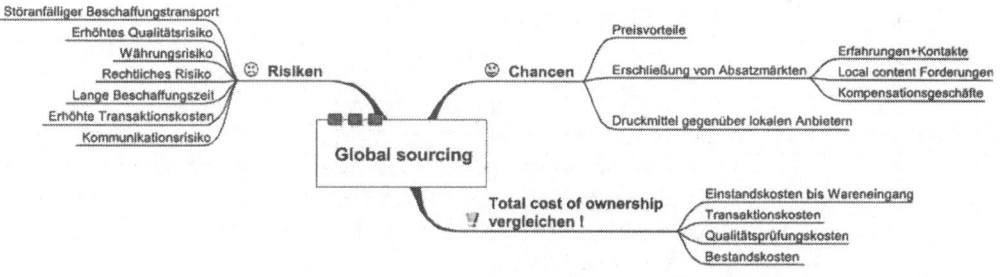

Abbildung 6-11: Chancen und Risiken des global sourcing

total cost of ownership

Der Abnehmer kann sich durch den Aufbau von Sicherheitsbeständen vor langen und störanfälligen Beschaffungszeiten schützen. Eine umfassende Lieferantenbeurteilung vor der ersten Auftragserteilung, eine eingehende Information des Lieferanten über die geforderten Merkmale des Beschaffungsobjektes und die Vereinbarung von wirksamen Gewährleistungs- und Schadenersatzregelungen für fehlerhafte und verspätete Lieferungen sind unabdingbar, steigern aber den Aufwand im Einkauf (Transaktionskosten). Zu berücksichtigen ist eventuell auch ein erhöhter Aufwand für eine präzise und frühzeitige Materialbedarfsplanung, die durch die reduzierte Flexibilität notwendig wird. Um sich vor fehlerhaften Lieferungen zu schützen, werden umfangreichere Qualitätsprüfungen notwendig.   Der Preisvorteil des internationalen Anbieters wird durch diese erhöhten Kosten geschmälert, eventuell überkompensiert. Eine Ermittlung der total cost of ownership[3] versucht einen umfassenden Kostenvergleich anzustellen. Nicht immer wird es möglich sein, die Nachteile und Risiken des global sourcing monetär zu quantifizieren. In diesem Falle kann man sich mit einem Punktbewertungsverfahren behelfen.

6.2.2.4 Gestaltung der Lieferantenzulassung

Differenziertes Zulassungsprocedere

Betreibt der Einkauf systematisches Qualitätsmanagement wird er die Kriterien und Informationsquellen, die bei der Auswahl und Zulassung von Lieferanten heranzuziehen sind, grundsätzlich festlegen. Die Auswahlentscheidung wird dokumentiert, um einen Informationsaustausch über Lieferanten zwischen Einkäufern zu ermöglichen und um nach außen belegen zu können, dass eine sorgfältige Lieferantenauswahl betrieben wird. Die Durchführung und Dokumentation einer systematischen und nachvollziehbaren Lieferantenbeurteilung vor der ersten Auftragserteilung (Lieferantenzulassung) zählt zu den qualitätslenkenden und –sichernden Aufgaben, deren Erfüllung nachgewiesen werden muss, wenn ein Unternehmen nach DIN EN ISO 9001: 2000 oder der TS 16949 zertifiziert werden will und zählt zu den unternehmerischen Sorgfaltspflichten. Dabei fordert die Norm nicht, dass jeder Lieferant vor der ersten Auftragserteilung ein ausführliches Lieferantenzulassungsverfahren durchlaufen soll. Vielmehr ist in den Verfahrensanweisungen für den Einkauf, grundsätzlich festzulegen, wie das Zulassungsprocedere gestaltet ist und welche Lieferanten dieses durchlaufen müssen. Für die übrigen Lieferanten sind alternative Maßnahmen vorzusehen, die gewährleisten, dass die geforderten Merkmale fehlerfrei beschafft werden (Qualitätsprüfungen, Beschränkungen der Freigabe). In der Regel durchlaufen nur Lieferanten für direktes Produktionsmaterial ein Zulassungsverfahren und werden in einer sog. „Liste zugelassener Lieferanten" aufgenommen. Die Ergebnisse der Erstbeurteilung   werden   im   Rahmen   der   nachträglichen,

---

[3] Kosten für ein Beschaffungsobjekt bis zur Freigabe für die Fertigung bzw. die Verfügbarkeit für den internen Kunden

laufenden Lieferantenbewertung überprüft (vgl. die Ausführungen in 6.2.2.5 zur Lieferantenbewertung).

Anforderungen an den Lieferanten

Eine Lieferantenbeurteilung ist eine Gegenüberstellung seiner Leistungsfähigkeit und –bereitschaft mit den an ihn gestellten Anforderungen. Die Anforderungen an den Lieferanten müssen an die Eigenschaften der Beschaffungsobjekte und die Art der geplanten Zusammenarbeit angepasst und situativ gewichtet werden. Von besonderer Bedeutung ist auch der Umfang der Fertigungs- und Dienstleistungen, die vom Lieferanten bezogen werden sollen. Abbildung 6-12 zeigt beispielhaft die unterschiedlichen Anforderungen an Teile- und Modullieferanten:

Anforderungen an den Modullieferanten

Kriterien

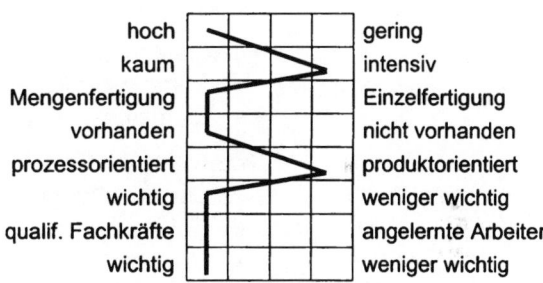

Technologische Komplexität der Produkte	hoch	gering
Kontakt zum Endabnehmer	kaum	intensiv
Produktionsorientierung	Mengenfertigung	Einzelfertigung
just-in-time-Lieferfähigkeit	vorhanden	nicht vorhanden
Innovations-/Problemlösungspotenzial	prozessorientiert	produktorientiert
Flexibilität/Kooperationsbereitschaft	wichtig	weniger wichtig
Ausbildungsqualität der Mitarbeiter	qualif. Fachkräfte	angelernte Arbeiter
Ausreichende finanzielle Ressourcen	wichtig	weniger wichtig

Anforderungen an den Teilelieferanten

Kriterien

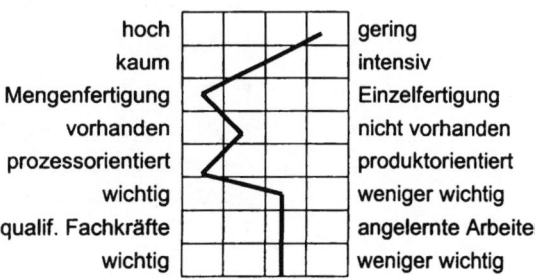

Technologische Komplexität der Produkte	hoch	gering
Kontakt zum Endabnehmer	kaum	intensiv
Produktionsorientierung	Mengenfertigung	Einzelfertigung
just-in-time-Lieferfähigkeit	vorhanden	nicht vorhanden
Innovations-/Problemlösungspotenzial	prozessorientiert	produktorientiert
Flexibilität/Kooperationsbereitschaft	wichtig	weniger wichtig
Ausbildungsqualität der Mitarbeiter	qualif. Fachkräfte	angelernte Arbeiter
Ausreichende finanzielle Ressourcen	wichtig	weniger wichtig

Abbildung 6-12: Unterschiedliche Anforderungen an Modul- und Teilelieferanten

| **6.2** | Gestaltungsfelder des strategischen Einkaufs |

Kriterien

Kosten:
- Einstandskosten
- Bereitschaft zur Übernahme von Kontrollfunktionen
- Bereitschaft zur logistischen Zusammenarbeit
- Kostensenkungspotential und Bereitschaft zur Weitergabe erreichter Rationalisierungserfolge

Beschaffungsrisiko:
- Transportrisiko (Transportentfernung, -wege, -mittel)
- Mengenrisiko (durch beschränkte Kapazitäten, durch
- Versorgungsprobleme auf den Vormärkten)
- Terminrisiko (Kapazitätsauslastung und Stellung des
- Abnehmers, Stellung des Produktes im Absatzprogramm)

Lieferservice:
- Lieferzeit (bei geplantem Bedarf, bei Eilaufträgen)
- Lieferflexibilität
- Termin- und Mengenzuverlässigkeit

Produktqualität:
- Fähigkeit und Bereitschaft, die Spezifikation zu erfüllen
- Qualitätszuverlässigkeit (Prozessfähigkeit)

Interesse an Kooperationen:
- Qualitätskooperationen
- Entwicklungskooperationen
- Rationalisierungskooperationen

Interesse an Kompensationsgeschäften

Absatzprogrammbreite - Möglichkeit von Verbundkäufen

Entwicklungskompetenz

Problemlösungskompetenz.

Die Ergebnisse der Lieferantenbeurteilung können in einem Punktbewertungsverfahren dargestellt und ausgewertet werden, wie es in Abschnitt 4.4 und Abbildung 4-9 dargestellt wurde.

6.2.2.5 Gestaltung der laufenden, nachträglichen Lieferantenbewertung

Funktionen

Die Lieferantenbeurteilung vor der ersten Auftragserteilung (Zulassung) basiert auf Erwartungen und Referenzen. Ihre Ergebnisse müssen mit der Realität verglichen werden, um eine Auswahlentscheidung bei Wiederholungskäufen und Verhandlungen argumentativ zu unterstützen. Die Leistungen der Stammlieferanten müssen beobachtet werden, um nachlassende Leistungen zu erkennen und die Erfolge von Verbesserungsprojekten messbar zu machen. Für den Einkauf sind die Ergebnisse der laufenden Lieferantenbewertung die Grundlage, die Lieferanten in Klassen einzuteilen und preferred supplier zu benennen, mit denen eine Ausweitung der Beziehungen angestrebt wird, sowie die Lieferanten zu erkennen, die nach Möglichkeit nicht mehr beschäftigt werden sollen. Große Abnehmer zeichnen besonders leistungsfähige Lieferanten mit Preisen aus und unterstützen damit die Öffentlichkeitsarbeit des Lieferanten. Die Ergebnisse der Lieferantenbewertung zeigen Stärken und Schwächen des Lieferanten auf und geben dem Lieferanten wertvolle Hinweise auf Verbesserungspotenziale. Die laufende Bewertung der Lieferleistung kann intern gegenüber den anderen Funktionen genutzt werden, die Erfolge der Lieferanten- und Kontraktpolitik zu vermarkten. Für die Materialdisposition sind die aktuellen Ergebnisse der Lieferzuverlässigkeit eine wichtige Datenbasis zur Bestimmung der Sicherheitsbestände bzw. Meldebestände. Angaben über die Qualitätszuverlässigkeit dienen der Prüfplanung als Grundlage, die Prüfhäufigkeit und den Stichprobenumfang festzulegen (vgl. Abbildung 6-13).

Differenzierte Lieferanten-bewertung

Die Gestaltung der Lieferantenbewertung muss sich mit der Frage befassen, ob jede Identnummer und jeder Lieferant in die laufende Lieferantenbewertung einbezogen werden sollte. Nicht immer werden die Kosten der Lieferantenbewertung gerechtfertigt sein und nicht immer kann von der vergangenen Leistung auf die zukünftige Leistung geschlossen werden. In vielen Fällen wird eine regelmäßige Bewertung nur für regelmäßig bezogenes Produktionsmaterial und bedeutende A-Lieferanten durchgeführt.

Zuständigkeiten

Für die Erfassung der Qualitätszuverlässigkeit sind der Wareneingang und die Qualitätsprüfung zuständig. Für die Meldung verdeckter Mängel, die vor der Freigabe des Materials nicht entdeckt wurden und für Material, das vor der

Verarbeitung keiner Prüfung unterzogen wird ((just-in-time-Beschaffung), ist die Fertigung zuständig. Die Termin- und Mengenzuverlässigkeit wird im Wareneingang bei der Identitätsprüfung erfasst, indem die Angaben über den vereinbarten Liefertermin auf dem Bestellauftrag mit dem tatsächlichen Liefertermin verglichen werden. Voraussetzung für eine exakte Bewertung des Lieferanten ist ein korrekter Eintrag des vereinbarten Liefertermins auf dem Bestellauftrag. Der Einkauf hat hier die Pflicht, Abweichungen zwischen dem Wunsch-Liefertermin und dem bestätigten/vereinbarten Liefertermin im Bestellauftrag zu korrigieren.

Die Schlüsselfragen der Lieferantenbewertung sind in Abbildung 6-13 nochmals zusammengestellt.

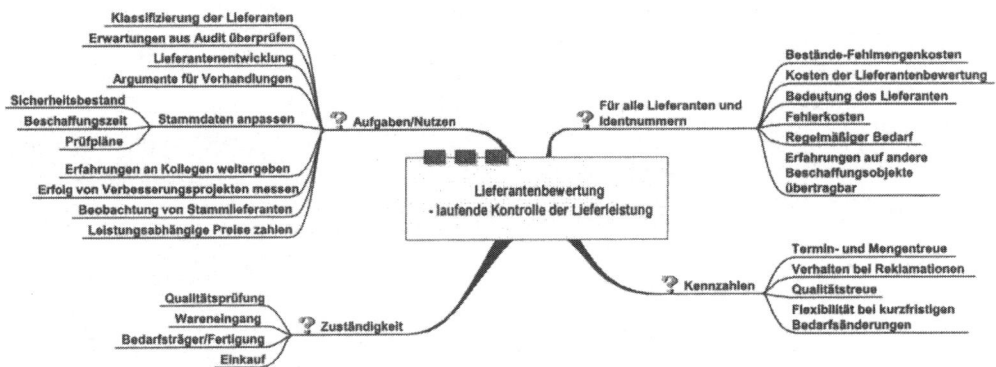

Abbildung 6-13: Gestaltung der Lieferantenbewertung

6.2.3 Kontraktpolitik

6.2.3.1 Alternativen und Fragestellungen der Kontraktpolitik

Bestellauftrag

Lieferant und Abnehmer müssen sich – damit ein Vertrag zustande kommt – einig werden über das zu liefernde Produkt bzw. die zu erstellende Dienstleistung, über den Preis, über die Liefermenge und über die Liefer- und Zahlungsbedingungen (wer trägt Transportkosten und –risiko, wer zahlt Versicherungs- und Verpackungskosten, wie lang ist das Zahlungsziel, welche Skontobedingungen sollen gelten?). Der Abnehmer formuliert seine Erwartungen an die Produktmerkmale in einer Produktspezifikation (individuelle Produkte, sog. specialities) oder bezieht sich auf eine

Produktbeschreibung des Lieferanten und nennt einen
Wunsch-Liefertermin, der in der Regel vom Lieferanten in der
Auftragsbestätigung bestätigt oder modifiziert wird. Darüber
hinausgehende Vereinbarungen sind juristisch nicht erforderlich (vgl. Abbildung 6-14).

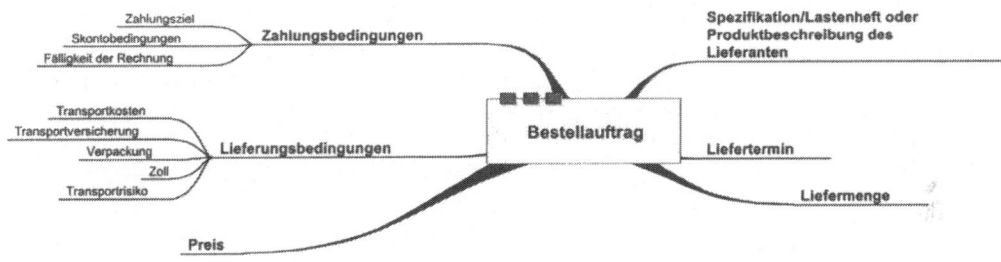

Abbildung 6-14: Vertragsinhalte

**Allgemeine
Einkaufs- und
Geschäfts-
bedingungen**

In der Praxis werden Lieferungs- und Zahlungsbedingungen
häufig in den sog. Allgemeinen Einkaufsbedingungen (AEB)
formuliert und – soweit nicht individuell anders vereinbart -
auf alle Lieferanten und Beschaffungsobjekte identisch
angewendet. Auch der Lieferant formuliert seine Vorstellungen von Lieferungs- und Zahlungsbedingungen allgemein,
in seinen Allgemeinen Geschäftsbedingungen (AGB).
Widersprechen sich die Klauseln, müssen sich die
Vertragspartner einigen.

Wenn die allgemeinen (kaufmännischen) Einkaufsbedin-
gungen und der Bestellauftrag keine Angaben über
Qualitätsmanagement-Maßnahmen enthalten, die der
Abnehmer erwartet, fordert oder voraussetzt, ist der Liefe-
rant in der Gestaltung seines Qualitätsmanagement-
Systems frei. Bei fehlerhaften Lieferungen stehen dem
Abnehmer nur die Gewährleistungs- und Schadenersatzan-
sprüche nach dem HGB und BGB zu (vgl. die
Ausführungen in 6.2.3.4).

supplier manuals

Eine derartig passive Haltung gegenüber dem Qualitätsma-
nagement-System des Lieferanten und den Folgen
fehlerhafter Lieferungen wird häufig als unbefriedigend
empfunden. Der Versuch einer Einflussnahme auf die Qualitätsmanagement-Maßnahmen des Lieferanten kann in der
Weise erfolgen, dass der Abnehmer seine Erwartungen,

Empfehlungen und Forderungen gleichlautend für alle Lieferanten in supplier manuals formuliert und diese an die
Lieferanten verteilt.

Der Abnehmer erläutert so die Grundsätze seiner Lieferantenauswahl und -bewertung. Hat der Lieferant Interesse an
der Geschäftsbeziehung, wird er versuchen, die Forderungen zu erfüllen. Damit kann ein supplier manual
qualitätslenkende Wirkung haben. Gegenüber seinen
Kunden kann der Abnehmer demonstrieren, dass er sich
nicht nur für die eigene Prozesskette verantwortlich fühlt,
sondern total quality management-Prinzipien auch auf seine
Lieferanten anwendet (Qualitätssicherung).

Juristisch bleibt ein solches supplier manual bedeutungslos,
da es keine vertragliche Verpflichtung des Lieferanten
darstellt und die Forderungen an die Gestaltung des Quali-
tätsmanagement-Systems sehr allgemein gehalten sind, um
sie auf möglichst viele Produkte und Lieferanten beziehen
zu können.

**Qualitätsmanage-
mentvereinbarung**

Ein supplier manual wird zu einer Qualitätssicherungsvereinbarung (modern Qualitätsmanagementvereinbarung),
wenn sich der Lieferant mit seiner Unterschrift verpflichtet,
die Forderungen zu erfüllen.

Zusätzlich zu den Funktionen Qualitätslenkung und
-sicherung soll das Dokument bei der Durchsetzung von
Schadenersatzansprüchen helfen. Mit der Unterschrift geht
der Lieferant eine vertragliche Nebenpflicht ein. Werden die
vereinbarten Qualitätsmanagement-Maßnahmen nicht
erfüllt und deshalb fehlerhaft geliefert, hat der Abnehmer
Anspruch auf Ersatz des Mangelfolgeschadens.

Da die Qualitätssicherungsvereinbarung gleichlautend auf
mehrere Lieferanten angewendet wird, müssen die Qualitätsmanagement-Maßnahmen sehr allgemein formuliert
werden. Dies wird die Durchsetzung von Schadenersatzansprüchen erschweren.

Individuelle tLAB

Zur Erweiterung der Ansprüche des Abnehmers bei fehlerhaften Lieferungen und zur Steigerung der
qualitätslenkenden Wirkung kann eine individuelle (technische) Liefer- und Abnahmebedingung (tLAB)
abgeschlossen werden. Sie enthält gelegentlich auch

Konventional-(Vertrags-)strafen, die bei verspäteter Lieferung zu zahlen sind. Wird die Konventionalstrafe in % des Auftragswerts je Tag Lieferverzögerung berechnet und ist diese auch dann zu zahlen, wenn der Lieferant die Verzögerung nicht zu vertreten hat, wird die Vertragsstrafe als Pönale bezeichnet.

Werden Qualitätsmanagement-Maßnahmen auf das Produkt und den Lieferanten individuell abgestimmt und in technischen Liefer- und Abnahmebedingungen vereinbart, wird die größte Wirksamkeit als qualitätslenkendes Instrument erreicht und die juristische Zulässigkeit steht außer Frage. In solchen individuellen Vereinbarungen ist es möglich und sinnvoll, Prüfkriterien, Prüfverfahren und Prüfumfang zu vereinbaren, bestimmte Materialien oder Fertigungsverfahren festzulegen.

Mit diesen Maßnahmen kann der Abnehmer Vertrauen in die Qualitätszuverlässigkeit des Lieferanten aufbauen und seine Qualitätsprüfung reduzieren oder vermeiden, ohne ein großes Risiko einzugehen, fehlerhaftes Material zu verarbeiten. Werden die vereinbarten Maßnahmen nicht durchgeführt und deshalb fehlerhaft geliefert, hat der Abnehmer Anspruch auf Ersatz des Mangelfolgeschadens wegen positiver Vertragsverletzung.

Derartige individuelle Vereinbarungen sind allerdings sehr aufwändig (Informationsbeschaffung, Verhandlungen) und vor allem für folgende Beschaffungsobjekte sinnvoll:

- Eine Qualitätsprüfung beim Abnehmer ist technisch nicht möglich oder sehr kostenintensiv,
- Abweichungen von der Produktspezifikation lösen besonders hohe Fehlerfolgekosten aus,
- das Produkt wird in großen Mengen verarbeitet.

6.2   Gestaltungsfelder des strategischen Einkaufs

Abbildung 6-15: Schlüsselfragen der Vertragsgestaltung

Vertrags-laufzeiten

Langfristige Verträge können als Einzelverträge abgeschlossen werden (Beschaffungsobjekte mit langen Lieferzeiten wie z.B. kundenspezifisch gefertigte Großanlagen) oder als Rahmenaufträge, die für mehrere Bestellungen und Lieferungen gültig sein sollen. Beim Abschluss von Rahmenaufträgen vereinbaren die Vertragspartner Spezifikationen, Prüfmittel und -methoden, Lieferungs- und Zahlungsbedingungen sowie die Einkaufsbedingungen. Abnahmemengen im Rahmenauftrag haben häufig nur den Charakter von Absichtserklärungen, der Abnehmer geht keine Abnahmeverpflichtung ein.

Die Langfristigkeit von Verträgen kann nicht durch einen konkreten Zeitbezug definiert werden. Ein Vertrag ist dann als langfristig zu bezeichnen, wenn im Zeitraum zwischen dem Vertragsabschluß und dem Zeitpunkt der Lieferung(en) Kostenänderungsrisiken für den Lieferanten entstehen. Bei starken Preisschwankungen auf den Beschaffungsmärkten des Lieferanten kann auch ein Vertrag mit wenigen Wochen Laufzeit langfristigen Charakter haben.

Motive

In der Praxis werden langfristige Verträge häufig und mit unterschiedlichen Zielen abgeschlossen:

- Der Abschluss von Rahmenaufträgen dient der Senkung fixer Bestellkosten (Transaktionskosten), da nicht bei jeder Bestellung eine Vertragsverhandlung notwendig ist, also der personelle Aufwand der Vertragspartner reduziert wird.
- Rahmenaufträge dienen der Versorgungssicherung, wenn der Abnehmer den Lieferanten zur Bereitstellung einer bestimmten Kapazität oder Liefermenge verpflichtet.

- Rahmenverträge sollen den Lieferanten zu Preisnachlässen veranlassen. Für den Lieferanten ergibt sich durch die Abnahmeverpflichtung des Abnehmers eine Absatzsicherheit, die er durch Zugeständnisse bei den Beschaffungspreisen honorieren soll.
- Rahmenaufträge sollen die Leistungsbereitschaft des Lieferanten steigern. Die Absatzsicherheit durch langfristige Verträge soll ein Anreiz für den Lieferanten sein, seine logistischen Leistungen zu verbessern (just-in-time-Lieferung, Steigerung der Lieferflexibilität, Verkürzung der Lieferzeit, Steigerung der Lieferbereitschaft), die Produktmerkmale auf die Erwartungen des Abnehmers abzustimmen und kontinuierlich zu verbessern und gemeinsame Wertanalyse- und Entwicklungsprojekte durchzuführen.

Die Ausführungen machen deutlich, dass langfristige Verträge aus der Sicht des Abnehmers prinzipiell für alle Beschaffungsobjekte sinnvoll sein können, von der einfachen Schraube bis hin zur Großanlage.

Nachteile

Die Nachteile langer Vertragslaufzeiten bestehen für den Abnehmer in der mangelnden Flexibilität, alternative, günstigere oder bessere Versorgungsquellen zu nutzen.

Aus der Sicht des Abnehmers ist der Abschluss langfristiger Verträge dann nicht sinnvoll, wenn genormte, standardisierte Beschaffungsobjekte im multiple sourcing beschafft werden sollen. Der Abnehmer wird auch dann auf den Abschluss langfristiger Verträge verzichten, wenn verbesserte oder billigere Nachfolgematerialien/-Produkte auf dem Beschaffungsmarkt erwartet werden.

Interesse des Lieferanten

Ein langfristiger Vertrag kommt nur dann zustande, wenn der Lieferant ebenfalls ein Interesse an einer Bindung hat. Dieses kann unterstellt werden in Beschaffungssituationen, in denen auf dem gesamten Beschaffungsmarkt ein Überangebot herrscht, wenn der Lieferant eine Unterauslastung der Kapazität aufweist oder Wachstums-strategien verfolgt. Häufig sind Lieferanten jedoch nicht daran interessiert, sich in die Abhängigkeit eines oder weniger Kunden zu begeben. Auch in Situationen eines (erwarteten) Nachfrageüberhangs könnten Lieferanten wenig Interesse an langfristigen Verträgen aufweisen, um sich jeweils die zahlungswilligsten Kunden aussuchen zu können.

Ob der Lieferant an mehrjährigen oder gar life-time-Verträgen interessiert ist, ergibt sich aus seinen Erwartungen über die Entwicklungen am Absatzmarkt und seine Risikofreudigkeit sowie aus den vertraglichen Bindungen, die die Vertragsparteien über Preise und Abnahme- bzw. Liefermengen eingehen. Aus der Sicht des Lieferanten ist eine einseitige Bindung des Abnehmers ohne Lieferverpflichtung des Lieferanten natürlich am vorteilhaftesten.

6.2.3.2 Preisvereinbarungen in langfristigen Verträgen

Beurteilung einer Preisvereinbarung

Im Folgenden sollen die verschiedenen Möglichkeiten der Preisvereinbarungen jeweils aus der Sicht des Lieferanten und des Abnehmers betrachtet werden. Nachteile einer Preisvereinbarung für den Abnehmer können als Opportunitätskosten der Erreichung strategischer Versorgungs- oder Qualitätsziele betrachtet werden. Nachteile einer Preisvereinbarung für den Lieferanten können Nachteile für den Abnehmer nach sich ziehen und dürfen deshalb nicht unbeachtet bleiben (vgl. Abbildung 6-16).

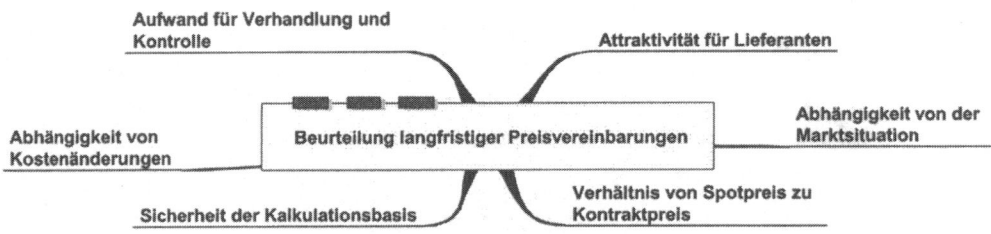

Abbildung 6-16 Beurteilung langfristiger Preisvereinbarungen

Kontraktpreise-Spotpreise

Um eine langfristige Preisvereinbarung zu beurteilen, müssen Abnehmer und Lieferant den/die Kontraktpreise mit den „Spotpreisen", d.h. den sich ergebenden Preisen bei Einzelverträgen, vergleichen. Aus der Sicht des Lieferanten besteht das Risiko einer Preisvereinbarung zum einen darin, dass der vereinbarte Preis die ihm entstehenden Kosten nicht deckt, zum anderen darin, dass der langfristig vereinbarte Kontraktpreis geringer ist als der am Spotmarkt zu erzielende Preis.

Aus der Sicht des Abnehmers besteht das Risiko der Preisvereinbarung entsprechend darin, dass der langfristig vereinbarte Kontraktpreis höher ist als die bei Abschluss von Einzelverträgen zu zahlenden Preise.

Die Spotpreise, die sich bei zukünftigen Einzelverträgen ergeben werden, sind zum Zeitpunkt des Vertragsabschlusses noch nicht bekannt. Ihre Höhe wird von der zukünftigen Kostenentwicklung und der derzeitigen und zukünftigen Marktsituation bestimmt. Die Vorteile und Nachteile einer Preisvereinbarung können daher letztlich erst nachträglich angegeben werden.

Der Kontraktpreis muss - wie die folgenden Ausführungen zeigen werden - nicht unbedingt zum Zeitpunkt des Vertragsabschlusses festgelegt werden. Kontraktpreise können vereinbart werden als (vgl. Abbildung 6-17):

- Festpreise
- unbestimmte Preisvorbehalte
- Preisgleitklauseln.

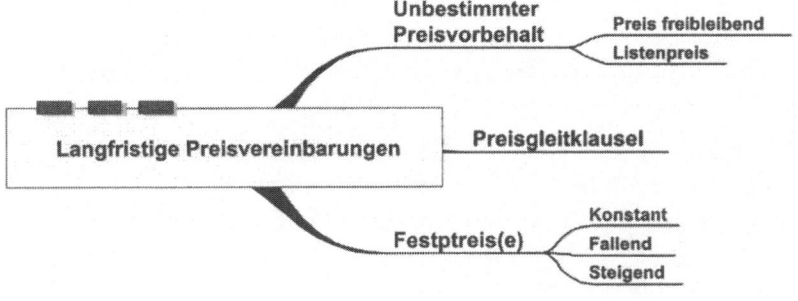

Abbildung 6-17 Langfristige Preisvereinbarungen

Festpreise

Festpreisvereinbarungen zeichnen sich dadurch aus, dass weder Lieferant noch Abnehmer in der Vertragslaufzeit neu über den Preis verhandeln können, es sei denn, ein

Vertragspartner kann sich auf eine 'Störung der Geschäfts-grundlage' nach § 313 BGB[4] berufen. Dem Vertragsrücktritt bzw. der Änderung des Vertragspreises sind dadurch enge Grenzen gesetzt, dass eine Berufung auf die Störung der Geschäftsgrundlage nur dann anerkannt wird 'wenn das Gleichgewicht von Leistung und Gegenleistung so stark gestört ist, dass die Grenze des übernommenen Risikos überschritten und das Interesse der benachteiligten Partei auch nicht mehr annähernd gewahrt ist'. Dieses Gleich-gewicht wäre nur dann stark gestört, wenn Kostensteigerungen des Lieferanten zu existenzgefährden-den Verlusten führen würden. Insbesondere dann, wenn der Lieferant das Preis-risiko mit der Sorgfalt eines ordentlichen Kaufmanns bei Vertragsabschluß hätte voraussehen können, ist eine Berufung auf die Störung der Geschäftsgrundlage nicht möglich.

Feste, nicht konstante Preise

Festpreisvereinbarungen müssen keine konstanten Preise festlegen (vgl. Abbildung 6-18). In der Praxis werden – unter Berufung auf den Erfahrungskurveneffekt – auch im Zeit-ablauf sinkende Preise vereinbart. Auch die Festlegung von zukünftigen Preissteigerungen ist eine Festpreisverein-barung.

---

[4] §313 BGB:
(1) Haben sich Umstände, die zur Grundlage des Vertrags geworden sind, nach Vertragsschluss schwerwiegend verändert und hätten die Parteien den Vertrag nicht oder mit anderem Inhalt ge-schlossen, wenn sie diese Veränderung vorausgesehen hätten, so kann Anpassung des Vertrags verlangt werden, soweit einem Teil unter Berücksichtigung aller Umstände des Einzelfalls, insbeson-dere der vertraglichen oder gesetzlichen Risikoverteilung, das Festhalten am unveränderten Vertrag nicht zugemutet werden kann.
(2) Einer Veränderung der Umstände ist es gleich, wenn wesentliche Vorstellungen, die zur Grundlage des Vertrags geworden sind, sich als falsch herausstellen.
(3) Ist eine Anpassung des Vertrags nicht möglich oder einem Teil nicht zumutbar, so kann der be-nachteiligte Teil vom Vertrag zurücktreten. An die Stelle des Rücktrittsrechts tritt für Dauerschuldverhältnisse das Recht zur Kündigung.

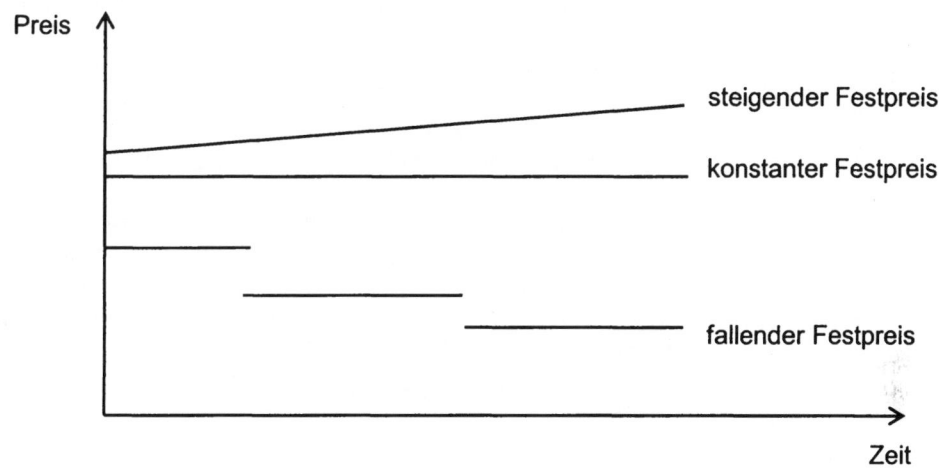

Abbildung 6-18 Varianten einer Festpreisvereinbarung

Vorteile

Festpreise sind für den Abnehmer insofern von Vorteil, als er eine gesicherte Kalkulationsbasis für seine Absatzpreise hat, wenn er diese längerfristig festlegen muss oder will. Festpreise bieten dem Einkäufer auch den Vorteil, dass er die in der nächsten Periode entstehenden Plankosten mit hoher Sicherheit kalkulieren kann. Festpreise sind auch ein Instrument, den Bestellabwicklungsaufwand für Beschaffungsobjekte zu reduzieren, die wiederholt beschafft werden. Insbesondere für geringwertige Produkte lohnt es sich unter diesem Aspekt häufig, auf Preisvorteile zu verzichten.

Kostenänderungen

Da dem Lieferanten bewusst ist, dass er eine Preisänderung in der Vertragslaufzeit wahrscheinlich nicht erreicht, muss er Kostenänderungen in der Preiskalkulation berücksichtigen.

Unterschätzt er die Kostensteigerung seiner Produktionsfaktoren, reduziert sich zunächst seine Gewinnspanne. Kann der Lieferant die gestiegenen Kosten durch den Festpreis nicht decken, besteht die Gefahr, dass der Lieferant freiwillig oder unfreiwillig aus dem Markt ausscheidet und sich so die Angebotssituation für den Abnehmer verschlechtert. Trägt der Abnehmer die gestiegenen Kosten nicht wenigstens teilweise mit, gefährdet der Abnehmer die Verbesserung der Qualität und die Produktentwicklung. Eine weitere Gefahr unterschätzter Kostensteigerung besteht darin, dass der Lieferant versuchen könnte, durch versteckte Leistungsminderung (z.B. Einsatz einer schlechteren Materialqualität) einen kalkulatorischen Ausgleich für nicht eingeplante Kostensteigerungen zu erreichen.

Überschätzt der Lieferant zukünftige Kostensteigerungen, zahlt der Abnehmer einen Preis, der nicht durch die entstehenden Kosten gerechtfertigt ist. Der auf dem Spot-Markt sich einstellende Preis wird - sofern keine marktorientierte, sondern eine kostenorientierte Preisfindung vorzufinden ist - niedriger liegen als der vereinbarte Festpreis.

Ein weiterer Nachteil einer Festpreisvereinbarung besteht für den Abnehmer darin, dass ein Risikozuschlag für zukünftige Kostensteigerungen sofort und für die gesamte Vertragslaufzeit gezahlt werden muss.

Unbestimmte Preis-vorbehaltsklauseln

Für (unbestimmte) Preisvorbehaltsklauseln existieren in der Praxis verschiedene Formulierungen. Bei Preisvereinbarungen wie z.B. unverbindlicher Richtpreis, Circa- oder Ungefähr-Preis, ist die Preisangabe, sofern nichts anderes vereinbart, ein Mindestpreis, den der Lieferant zum Liefertermin einseitig erhöhen kann. Wird die Klausel "Preis freibleibend" oder "Preisbestimmung vorbehalten" vereinbart, beinhaltet der Vertrag keine bezifferte Preisangabe, an der sich der Einkäufer orientieren kann. Die Preisfestsetzung zum Lieferzeitpunkt bzw. bei Rechnungsstellung wird hier ebenfalls vom Lieferanten einseitig vorgenommen. Bei Serienprodukten und Verbrauchsgütern ist häufig die Preisklausel "gültig ist der Listenpreis am Liefertag" vorzufinden.

Ohne Abnahme-verpflichtung

Unbestimmte Preisvorbehalte werden häufig in Rahmenaufträgen, die für mehrere zukünftige Lieferungen gelten sollen, vereinbart. Solange der Abnehmer keine Abnahmeverpflichtung eingeht und alternative Lieferquellen hat, wird der Lieferant seine Preise an den Marktpreisen orientieren, so dass der Abnehmer kein Preisrisiko eingeht.

Unbestimmte Preisvorbehalte sind dagegen bei langfristigen Einzelverträgen aufgrund der einseitigen Risikobelastung des Abnehmers nur dann zu akzeptieren, wenn der Abnehmer völlig vom Lieferanten abhängig ist. In diesem Falle ist er dem Lieferanten jedoch auch bei einer Festpreisvereinbarung ausgeliefert - diese hat jedoch gegenüber dem unbestimmten Preisvorbehalt den Vorteil, dass der Abnehmer den Preis vorher kennt.

Preisgleitklausel

In den Ausführungen zu Festpreisvereinbarungen wurde deutlich, dass der Lieferant seine Kostenänderungsrisiken nur dann auf den Abnehmer überwälzen kann, wenn der kalkulierte Risikozuschlag die zukünftigen Kostensteigerungen abdeckt und der sich ergebende Festpreis vom Abnehmer akzeptiert wird. Ist die Richtung und das Ausmaß der Kostenentwicklung ungewiss, wird es daher nicht zu einer Festpreisvereinbarung kommen, da das Preisrisiko von den Vertragsparteien als zu hoch empfunden wird.

Ist ein unbestimmter Preisvorbehalt aus der Sicht des Abnehmers unvorteilhaft, weil ein Einzelvertrag abgeschlossen wird oder der Abnehmer vom Lieferanten abhängig ist, bietet der Abschluss einer Preisgleitklausel die Möglichkeit, eine kostenorientierte Preisfindung vorzunehmen, die die Kostenänderungsrisiken in einem bestimmten Umfang auf den Abnehmer überwälzt.

Formel

Preisgleitklauseln zeichnen sich dadurch aus, dass im Vorhinein zwar nicht der Preis, aber eine Formel zur Errechnung des zukünftigen Preises vereinbart wird.

Im Vergleich zur unbestimmten Preisvorbehaltsklausel handelt es sich deshalb bei der Preisgleitklausel um einen bestimmten Preisvorbehalt.

Die beiden Vertragspartner vereinbaren bei Vertragsabschluss einen Basispreis und eine Formel, die die Veränderung des zukünftigen Preises in Abhängigkeit von der Veränderung der so genannten "Gleitgrößen" bestimmt.

In einer einfachen Version der Preisgleitklausel vereinbaren die Parteien einen Festpreisanteil (a), sie einigen sich auf eine Material- und Lohnart, die die Veränderung des Preises bestimmen sollen und vereinbaren einen Materialanteil (m) und einen Lohnanteil (l).

Der jeweilige Preis ergibt sich dann nach der Formel:

$$P_1 = P_0 \left(a + m \cdot \frac{M_1}{M_0} + l \cdot \frac{L_1}{L_0} \right)$$

Dabei bezeichnen:

a	=	nicht gleitender Preisanteil
m	=	Anteil der Materialkosten am Preis
l	=	Anteil der Lohnkosten am Preis
M_0	=	Materialkosten am Basisstichtag
M_1	=	Materialkosten am Abrechnungsstichtag
L_0	=	Lohnkosten am Basisstichtag
L_1	=	Lohnkosten am Abrechnungsstichtag

Der Preis wird also aufgespalten in einen prozentualen Material- und einen prozentualen Lohnkostenanteil sowie einen unveränderlichen Preisbestandteil.

Beispiel

Die Vertragspartner einigen sich darauf, dass der Materialanteil 30%, der Lohnanteil 50% und der unveränderliche Preisbestandteil 20% betragen soll. Als Werkstoff, der die Entwicklung der Materialkosten widerspiegeln soll, wird Gusseisen festgelegt. Die Entwicklung der Lohnkosten wird am Facharbeitere(c)klohn gemäß Manteltarifvertrag für Arbeiter der Metallindustrie in Baden-Württemberg gemessen. Als Basisstichtag wird der Tag des Vertragsabschlusses, als Abrechnungsstichtag der Tag der Lieferung vereinbart. Am Basisstichtag wird ein Preis von 50 000 € ausgehandelt. Auf der Grundlage des derzeit gültigen Stundenlohns für Facharbeiter von 30 € und eines Gusspreises von 58 € ergibt sich die folgende Preisgleitklausel:

$$P_1 = 50.000 \cdot \left(0,20 + \frac{0,30 \cdot M_1}{58} + \frac{0,50 \cdot L_1}{30} \right)$$

Zum Zeitpunkt des Vertragsabschlusses setzt sich der Preis zusammen aus:

$$50.000 = 10.000 + 15.000 + 25.000$$
Preis = fester Preisanteil + Materialkostenanteil + Lohnkostenanteil

Beträgt der Gusspreis am Tag der Lieferung 55 € und der Lohn 32 €, wird der gültige Preis errechnet als:

$$P_1 = 50.000 \cdot \left(0,20 + \frac{0,30 \cdot 55}{58} + \frac{0,50 \cdot 32}{30} \right)$$

$$P_1 = 10.000 + 14.244,18 + 26.666,67 = 50.890,85$$

Die Lohnsteigerung um 6,67% berechtigt den Lieferanten nicht, im gleichen Umfang den Preis zu erhöhen, gleichzeitig muss er die Materialkostensenkung um 5,2% nicht komplett weitergeben.

Verhandlung

Bei der Gestaltung von Preisgleitklauseln (Kostenelementsklauseln) sind von den Vertragsparteien die Kostenelemente, Gewichtungsfaktoren und Stichtage festzulegen. Die Vor- und Nachteile einer Preisgleitklausel für Lieferant und Abnehmer sind vor allem von den vereinbarten Kostenelementen und den Gewichtungsfaktoren abhängig:

Kostenelemente

Die einfache Preisgleitklausel unterscheidet lediglich zwischen Material- und Lohnkosten. Damit unterstellt sie eine Homogenität bzw. gleichmäßige Kostenentwicklung der verschiedenen in das Endprodukt eingehenden Materialien. In der Praxis verändern sich jedoch die Kosten der einzelnen Materialien in unterschiedlichem Umfang und in verschiedene Richtungen. Um zu verhindern, dass der Abnehmer einen - unter Kostengesichtspunkten - nicht gerechtfertigten Preis zahlt, wenn der Preis des die Gleitung bestimmenden Materials steigt, die übrigen Materialien aber nicht oder in geringerem Umfang, müsste die Preisgleitformel sehr differenziert ausgestaltet werden.

Gegen eine umfangreiche Preisgleitformel spricht der Aufwand für die Kontrolle der Kostenänderungen und die geringe Bereitschaft des Lieferanten, einen genauen Einblick in seine Kostenstruktur zu geben.

Bei der Auswahl des Materials, das die Gleitung bestimmen soll, werden auch die Nachweise einer Kostenänderung vereinbart. Je nach Materialart kommen öffentliche Statistiken (z.B. Bundesanzeiger, Börsennotierungen) oder die Eingangsrechnungen des Lieferanten in Frage.

Ebenso wie die Materialkosten sind auch die Lohnkosten in der einfachen Preisgleitformel undifferenziert als ein Kostenblock festgelegt, wodurch die aufgrund unterschiedlicher Qualifikationen bedingten variierenden Lohnkosten (z.B. Hilfslöhne, Meisterlöhne, Technikergehälter) nicht berücksichtigt werden.

Gewichtungsfaktoren   In welchem Umfang der Lieferant Kostenänderungsrisiken auf den Abnehmer überwälzt, wird im Wesentlichen von den vereinbarten Gewichtungsfaktoren bestimmt.

Entspricht der Gewichtungsfaktor a dem Anteil der Fixkosten an den Gesamtkosten des Lieferanten, der Gewichtungsfaktor m dem Anteil der Materialien an den Gesamtkosten und der Gewichtungsfaktor l dem Anteil der Lohnkosten an den Gesamtkosten, verursacht - sofern keine Einschränkungen vereinbart sind - jede Kostenänderung beim Lieferanten eine entsprechende Preisänderung für den Abnehmer. Eine Übereinstimmung der Preisgleitklausel mit der Kostenstruktur ist für komplexere Produkte nicht möglich, weil die Formel sonst alle Kostenelemente aufnehmen müsste.

Ein Gewichtungsanteil m, der dem tatsächlichen Anteil der Materialkosten an den Gesamtkosten entspricht, ist für den Abnehmer insofern unvorteilhaft, als sie dem Lieferanten die Möglichkeit gibt, jede Kostensteigerung auf den Abnehmer zu überwälzen. Er ist dadurch nicht dem Zwang ausgesetzt, aktives Beschaffungsmarketing zu betreiben oder spekulativ einzukaufen, um Kostensteigerungen zu vermeiden oder wenigsten in ihrem Umfang zu begrenzen.

Ein Gewichtungsanteil l, der dem tatsächlichen Anteil der Lohnkosten an den Gesamtkosten entspricht, hat für den Abnehmer analog den Nachteil, dass der Lieferant nicht gezwungen ist, seine Kostenstruktur zu verbessern.

Mit der Vereinbarung eines Festkostenanteils a soll verhindert werden, dass Kostensteigerungen im Fix- und Gemeinkostenbereich des Lieferanten auf den Abnehmer überwälzt werden. Dahinter steht der Gedanke, dass der Abnehmer nur die Kosten und Kostensteigerungen tragen soll, die durch seinen Auftrag verursacht werden.

Die Vereinbarung eines hohen Festkostenanteils hat andererseits den Nachteil, dass Rationalisierungserfolge im Gemein- und Fixkostenbereich allein dem Lieferanten zugute kommen und daher von ihm eher angestrebt werden als Kostensenkungen bei den Material- und Fertigungskosten. Da Rationalisierungserfolge im Gemein- und Fixkostenbereich nur langfristig zu erzielen sind, gilt dieses Argument nur für Verträge mit mehrjähriger Laufzeit.

Ein hoher Festkostenanteil bei Einzelverträgen und Rahmen- oder Sukzessivaufträgen mit relativ kurzer Laufzeit verursacht die Vor- und Nachteile, die auch für Festpreisvereinbarungen gelten.

Die Ausführungen machen deutlich, dass im Vorhinein nicht eindeutig festgestellt werden kann, welche Vor- und Nachteile eine Preisgleitklausel für den Abnehmer hat. Bei tendenziell steigenden Preisen der verschiedenen Kostenelemente ist ein hoher Festkostenanteil und ein Material- und Lohnanteil, der kleiner ist als der tatsächliche Kostenanteil für den Abnehmer erstrebenswert. Dieser Vorteil erweist sich jedoch bei sinkenden Kosten als Nachteil.

Preisstrukturanalyse Zur Vorbereitung der Verhandlungen über die Gestaltung der Preisgleitklausel sollte der Abnehmer Informationen über die Kostenstruktur des Abnehmers haben. Legt der Lieferant seine Kalkulation nicht offen, kann sich der Einkäufer mit einer 'Preisstrukturanalyse' behelfen. Hierzu werden auf der Basis des Schemas der Zuschlagskalkulation die Material- und Fertigungseinzelkosten sowie die entsprechenden Gemeinkosten ermittelt. Aus der

Differenz zwischen Preis und errechneten Selbstkosten ergibt sich der Gewinnaufschlag des Herstellers. Zur Berechnung der Materialeinzelkosten sind Informationen über Art, Mengen und Preise der im Produkt verarbeiteten Materialien notwendig. Diese erhält der Einkäufer z.B. durch Marktforschung auf den Beschaffungsmärkten des Lieferanten. Die Ermittlung der Fertigungseinzelkosten ist dagegen schwieriger. Zunächst müssen die Fertigungszeiten berechnet und entsprechend der jeweiligen Stundenlohnsätze bewertet werden. Das Abschätzen der benötigten Fertigungsstunden setzt allerdings genaueste Kenntnisse über Fertigungsverfahren und Prozessabläufe beim Hersteller voraus. Als Grundlage für die Stundenlohnsätze können Tarifverträge herangezogen werden. Noch weitaus schwieriger gibt sich die Ermittlung der Gemeinkosten. Durch Betriebsbesichtigungen beim Lieferanten kann sich der Einkäufer einen ersten Eindruck über Lagergröße und -ausstattung (relevant für Materialgemeinkosten), Alter und Wert der Fertigungsmaschinen (Fertigungsgemeinkosten) sowie Größe des Verwaltungs- und Vertriebsapparates verschaffen. Darüber hinaus ist die vom Statistischen Bundesamt veröffentlichte Untersuchung über "Die Kostenstruktur in der Wirtschaft" ein wichtiges Instrument zur Ermittlung der branchenspezifischen Gemeinkosten.

Nachteile

Die Gestaltung der Preisgleitformel und die Kontrolle der Kostenveränderungen sind für das beschaffende Unternehmen sehr aufwändig. Insbesondere die Durchführung einer Preisstrukturanalyse stellt den Einkäufer vor eine Reihe von Schwierigkeiten, weil z.B. Informationen über Beschaffungspreise des Herstellers nicht oder nur ungenau besorgt werden können. Besonders problematisch ist auch die Ermittlung der Gemeinkosten. Diese belasten das Produkt umso mehr, je höher die Anlagenintensität des Herstellers ist. Auch Kostenstrukturstatistiken sind ungenau und können nur grobe Anhaltspunkte liefern, da der Gemeinkostenanteil des Herstellers in Abhängigkeit von Produktionsverfahren und -tiefe, wesentlich vom Branchendurchschnitt abweichen kann.

Die Kontrolle der Kostenveränderungen verlangt vom Einkäufer eine kontinuierliche Marktbeobachtung der relevanten Kostenelemente. Schwierigkeiten ergeben sich dabei vor allem bei Produkten mit einem hohen

Anteil fremdbezogener Halb- und Fertigfabrikaten, bei denen nicht auf öffentliche Indices/Statistiken zurückgegriffen werden kann.

Ein erheblicher Nachteil der Preisgleitformel besteht in der 'Automatik' der Preisgleitung, die den Preis unabhängig vom jeweiligen Marktpreis ausschließlich kostenorientiert ermittelt. Bei sinkenden Spotpreisen hat der Abnehmer daher ein erhebliches Preisrisiko, bei steigenden Spotpreisen der Lieferant. Eine erhebliche Diskrepanz zwischen den Spotpreisen und den Kontraktpreisen wird sich ergeben, wenn sich innerhalb der Vertragslaufzeit die Angebots- und/oder die Nachfragesituation erheblich verändert (vgl. Abbildung 6-19).

Nachteile von Preisgleitklauseln für den Abnehmer:

- Preisgleitklauseln bestimmen des Preis ungeachtet der aktuellen Marktpreise,
- Kostensteigerungen werden auf den Abnehmer überwälzt,
- auf den Lieferanten wird kein Zwang ausgeübt, seine Kostenstruktur und seine Einstandspreise zu optimieren,
- Kostensenkungen bei Kostenarten, die im Festpreisanteil enthalten sind, kommen allein dem Lieferanten zugute

---

Abbildung 6-19: Nachteile von Preisgleitklauseln für den Abnehmer

Entschärfungs-klauseln

Zur Reduzierung der Nachteile der Preisgleitklausel entwickelte die Praxis die so genannten Entschärfungsklauseln (vgl. 6-20).

Für den Hersteller und den Lieferanten ist der Marktpreis eine Vergleichsgröße, an der die Vorteilhaftigkeit des Vertragspreises gemessen wird. Wenn der entsprechend den Bezugsgrößen angepasste Vertragspreis den veränderten Verhältnissen auf dem Markt nicht entspricht, sollte es den Vertragsparteien möglich sein, einseitig eine Preisverhandlung einzuberufen, um die Preisfindungsrechnung oder den Preis als solches anzupassen. Diese Vereinbarung bezeichnet man als Hausse- bzw. Baisse-Klausel (Korrekturklausel). Durch eine Selbstbeteiligungsklausel die der Preisvereinbarung beigefügt wird, wird der Lieferant an den Kostenveränderungen seines Betriebes beteiligt. Dadurch trägt der Abnehmer nicht mehr das alleinige Risiko von Preiserhöhungen. Die Vertragspartner können auch einen maximalen Preis vereinbaren (ceiling). Eine Preisfindungsrechnung hat den Nachteil, dass sich der Preis an jede geringste Kostenänderung anpasst. jede Lieferung hat einen anderen Preis. Die ständige Neuberechnung des Preises würde die Zeit in Anspruch nehmen, die man durch die Bildung der Preisgleitklauseln einsparen wollte. Um die permanente Preisanpassung zu vermeiden, werden Bagatellklauseln vereinbart. Preisänderungen werden in diesem Falle erst wirksam, wenn sie einen bestimmten Mindestbetrag überschreiten.

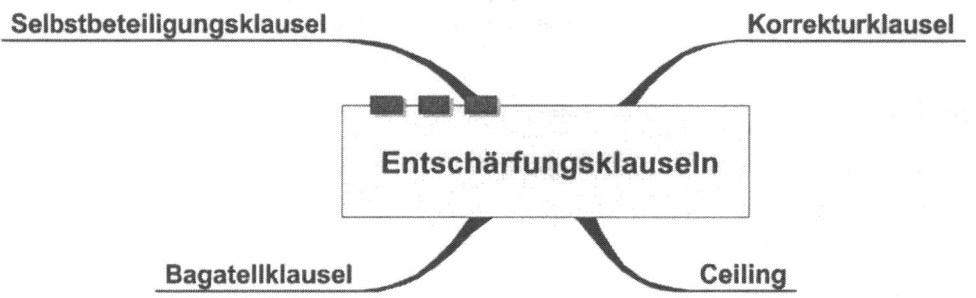

Abbildung 6-20: Entschärfungsklauseln

6.2.3.3 Gestaltung der Lieferbedingungen

Frei Haus

Bei der Vereinbarung "Lieferung frei Haus" sind die Kosten und die Verantwortung für die Verpackung und den Transport vom Lieferanten zu tragen. Der Lieferant liefert die Ware in eigenen Lkws oder beauftragt Speditionen, die den Transport übernehmen. Die entstehenden Kosten werden vom Lieferanten getragen und sind im Absatzpreis kalkuliert. Die Liefervereinbarung "frei Haus" wird vom Abnehmer bevorzugt, wenn er davon ausgeht, dass der Lieferant so gezwungen wird, die Warenverteilung zu optimieren. Allerdings kann der Abnehmer relativ schlecht gestellt sein, wenn der Lieferant durchschnittliche Transportkosten in den Absatzpreisen kalkuliert und der Abnehmer tatsächlich geringere Transportkosten verursacht, weil er relativ große Mengen abnimmt oder in geringer Entfernung zum Lieferanten liegt.

Ab Werk

Bei der Vereinbarung "Lieferung ab Werk" übernimmt der Abnehmer die Verantwortung und die Kosten für die Lieferung der Einkaufsprodukte.

Die Verantwortung des Abnehmers für die Beschaffungstransporte ist nicht unbedingt gleichzusetzen mit "Eigenerstellung" der logistischen Leistungen im eigenen Fuhrpark. Fremdbezug der logistischen Leistungen in eigener Verantwortung ist durch die Beschäftigung eines Hausspediteurs möglich.

Ist eine kostenorientierte Preisfindung möglich und vom Abnehmer angestrebt, kann eine Änderung der Lieferkonditionen von "frei Haus" zu "ab Werk" sinnvoll sein, wenn der Abnehmer geringere Transportkosten hat und der Lieferant seine Preise um die seinerseits gesparten Transportkosten senkt.

Transportkosten

Der Abnehmer wird geringere Transportkosten haben,

- wenn er einen Hausspediteur beschäftigt, während der Lieferant wechselnde Speditionen einsetzt,
- wenn der Abnehmer Sammelladungen bildet, während der Lieferant Einzeltransporte durchführt,
- wenn der Abnehmer durch höheres Transportvolumen und -gewicht günstigere Konditionen aushandeln kann bzw. Größendegressionseffekte im eigenen Fuhrpark ausnutzen kann.

Wareneingang

Selbst wenn keine oder nur geringere Transportkostenvorteile zu erzielen sind, kann es für die A-Lieferanten sinnvoll sein, die Lieferkondition "ab Werk" zu vereinbaren. Über die potenziellen Transportkostenersparnisse hinaus können weitere Vorteile erzielt werden:

- Senkung der Anzahl eingehender Fahrzeuge, dadurch Senkung der Wartezeiten vor dem Wareneingang,
- zeitliche Abstimmung der Warenanlieferungen möglich, um schwankende Belastung im Wareneingang zu reduzieren und Abfertigungszeiten für die anliefernden Spediteure zu reduzieren,
- Vereinheitlichung der Transportdokumente zur Rationalisierung administrativer Vorgänge im Wareneingang möglich.

6.2.3.4 Vertragliche Verpflichtungen des Lieferanten

6.2.3.4.1 ... zur Senkung der Fehlerkosten

Vertragliche Vereinbarungen mit dem Lieferanten im Rahmen des Qualitätsmanagements erfolgen mit dem Ziel,

- die Qualitätszuverlässigkeit zu steigern und/oder
- die Gewährleistungs- und Schadenersatzansprüche des Abnehmers bei fehlerhafter Lieferung gegenüber der gesetzlichen Rechtslage zu erweitern (vgl. Abbildung 6-21).

Rechtslage

Die gesetzliche Rechtslage sieht vor, dass eine Reihe von Voraussetzungen vorliegen muss, damit der Lieferant umfassend für den Schaden haftet, der durch eine fehlerhafte Lieferung verursacht wird. Für den Einkäufer ist es daher von großer Bedeutung, dass er sich mit der gesetzlichen Anspruchslage auseinandersetzt und die Möglichkeiten kennt, diese Ansprüche durch geeignete vertragliche Vereinbarungen zu erweitern. Eine nachhaltige Kennzeichnung der Zulieferteile erleichtert den Nachweis einer fehlerhaften Lieferung in späteren Fertigungsstufen erheblich.

Sachmangel

Nach dem seit dem 1.1.2002 geltenden Schuldrecht ist der Lieferant zur Lieferung einer Sache verpflichtet (§ 433 Abs.1 BGB), die frei von Sach- und Rechtsmängeln ist. Die Ware hat einen Sachmangel,

- wenn sie bei Gefahrenübergang die „vereinbarte Beschaffenheit" (Spezifikationsmerkmale) nicht aufweist,
- wenn sie sich für die nach dem Vertrag vorgesehene Verwendung nicht eignet,
- wenn sie sich für die gewöhnliche Verwendung nicht eignet (Abnehmer und Lieferant haben keine Spezifikation vereinbart und der geplante Verwendungszweck geht nicht aus dem Vertrag hervor) und eine Beschaffenheit nicht aufweist, die bei Sachen der gleichen Art üblich ist und die der Käufer erwarten kann. Hierzu zählen auch Eigenschaften, die der Abnehmer nach den öffentlichen Äußerungen des Herstellers oder seiner Mitarbeiter z.B. in Prospekten und in der Werbung erwarten kann,
- wenn die Montage seitens des Lieferanten oder seiner Erfüllungsgehilfen unsachgemäß durchgeführt wird und wenn die Montageanleitung mangelhaft ist.

In § 434 Abs.3 wird die Falschlieferung und Mindermengen-lieferung ausdrücklich einem Sachmangel gleichgestellt.

Nacherfüllung
Wird eine mangelhafte Sache geliefert, steht dem Abnehmer zunächst – unabhängig von einem Verschulden des Liefe-ranten – ein Anspruch auf Nacherfüllung zu (§437 Nr. 1 BGB). Als Nacherfüllung kann der Abnehmer – nach seiner Wahl – die Beseitigung des Mangels oder die Lieferung einer mangelfreien Sache verlangen (§ 439 Abs. 1 BGB). Der Lieferant hat die in Zusammenhang mit der Nacherfüllung entstehenden Aufwendungen für Transport, Personal und Material zu tragen (§ 439 Abs. 2 BGB). Der Lieferant kann die vom Abnehmer gewählte Art der Nacherfüllung verwei-gern, wenn sie mit unverhältnismäßigen Kosten verbunden ist.

Nur im Ausnahmefall kann der Abnehmer sofort vom Vertrag zurücktreten. Das Recht zum **Rücktritt** setzt grundsätzlich voraus, dass eine vom Abnehmer gesetzte angemessene Frist für die Nacherfüllung erfolglos verstrichen ist. Gemäß § 437 Nr. 2 BGB kann der Abnehmer anstelle des Rücktritts-rechts das Recht zur Minderung des Kaufpreises wahrnehmen.

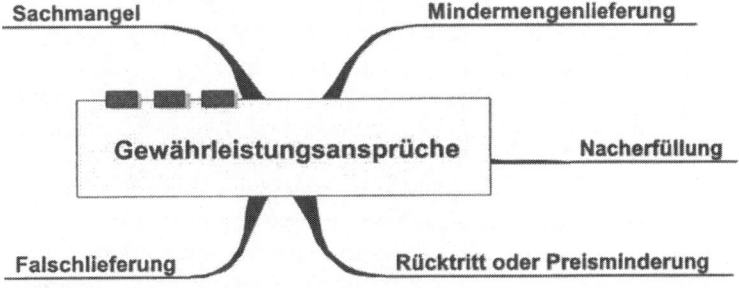

Abbildung 6-21: Gewährleistungsansprüche

Schadenersatz
Schadenersatz statt der Leistung für den eigentlichen, unmit-telbaren Mangelschaden (der sog. kleine Schadenersatz) kann verlangt werden,

- wenn eine mangelhafte Sache geliefert wurde,
- eine angemessene Frist erfolglos verstrichen ist (damit die Voraussetzungen für Minderung und Rücktritt gegeben sind) **und**

- der Lieferant fahrlässig gehandelt hat (nach § 276 Abs. 1 Satz 1 BGB hat der Lieferant Vorsatz und Fahrlässigkeit zu vertreten).

Im Rahmen des kleinen Schadenersatzes können Ersatzbeschaffungskosten für Mindermengenlieferungen und defekte Komponenten eingefordert werden.

Schadenersatz für Mangelfolgeschaden (mittelbarer Mangelschaden), das sind Schäden, die an anderen Rechtsgütern eingetreten sind, wie Körperschäden, Produktionsstillstand und entgangener Gewinn, kann beansprucht werden, wenn der Sachmangel vom Lieferanten **schuldhaft** (grob fahrlässig oder vorsätzlich) verursacht wurde.

Diese gesetzliche Rechtslage kann durch geeignete vertragliche Vereinbarungen mit dem Lieferanten erweitert werden (vgl. Abbildung 6-22):

Garantie

Eine strengere Schadenersatzhaftung – d.h. ohne Verschuldensnachweis und in unbegrenzter Höhe – ist erreichbar, wenn der Lieferant eine entsprechende Garantieerklärung unterzeichnet hat.

Die Garantie ist in § 443 BGB geregelt. Räumt ein Verkäufer oder ein Dritter (der Hersteller, Großhändler) für eine bestimmte Eigenschaft eines Produkts/einer Leistung oder die Gesamtfunktion eines Produkts/einer Leistung eine Garantie ein, so stehen dem Abnehmer im Garantiefall neben den gesetzlichen Rechten die Rechte aus der Garantie zu. Der Garantiefall ist gesetzlich nicht definiert, sondern ergibt sich aus der Garantieerklärung und den öffentlichen Aussagen in Prospekten und Werbung. Auch die Rechte des Käufers im Garantiefalle sind vom Gesetzgeber nicht geklärt – sie müssen in einer Garantievereinbarung individuell festgelegt werden.

Eine Erweiterung der gesetzlichen Schadenersatzansprüche ist demnach nur erreichbar, wenn der Lieferant eine Garantieerklärung unterzeichnet hat, aus der eindeutig hervorgeht, dass er bereit ist, für die Funktionalität einzeln bezeichneter Teile oder bestimmter Merkmale eines Beschaffungsobjekts ohne Verschulden oder ohne Nachweis eines Verschuldens einstehen zu wollen und dem Käufer über die gesetzlichen Ansprüche hinausgehende Rechte auf

Ersatz des Mangel- oder Mangelfolgeschadens zuzugestehen.

Liegt eine Garantieerklärung vor, in der der Garantiefall und die Rechte des Käfers eindeutig beschrieben sind, vereinfacht sich die Durchsetzung von Ansprüchen aus der Sicht des Abnehmers wesentlich:

Der Käufer muss beweisen,

- dass eine Garantieerklärung abgegeben wurde,
- dass der Sachmangel die Eigenschaft betrifft, die von der Garantie erfasst wird,
- dass der Mangel in der Garantiezeit aufgetreten ist (er muss nicht den Nachweis erbringen, dass der Mangel eine Auswirkung eines Fehlers ist, der schon bei Anlieferung vorlag).

Der Lieferant kann sich nur exkulpieren durch Nachweis einer falschen Behandlung oder durch den Nachweis, dass ein sonstiges unbeeinflussbares Ereignis auf die Sache eingewirkt hat.

Eine wirksame Garantieerklärung regelt:

- die Teile bzw. Merkmale des Beschaffungsobjekts, auf die sich die Garantie bezieht,
- die Geltungsdauer der Garantie (Zeitraum, bei Gebrauchsgütern auch Laufleistung der Anlage),
- die Rechte des Käufers im Garantiefall (Recht auf Nacherfüllung, kleiner Schadenersatz, verschuldensunabhängige und unbegrenzte Schadenersatzhaftung).

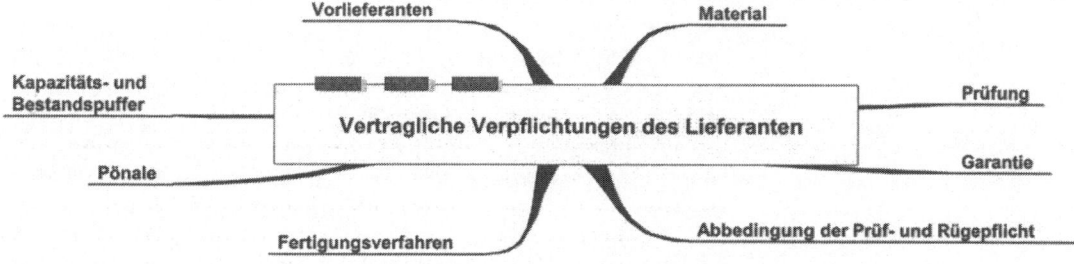

Abbildung 6-22: Vertragliche Verpflichtungen des Lieferanten

Durchsetzung von Ansprüchen

Auch ausgefeilte Vertragswerke bieten dem Abnehmer nicht die Möglichkeit, entstandene Mangelfolgeschäden in vollem Umfange auf den Lieferanten zu überwälzen: Mangelfolgeschäden sind nicht immer aufwandsgleich und quantifizierbar. Soweit die Mangelfolgeschäden „nur" Opportunitätskostencharakter haben, sind sie gerichtlich auch dann nicht durchsetzbar, wenn die Voraussetzungen für Schadenersatzansprüche vorliegen.

Hat das angelieferte Material beim Abnehmer bereits mehrere Fertigungsstufen durchlaufen und wurde es bereits mit anderen Komponenten kombiniert, lassen sich Ausschuss und Fehler an der erzeugten Baugruppe häufig nicht mehr eindeutig auf ein Zulieferprodukt zuordnen. Wenn der Nachweis des Verursachers nicht gelingt, sind natürlich auch keine Gewährleistungs- oder Schadenersatzansprüche durchsetzbar.

Individuelle tLAB

Individuelle Vereinbarung von Qualitätsmanagement-Maßnahmen beim Lieferanten in technischen Liefer- und Abnahmebedingungen (tLAB) (vgl. Abschnitt 6.2.3.1) enthalten Klauseln, in denen sich der Lieferant verpflichtet,

- bei Reklamationen auf die Einrede zu verzichten, der Abnehmer habe nicht ordnungsgemäß geprüft und/oder nicht unverzüglich gerügt (Abbedingung der Prüf- und Rügepflicht),
- bestimmte Materialien oder Materialien bestimmter Güte einzusetzen,
- bestimmte Fertigungs- und Prüfverfahren anzuwenden,
- bestimmte Vorlieferanten zu beschäftigen.

Mit der Verpflichtung des Lieferanten, bestimmte Qualitätsmanagement-Maßnahmen durchzuführen, erweitert der Abnehmer seine Schadenersatzansprüche gegenüber dem Lieferanten, wenn dieser fehlerhaft liefert und die vereinbarten Qualitätsmanagement-Maßnahmen nicht durchgeführt hat. In diesem Fall ist der Lieferant wegen positiver Vertragsverletzung schadenersatzpflichtig. Zugleich kann die Vereinbarung von Qualitätsmanagement-Maßnahmen ein wirksames Instrument sein, die Qualitätszuverlässigkeit des Lieferanten zu steigern. Vereinbarungen über die Vorhaltung von Kapazitäts- und Bestandspuffern sind geeignet, die Lieferzuverlässigkeit und Flexibilität des Lieferanten zu steigern.

6.2.3.4.2 … zur Senkung der Fehlmengenkosten

Liefert der Lieferant zum vereinbarten Anlieferungstermin nicht, gilt ohne weitere Vereinbarung die Rechtslage, die in den §§ 280 (2) - 283 und § 286 BGB geregelt ist. Dort ist geregelt, dass der Abnehmer Schadenersatz nur unter bestimmten Voraussetzungen verlangen kann. Von besonderer Bedeutung ist dabei, zwischen Lieferverzögerung und Lieferverzug zu unterscheiden:

**Liefer-
verzögerung**

Eine Lieferverzögerung liegt vor, wenn der Lieferant den vom Einkauf gewünschten Anlieferungstermin (bzw. Abholtermin) bestätigt hat und die Lieferung zu diesem Termin nicht eingetroffen ist (bzw. zur Abholung bereitliegt). Die Fälle der Mindermengenlieferung und der Falschlieferung sind ebenfalls der Lieferverzögerung zuzuordnen.

Verzug

Aus einer Lieferverzögerung wird Lieferverzug unter den folgenden Voraussetzungen:

- Der Abnehmer kann die Lieferung verlangen (Fälligkeit), in der Regel heißt das, dass ein vereinbarter Liefertermin verstrichen ist,
- der Lieferant wurde „in Verzug" gesetzt durch eine (einmalige) schriftliche Aufforderung zur Lieferung (Mahnung),
- der Lieferant hat die Verzögerung zu vertreten (Verschulden).

Ist der Liefertermin zweifelsfrei nach dem Kalender bestimmt, kann auf die Mahnung verzichtet werden. Der Lieferant gerät mit dem Verstreichen des Termins automatisch in Verzug, wenn er die Verzögerung zu vertreten hat.

Schadenersatz

Liegt (nur) eine Lieferverzögerung vor, kann der Abnehmer (noch) keinen Schadenersatz wegen verspäteter Lieferung verlangen. Ist die Lieferung fällig und eine Mahnung erfolgt, kann Schadenersatz gefordert werden, wenn der Lieferant sich nicht auf höhere Gewalt berufen kann. Ereignisse, die unter den Begriff höhere Gewalt fallen, müssen – nach der herrschenden Auffassung in der Rechtsprechung - unvorhersehbar und/oder unabwendbar sein. Nichtbelieferung durch den Vorlieferanten, Ausfall von Produktionsanlagen und

Streik gelten im Regelfall nicht als höhere Gewalt, werden ihr aber in den Allgemeinen Geschäftsbedingungen des Lieferanten gerne gleichgestellt.

In den meisten Fällen wird der Lieferant versuchen, sich auf höhere Gewalt zu berufen oder auf Ereignisse, die er in seinen Geschäftsbedingungen der höheren Gewalt gleichstellt.

Erweiterung der Ansprüche

Mit der folgenden (vgl. Abbildung 6-23) – individuell vereinbarten – Vertragsformulierung schafft der Einkäufer die Voraussetzungen, unmittelbar nach Verstreichen des Liefertermins einen Deckungskauf vornehmen zu können und ohne Mahnung und Nachfristsetzung eine Strafe fordern zu können, wobei die Höhe des tatsächlich eingetretenen Schadens unerheblich ist.

„Der Auftragnehmer gerät ohne weitere Mahnung in Verzug, wenn er seine Lieferungen und Leistungen nicht zu den vereinbarten Lieferterminen erbringt. Der Auftraggeber ist dann ohne Setzung einer Nachfrist berechtigt, nach seiner Wahl Nachlieferung und Schadenersatz wegen verspäteter Lieferung oder statt der Erfüllung Schadenersatz wegen Nichterfüllung zu verlangen oder vom Vertrag zurückzutreten.
Darüber hinaus hat der Auftraggeber das Recht, eine Vertragsstrafe in Höhe von ...% des Gesamtauftragswerts pro Verzugswoche (bzw. -tag, -monat), maximal ...% des Gesamtauftragswerts zu verlangen. Für den Auftragnehmer erkennbare Lieferverzögerungen hat er dem Auftraggeber unverzüglich mitzuteilen"

Abbildung 6-23: Vertragsklausel zur Erweiterung der gesetzlichen Schadenersatzansprüche bei Lieferverzug (Quelle: Grunwald S. 308)

6.2.3.5 Vertragliche Verpflichtungen des Abnehmers

Attraktivität des Abnehmers

Eine partnerschaftliche Beziehung zum Lieferanten, in der der Lieferant bereit ist, Investitionen zu finanzieren und die Qualität seiner Produkte und Leistungen kontinuierlich zu verbessern, kann sich nur entwickeln, wenn der Abnehmer bereit ist, vertragliche Verpflichtungen einzugehen, die seine Attraktivität als Kunde steigern. Für den Lieferanten attraktive Vereinbarungen können sein (vgl. Abbildung 6-24):

**Preis-
vereinbarungen**

Werden Verträge für einen Zeitraum abgeschlossen, in dem sich für den Lieferanten schwer kalkulierbare, eventuell bedrohliche Kostensteigerungen ergeben können, zeigt der Abnehmer mit der Vereinbarung einer Preisgleitklausel seine Bereitschaft, einen Teil der Kostenänderungsrisiken zu tragen.

**Produkt-
gestaltungs-
und
Verwendungs-
zusagen**

Der Abnehmer verpflichtet sich zu einer bestimmten Weiterverarbeitung des Zulieferproduktes und legt fest, dass das Zulieferprodukt nur in bestimmte Enderzeugnisse mit hohem Qualitätsimage eingeht. Diese Zusagen sind für Zulieferer von Bedeutung, die Teile liefern, die im Enderzeugnis noch identifizierbar sind. Solche Zusagen sind die Voraussetzung, dass der Zulieferer ein mehrstufiges Marketing durchführen kann: als mehrstufiges Marketing werden absatzpolitische Maßnahmen verstanden, die darauf gerichtet sind, auf den Marktstufen, die dem unmittelbaren Abnehmer folgen, etwa dem Endverbraucher, einen Nachfragesog zu erzeugen, um so den Absatz des Produktes an den unmittelbaren Abnehmer zu fördern und - bei Produkten, die Verschleiß unterliegen - die Absatzmöglichkeiten im Ersatzteilgeschäft zu verbessern (diese Strategie wird z.B. bei Autoreifen angewendet).

**Verbindliche
Bedarfsvoraus-
schau**

Bei konventioneller Zusammenarbeit erfährt der Serienteile-Lieferant erst von dem Bedarf des Abnehmers, wenn dessen Auftrag eingeht. Lange Durchlaufzeiten und die Forderung nach kurzen, zuverlässigen Lieferzeiten zwingen den Lieferanten, seinen Bedarf an fremdbezogenem Material und eigengefertigten Teilen und Baugruppen prognoseorientiert zu disponieren. Der voraussichtliche Bedarf muss dabei aus Lagerabgangsstatistiken der Vergangenheit abgeleitet werden. Die benötigten Teile und Baugruppen, eventuell sogar das Enderzeugnis müssen lagerorientiert bereitgestellt werden, d.h. vor Auftragseingang „auf Verdacht" produziert und eingelagert werden. Das Risiko des Lieferanten, trotz hoher Lagerbestände lieferunfähig zu sein, ist groß. Gleichzeitig ist es trotz hoher Lagerbestände nötig, Kapazitätspuffer zu halten und Engpassmanagement zu betreiben, um unerwartet hohen Bedarf liefern zu können.

Liefert der Abnehmer dem Lieferanten frühzeitig verlässliche Bedarfsinformationen, kann dieser seine Materialbeschaffung und Produktionsplanung auf zukunftsorientierten Informationen aufbauen. In welchem Umfang das Lagerrisiko des Lieferanten durch eine Bedarfsvorausschau reduziert wird, ist davon abhängig, ob die gemeldeten Bedarfsmengen später auch tatsächlich abgenommen werden.

forecast

Die Kosten eines solchen Anreizes „Bedarfsvorausschau" entstehen für den Abnehmer nicht nur für die Ermittlung und Übertragung der Bedarfsinformationen. Da eine Bedarfsvorausschau für den Lieferanten nur dann von Nutzen ist, wenn sie verbindlich ist, besteht für den Abnehmer die Gefahr, dass er sich zu Abnahmemengen verpflichtet, die er kurzfristig einlagern muss, oder dass er einen unerwartet hohen Bedarf nicht einfordern kann. Seine Möglichkeiten, die Schwankungen des Absatzmarkt-Bedarfs an den Lieferanten weiterzugeben, werden dadurch erheblich eingeschränkt.

Um die Kosten des Anreizes Bedarfsvorausschau zu begrenzen, werden in der Praxis rollierende Bedarfsinformationssysteme (forecasts) entwickelt, die sich dadurch auszeichnen, dass eine Bedarfsmeldung bezogen auf denselben Zeitraum mehrfach geändert werden kann, dass langfristige Bedarfsvoraussagen mit großen zulässigen Bandbreiten nach oben und unten und noch nicht artikelspezifisch gemacht werden und nur die kurzfristigen Bedarfsmeldungen verbindlich und artikelspezifisch sind. Diese Bedarfsinformationssysteme sind unter dem Begriff Lieferabrufsysteme aus just-in-time-Beziehungen bekannt.

Abbildung 6-24: Vertragliche Pflichten des Abnehmers

Quellen und weiterführende Literatur zu 6.2:

Westphalen (2002) S. S. 85 - 135, S. 54 - 80; Scherer (2002) S. 93-123; Melzer-Ridinger (1995) S. 75 ff , S.139 ff; Reese/ Spohrer (1993); Koppelmann (2000) S. 76 ff; Hartmann/ Pahl/ Spohrer (1992); Large (1999); Homburg (2002) S. 183 - 199; Arnold (2002) S. 200 - 220; Eschenbach (1998) S. 214 - 217; Schulte (2001) S. 431-447, S. 229 – 243. , S. 338 -347; Boutellier/ Corsten (2000) S. 10ff, S. 26ff, S. 37ff.; Wagner (2002).

6.3 Organisation der Beschaffung

Im privaten Haushalt werden die Beschaffungsaufgaben häufig von einer Person - der Hausfrau - erfüllt. In Personalunion plant sie die Produktion und den Materialbedarf, sie wickelt Bestellungen ab, verwaltet die Bestände und wählt Lieferanten aus. In Unternehmen, die in der Regel tausende von Beschaffungsobjekte beziehen und mehrere hundert Lieferanten beschäftigen, ist eine Arbeitsteilung unabdingbar. Die aufbauorganisatorische Gestaltung der Beschaffung ordnet die Beschaffungsaufgaben bestimmten Stelleninhabern zu und legt damit die Pflichten des Mitarbeiters fest. Zur Erfüllung der Beschaffungsaufgaben benötigt der Stelleninhaber auch Rechte (der Disponent verantwortet die Kapitalbindungskosten und hat deshalb das Recht, Bestellmengen und –termine zu bestimmen). Die Ablauforganisation regelt die Zusammenarbeit zwischen den Stelleninhabern.

6.3.1 Aufbauorganisation

6.3.1.1 Zentrale oder dezentrale Beschaffung?

Vorteile zentraler Beschaffung

Eine zentrale Einkaufs- bzw. Beschaffungsabteilung ist für mehrere Geschäftsbereiche oder Standorte zuständig. Sie bietet eine Reihe von Vorteilen (vgl. Abbildung 6-25):

- Eine zentrale Beschaffung ist in der Lage, die Bedarfe der verschiedenen internen Kunden zu bündeln und mit vergleichsweise großem Verhandlungsvolumen günstige Preise und Lieferkonditionen zu erzielen.
- Ein Zentraleinkauf kann leichter vermeiden, dass in den verschiedenen Geschäftsbereichen bzw. an den verschiedenen Produktionsstandorten Beschaffungsobjekte in einer großen Vielzahl bezogen werden, die untereinander nur geringfügige Unterschiede aufweisen.
- Eine zentrale Lagerhaltung und –verwaltung kann mit

geringerem Gesamtsicherheitsbestand die geforderte Lieferbereitschaft des Beschaffungsobjekts erreichen, weil sich die Bedarfsschwankungen der internen Kunden gegenseitig ausgleichen.

- Ein Zentraleinkauf kann dem Lieferanten **einen** Ansprech- und Verhandlungspartner bieten, und somit vermeiden, dass sich die verschiedenen Produktionsstandorte und Geschäftsbereiche bei einem Lieferanten Konkurrenz machen und damit die Preise hochtreiben (one face to the supplier).

- In Engpass-Situationen kann der Zentraleinkauf die Bestellungen der Produktionsstandorte und Geschäftsbereiche aufeinander abstimmen und auf diese Weise Versorgungsstörungen vermeiden oder wenigstens die Lieferzuteilungen mit dem Lieferanten abstimmen.

- Ein Zentraleinkauf spart Personalaufwand im Einkauf: er vermeidet die Mehrfach-Zulassung des Lieferanten und mehrfache Preis- und Konditionenverhandlungen und betreibt Beschaffungsmarktforschung für alle Standorte bzw. Geschäftsbereiche.

- Ein Zentraleinkauf kann verbindliche Grundsätze und Empfehlungen für die Lieferanten- und Kontraktpolitik ausarbeiten. Das erspart nicht nur Mehrfachaufwand in den Geschäftsbereichen und Produktionsstandorten, sondern reduziert auch die Vielfalt der praktizierten Konzepte und Vertragsinhalte.

Nachteile zentraler Beschaffung

Diesen Vorteilen einer Zentralisierung der Beschaffungsaufgaben stehen die folgenden Nachteile gegenüber (vgl. Abbildung 6-25):

- Wenn nicht nur grundsätzliche und strategische Entscheidungen zentral getroffen werden, sondern auch die operative administrative und logistische Abwicklung des Geschäftsprozesses zentral erledigt wird, verlängert sich die Beschaffungszeit durch umständliche und langwierige interne Bearbeitungsvorgänge (vgl. hierzu die Ausführungen in 6.3.2.3 zum DTP). Meist werden daher strategische Fragestellungen zentral entschieden, aber die operative Bestellabwicklung den Standorten und Geschäftsbereichen übertragen.

- Lokalen Bedürfnissen und Besonderheiten wird nur unzureichend Rechnung getragen.

- Wenn die für die operativen Beschaffungsaufgaben zuständigen Mitarbeiter nicht für die Lieferantenauswahl zuständig sind, haben sie ein geringeres Interesse daran, Informationen über die Leistungsfähigkeit und –bereitschaft der Lieferanten an den Zentraleinkauf weiterzuleiten.

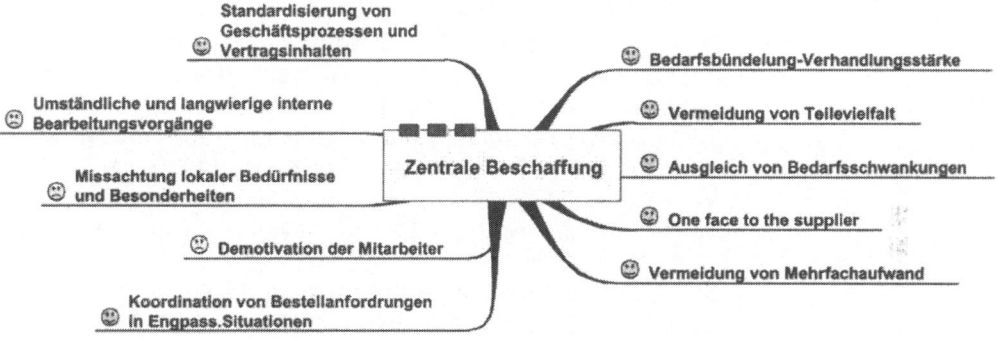

Abbildung 6-25: Vor- und Nachteile zentraler Beschaffung

6.3.1.2 Arbeitsteilung innerhalb der Beschaffung

Stellenbildung

Bei der aufbauorganisatorischen Gestaltung der Beschaffung ist neben der Zentralisierung die Frage nach der Spezialisierung der Stelleninhaber zu klären (vgl. Abbildung 6-26). Die Spezialisierung erfolgt in der Praxis nach Beschaffungsobjekten (direktes Produktionsmaterial, Verpackungsmaterial, Handelsware und Werbemittel, MRO-products, administratives Kostenstellenmaterial, Investitionsgüter und Dienstleistungen), damit sich der Stelleninhaber spezielle Kenntnisse über die Beschaffungsobjekte und die Beschaffungsmärkte aneignen kann. Bei einer Spezialisierung nach Aufgaben (funktionsorientierte Arbeitsteilung) kann der Stelleninhaber vertiefte Kenntnisse in der unterstützenden Software erwerben und wird Spezialist für Disposition, Einkaufsverhandlungen, Beschaffungsmarktforschung, Vertragsverhandlungen oder Kennzahlenbildung und –interpretation. Eine Arbeitsteilung nach Funktionen führt zu den konventionellen Beschaffungsabteilungen Einkauf, Disposition/Arbeitsvorbereitung, Wareneingang/Qualitätsprüfung und Lager. Der Geschäftsprozess Beschaffung wird von mehreren Personen bearbeitet, zwischen denen eine Kunden-Lieferanten-Beziehung bestehen soll. Der Einkauf fungiert als interner Dienstleister gegenüber dem internen Bedarfsträger in der Fertigung, Forschung, Verwaltung oder im Vertrieb. Er erhält seine Aufträge als Bestellanforderungen vom internen Bedarfsträger oder von der Arbeitsvorbereitung. Informationen über den Bestellauftrag müssen in die Verwaltung und in den Wareneingang fließen, damit diese ihre Aufgaben erfüllen können. Die Arbeitsvorbereitung ist von der Zuverlässigkeit des Lieferanten abhängig, ohne den Lieferanten auswählen und beeinflussen zu können. Der Einkauf kann seinerseits nur dann pünktlich und mengengerecht anliefern lassen, wenn die Bestellanforderung frühzeitig und präzise aus der Arbeitsvorbereitung kommt. Eine konventionelle funktionale Arbeitsteilung bietet offenbar dem Mitarbeiter eine Reihe von Möglichkeiten, die Verantwortung für Fehlmengen und fehlerhafte Lieferungen auf andere Mitarbeiter in der Prozesskette abzuwälzen.

Eine prozessorientierte Arbeitsteilung versucht den Mehrfachaufwand für einen Bestellauftrag und die geteilte Verantwortung für das Ergebnis des Geschäftsprozesses zu vermeiden. Sie fasst mehrere Aufgaben (typischerweise die Produktionsplanung, Materialbedarfsplanung, Bestellplanung und Bestellabwicklung) in einer Stelle zusammen, die dann zwangsläufig weniger Beschaffungsobjekte zu betreuen hat.

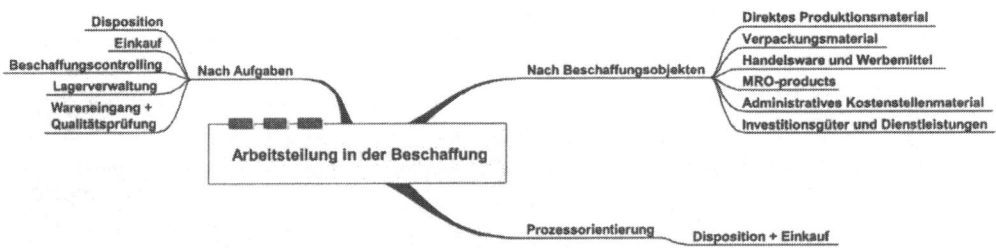

Abbildung 6-26: Arbeitsteilung in der Beschaffung

6.3.1.3 Prozessorientierung im Einkauf - Funktionsübergreifende Zusammenarbeit

Vorwürfe   In vielen Unternehmen erleben die Einkäufer die interne Zusammenarbeit mit den Abteilungen Disposition, Marketing/Vertrieb/Projektabwicklung, Entwicklung und Fertigung als unbefriedigend und spannungsgeladen. Der Einkauf klagt über schlechten Informationsfluss und mangelnde Akzeptanz in den anderen Funktionen und sieht seinen Gestaltungsspielraum durch die Entscheidungen und Handlungen einkaufsfremder Funktionsträger eingeengt.

Umgekehrt sind auch die einkaufsfremden Funktionsträger häufig mit den Leistungen des Einkaufs unzufrieden. Dem Einkauf wird insbesondere mangelnde Flexibilität und einseitige Preisorientierung vorgeworfen, die in der Prozesskette Versorgungs- und Qualitätsprobleme verursachen.

Motive

Die Forderung nach funktionsübergreifender Zusammenarbeit basiert auf zwei Argumenten:

1. Zur Erfüllung der Einkaufsziele benötigt der Einkauf die Unterstützung der anderen Funktionen, die den Handlungsspielraum und die Rahmenbedingungen des Einkaufs beeinflussen und über einkaufsrelevante Informationen verfügen (vgl. Abbildung 6-27).
2. Die Leistungen und Fehlleistungen des Einkaufs haben weit reichende Auswirkungen in der Prozesskette, die bei der Entscheidungsfindung im Einkauf erkannt und berücksichtigt werden sollten (vgl. Abbildung 6-28).

zu 1.:

Abhängigkeit des Einkaufs

Der Handlungsspielraum, der Informationsstand des Einkäufers und die Rahmenbedingungen, unter denen der Einkauf Kosten- und Leistungsziele verfolgt, werden in starkem Maße von Funktionsträgern in den Abteilungen Disposition, Entwicklung/Konstruktion und Marketing/Vertrieb festgelegt: Die Anzahl zur Auswahl stehender Lieferanten und Materialien, die Verhandlungsposition des Einkaufs, die Dringlichkeit des Bedarfs, Bedarfsmengen und Regelmäßigkeit des Bedarfs, Produktmerkmale und geforderte Qualitätsmanagement-Maßnahmen beim Lieferanten, die Material- und Lieferantenvielfalt u.a. Rahmenbedingungen des Einkaufs werden in Zusammenhang mit der Produktspezifikation, durch Eingehen auf local content-Forderungen und Lieferantenvorgaben des Kunden, durch die Bestätigung von Lieferterminen und durch die Produktionsmengen- und -terminplanung in den Funktionen Entwicklung/Konstruktion, Marketing/Vertrieb und Disposition festgelegt und sollten mit dem Einkauf abgestimmt werden. Für das Beschaffungsmarketing wichtige Entscheidungen, Entwicklungen und Planungen wie Materialsubstitution, Eliminierung von Produkten aus dem Produktionsprogramm, neue Geschäftsfelder sind unternehmensinterne Rahmenbedingungen, über die der Einkauf frühzeitig informiert werden sollte.

6 Strategische Gestaltung der Beschaffung

6.3 Organisation der Beschaffung

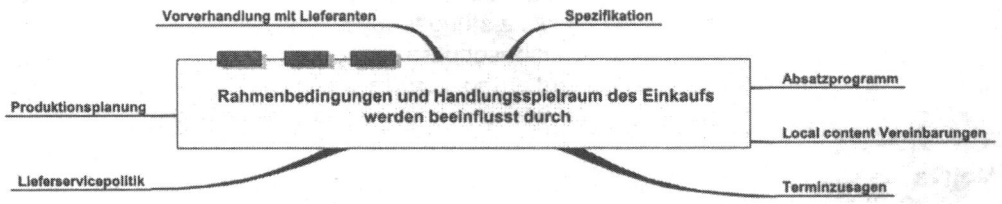

Abbildung 6-27: Einfluss einkaufsfremder Abteilungen auf Rahmenbedingungen und Handlungsspielraum des Einkaufs

zu 2.:

**Wirkungen des
Einkaufs auf die
Prozesskette**

Die Leistungen des Einkaufs in den Aufgabenbereichen
Versorgungsmanagement und Flexibilität, Qualitätsmana-
gement und Preismanagement beeinflussen die Prüf- und
Fehlerkosten, die Bestandskosten, die Fertigungskosten, die
Qualität des Enderzeugnisses, die Preisuntergrenze sowie
den Lieferservice gegenüber dem Kunden.

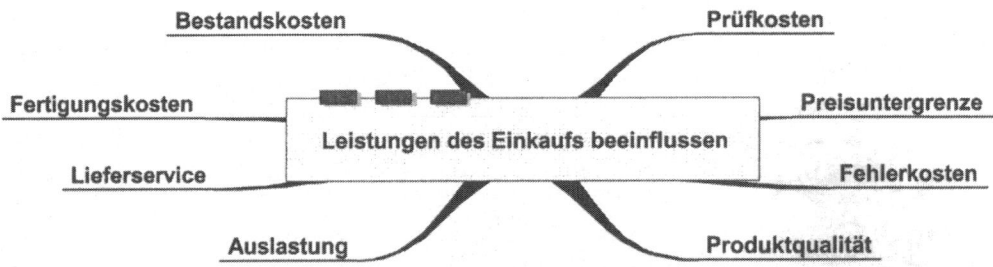

Abbildung 6-28: Leistungen (bzw. Fehlleistungen) des Einkaufs beeinflussen die Kosten und Leistungen in der Prozesskette

Werden diese Abhängigkeiten in der Prozesskette nicht
erkannt, werden die Mitarbeiter in den Funktionen abtei-
lungsorientiert denken und handeln, also Handlungs-
alternativen ausschließlich danach beurteilen, wie sie sich
auf die Leistungskennzahlen des eigenen Arbeitsplatzes
auswirken. Dabei besteht die Gefahr, dass die Nachteile in
anderen Verantwortungsbereichen größer sind als die Vorteile im eigenen Verantwortungsbereich.

Prozess-orientiertes Denken und Handeln

Prozessorientiertes Denken und Handeln zeichnet sich dadurch aus, dass die Mitarbeiter sich dieser Abhängigkeiten und der sich daraus ergebenden Probleme bewusst sind und bereit sind,

- durch entsprechende Informationen die Funktionsträger in anderen Abteilungen zu unterstützen,
- auf maximale Zielerreichung im eigenen Verantwortungsbereich zugunsten von Vorteilen in anderen Verantwortungsbereichen zu verzichten und
- gegebenenfalls von anderen Funktionsträgern geforderte Maßnahmen zu verweigern, wenn die Gefahr besteht, dass übergreifende und strategische Ziele dadurch gefährdet werden.

Realität

Die Realität der funktionsübergreifenden Zusammenarbeit sieht jedoch meist anders aus. Typische Merkmale der funktionsübergreifenden Zusammenarbeit sind (vgl. Abbildung 6-29):

- Im Marketing und in der Entwicklung wird der Einkäufer nicht als kompetenter Gesprächspartner betrachtet und ihm die Einflussnahme auf einkaufsrelevante Entscheidungen erschwert oder verweigert - der Einkäufer wird an der Festlegung der Materialspezifikation nicht beteiligt, der technische Vertrieb verhandelt vorab mit Lieferanten und nimmt starken Einfluss auf die Lieferantenauswahl.
- Zahlreiche strategisch relevante Rahmenbedingungen des Einkaufs werden außerhalb des Einkaufs festgelegt, ohne dass die Entscheidungsträger sich der Tragweite ihrer Entscheidungen für den Einkauf bewusst wären (z.B. Artikelvielfalt, local-content-Vereinbarungen).
- Für das Kerngeschäft des Einkaufs wichtige Informationen erreichen den Einkauf nicht (z.B. Informationen über die Qualität der Lieferleistung).
- Für das Beschaffungsmarketing wichtige Entscheidungen, Entwicklungen und Planungen erfährt der Einkäufer zu spät (z.B. Materialsubstitution, Eliminierung von Produkten aus dem Produktionsprogramm, neue Geschäftsfelder).
- Die Beziehung zu den Mitarbeitern der anderen Abteilungen ist durch persönliche Sympathie bzw. Animositäten geprägt und eher zufällig gewachsen als

systematisch geplant und realisiert.

- Die Mitarbeiter sollen prozessorientiert denken und handeln, werden aber an der Erreichung funktionsorientierter Ziele gemessen.
- Der Einkauf hat bisher weitaus stärkeres Interesse am Informationsaustausch und an Abstimmung als die übrigen Funktionen.

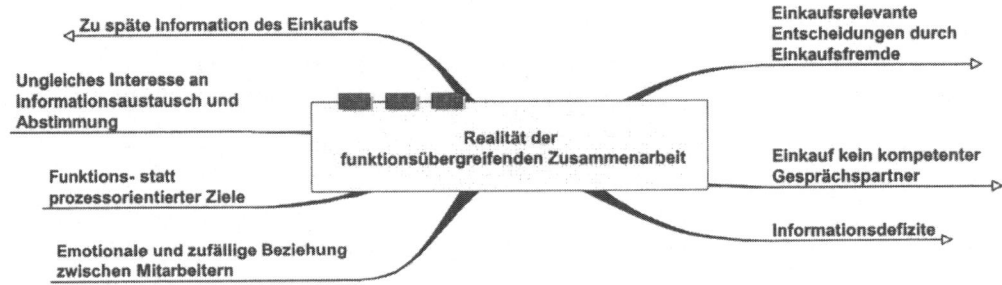

Abbildung 6-29: Realität der funktionsübergreifenden Zusammenarbeit

**Prozess-
orientierung des
Einkaufs**

Soll die funktionsübergreifende Zusammenarbeit nicht mehr länger dem Zufall und dem Engagement einzelner Mitarbeiter überlassen bleiben, sind zum einen organisatorische Lösungen zu suchen, die geeignet sind, die Zusammenarbeit in der Prozesskette so zu gestalten, dass die Funktionsträger weitgehend unabhängig voneinander agieren können, um die Vorteile der Arbeitsteilung zu nutzen und sich in der Weise und in dem Maße mit Funktionsträgern in der Prozesskette abzustimmen, dass strategische und ganzheitliche Ziele nicht gefährdet werden. Die Rechte und Pflichten des Einkaufs in der funktionsübergreifenden Zusammenarbeit sollten ergänzend zu den funktionsorientierten Ausführungen über Kompetenzen und Verantwortung in den Stellenbeschreibungen aufgenommen werden.

**Erweiterte Stel-
lenbeschreibung**

Eine derart erweiterte Stellenbeschreibung macht Ausführungen zu

- den internen Kunden des Einkaufs: das können sein Materialidentnummern (Serienmaterial), Projekte (individuelle Komponenten fürs Anlagengeschäft) und Funktionsträger in einkaufsfremden Abteilungen, deren Ergebnisse von den Leistungen und Fehlleistungen des

Einkaufs beeinflusst werden (Vertrieb, Disposition, Qualitätsprüfung, Projektteam, Entwicklung),

- den Aufgaben und Leistungen des Einkaufs im funktionsübergreifenden Qualitätsmanagement – beispielsweise systematische Lieferantenbeurteilung und laufende Lieferantenbewertung, Abschluss von Qualitätsmanagementvereinbarungen und individuellen Liefer- und Abnahmebedingungen,
- den Aufgaben und Leistungen des Einkaufs im funktionsübergreifenden Versorgungsmanagement - beispielsweise Vereinbarung von Pönalen, regionale Streuung der Lieferanten, Frühwarnsysteme, Erschließung von Flexibilitätspotentialen im Beschaffungsmarkt,
- Aufgaben und Leistungen des Einkaufs im funktionsübergreifenden Kostenmanagement - beispielsweise Standardisierung von Materialien, Kooperation in der logistischen Kette zur Vereinfachung der Bestellabwicklung, Verlagerung der Qualitätsprüfung, Zusammenarbeit mit qualitätsfähigen und zuverlässigen Lieferanten,
- Aufgaben und Leistungen des Einkaufs im funktionsübergreifenden Informationsmanagement - Gewinnung und Weiterleitung von (Frühwarn)Informationen über Versorgungsstörungen, über Änderungen des Produktions- und Absatzprogramms wichtiger Lieferanten, über das Beschaffungsverhalten der Absatzkonkurrenten, Bearbeiten technischer und preislicher Rückfragen des Vertriebs.

Kosten und Nutzen

Es ist offensichtlich, dass die Wahrnehmung dieser funktionsübergreifenden Aufgaben mit erheblichem Personalaufwand und eventuell mit Einbußen bei kurzfristigen Einkaufszielen verbunden ist. Um ein ausgewogenes Verhältnis von Aufwand und Nutzen der funktionsübergreifenden Zusammenarbeit zu erreichen, sind in einem weiteren Schritt Klassifikationsmerkmale für Materialidentnummern (Serienmaterial) und Aufträge (projektorientierter Einkauf) zu entwickeln, die es dem Einkauf erlauben, die Intensität der funktionsübergreifenden Zusammenarbeit festzulegen (vgl. Abbildung 6-30), die wiederum die Organisation der Zusammenarbeit beeinflussen wird. Als Kriterium zur Messung des Nutzens einer funktionsübergreifenden Zusammenarbeit kommen beispielsweise in Frage: Prüfrisiko, Prüfkosten, Fehlerkosten, Qualitätsrisiko, Versorgungsrisiko der Materialidentnummer, Fehlmengenkosten. Für

6.3   Organisation der Beschaffung

nicht gelistetes Material sind darüber hinaus zu berücksichtigen: Interesse des Vertriebs am Auftragserhalt, Priorität eines Projektes für den Vertrieb, Bedeutung der Materialkosten und -qualität für den Projekterfolg, vertragliche Vorgaben oder Kundenrestriktionen, die von der Beschaffungsseite beachtet werden müssen, Zeit für die Materialbeschaffung.

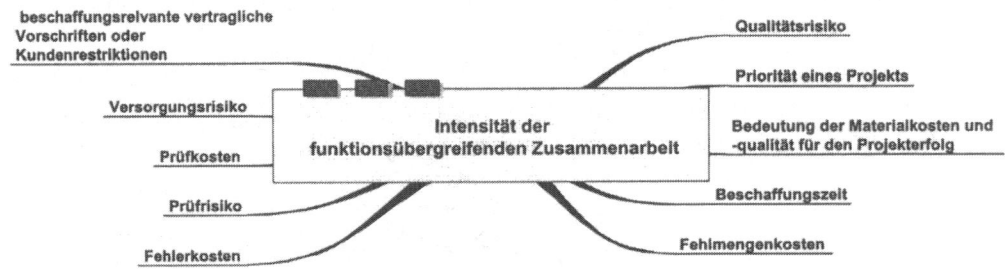

Abbildung 6-30: Differenzierte Gestaltung der funktionsübergreifenden Zusammenarbeit

Auf der Grundlage der genannten oder anderer Klassifikationsmerkmale kann die Intensität der funktionsübergreifenden Zusammenarbeit - der Umfang der Rechte und Pflichten des Einkaufs gegenüber den Entscheidungsträgern in der Prozesskette - systematisch gestaltet werden.

Pflichten des Einkaufs

Bezüglich der Pflichten des Einkaufs lassen sich die folgenden Abstufungen unterscheiden (vgl. Abbildung 6-31):

- frühzeitige Information über nachhaltige Veränderungen am Beschaffungsmarkt,
- (Passive) Anhörung einkaufsfremder Entscheidungsträger vor Entscheidung von Einkaufsangelegenheiten,
- (Aktive) Analyse der Auswirkungen von Handlungsmöglichkeiten des Einkaufs auf die Zielerreichung oder den Aufwand einkaufsfremder Abteilungen und Berücksichtigung dieser Wirkungen bei der Entscheidungsfindung,
- Genehmigungs- /Vetorecht einkaufsfremder Funktionen in Einkaufsbelangen,
- Beteiligung einkaufsfremder Funktionsträger an der Entscheidungsfindung im Einkauf.

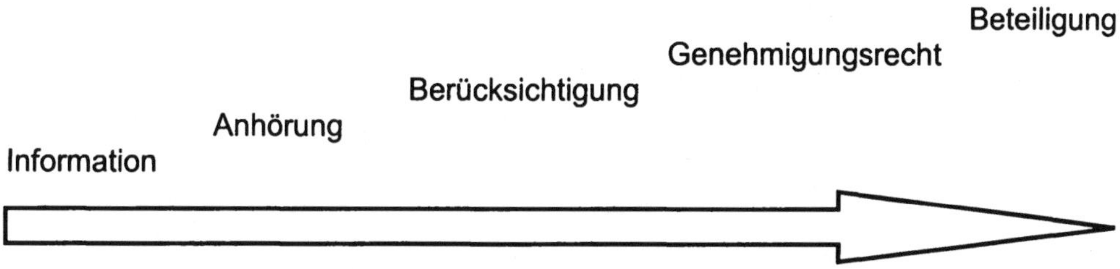

Beteiligung

Genehmigungsrecht

Berücksichtigung

Anhörung

Information

Abbildung 6-31: Pflichten des Einkaufs in der funktionsübergreifenden Zusammenarbeit

Rechte des Einkaufs

Analog können die Rechte des Einkaufs gegenüber den Funktionsträgern in der Prozesskette abgestuft werden und die Gelegenheiten genannt werden, bei denen die Rechte eingefordert werden können.

Informations- und Abstimmungsbedarf besteht im Tagesgeschäft des Serienherstellers vor allem bei kurzfristigen und erheblichen Bedarfsänderungen, die durch Änderungen der Produktionsplanung, durch entsprechende Zusagen an Kunden, durch Prognoseänderungen in den Funktionen Produktionsplanung/Disposition und Marketing/Vertrieb verursacht werden. Bei Neueinführungen ist eine Abstimmung der Bestell- und Einkaufspolitik auf den geplanten Einführungstermin erforderlich. Bei der Festlegung des Einführungstermins bzw. des Ablösetermins bei Materialsubstitution sollten Bestände und vertragliche Abnahmepflichten berücksichtigt werden. Der Marketingaufwand für das neue Produkt sollte auf die Kapazitäten des Beschaffungsmarktes abgestimmt werden. Im Anlagengeschäft bildet die frühzeitige und gleichberechtigte Einbindung des Einkaufs bei der Auswahl des Lieferanten eine zentrale Forderung des Einkaufs. Die Verbesserung des Informationsflusses von der Baustelle und dem technischen Vertrieb zum Einkauf ist eine wesentliche Grundlage, um eine Lieferantenbewertung durchführen zu können.

Je nach Intensität der funktionsübergreifenden Zusammenarbeit sind organisatorische Lösungen zu entwickeln. Das Spektrum der hier zur Verfügung stehenden Alternativen reicht von der Bereitstellung von Preislisten über regelmäßige reports, die Bildung temporärer interfunktionaler Teams,

Teilnahme an Projektsitzungen, bis zur Einbindung des Einkaufs in die Arbeit des Vertriebs und der Projektabwicklung.

Organisatorische Lösungen sind allein jedoch nicht ausreichend. Gleichzeitig muss ein Klima geschaffen werden, in dem deutlich ist, dass der Mitarbeiter nicht nur an der Erreichung funktionsorientierter Einzelziele gemessen wird. Im Rahmen der Mitarbeiterbeurteilung sind Instrumente zu entwickeln, die geeignet sind, die Bereitschaft zu und den Nutzen funktionsübergreifender Zusammenarbeit zu messen.

Eine weitere wesentliche Voraussetzung einer wirksamen funktionsübergreifenden Zusammenarbeit ist die Fähigkeit des Controlling und der Kostenrechung, funktionsübergreifende Wirkungen von Entscheidungen, Leistungen und Fehlleistungen zu quantifizieren. Mit der Entwicklung der Qualitätskosten- und der Prozesskostenrechnung sind wichtige Impulse gegeben worden, die in der Theorie und in der Praxis weiterverfolgt werden sollten.

6.3.2 Geschäftsprozess-Management

6.3.2.1 Ziele des Geschäftsprozess-Managements

Prozesskosten-ersparnisse

Nachdem sich das Interesse in Theorie und Praxis lange Zeit auf die Einstandskosten für fremdbezogene Produkte und Leistungen konzentriert hat, werden in den letzten Jahren die Gefahren hoher Gemeinkostenbelastungen (Fixkostencharakter der Gemeinkosten) und die dort vermuteten Einsparpotenziale stärker beachtet.

Gemeinkosten-management

Ziel des Gemeinkostenmanagements ist die Senkung des Niveaus der Gemeinkosten oder eine Verbesserung des Kosten-Nutzen-Verhältnisses (auch als value management bezeichnet). Das Gemeinkostenmanagement betrachtet die Personal- und Sachkosten nicht mehr als unveränderlich, sondern untersucht und gestaltet systematisch die Verursacher der in der eigenen Kostenstelle zu verantwortenden Gemeinkosten, die sog. Kostentreiber.

Verbesserungspotenziale werden vor allem in den operativen Geschäftsprozessen der Beschaffung vermutet. Die historisch gewachsenen Abläufe und die Arbeitsteilung zwischen den an der Beschaffung beteiligten Funktionsträgern im Einkauf, im Wareneingang, im Lager, in der Verwaltung und in den Sachabteilungen werden im Geschäftsprozess-Management in Frage gestellt. Ein Ziel des Geschäftsprozess-Managements ist die zeitliche Entlastung des Einkaufs von administrativen Aufgaben. Die dadurch gewonnene Personalkapazität soll für strategische Überlegungen zur Verbesserung der Versorgung, Flexibilität und Qualität eingesetzt werden.

C-Teile-Management

Durch die Beschäftigung mit Gemeinkosten- und Geschäftsprozess-Management gerieten die C-Teile in den Mittelpunkt des Interesses: Das Verhältnis der Prozesskosten, die beim Bedarfsträger, in der Funktion Beschaffung und in der Kreditorenbuchhaltung anfallen, liegt in einem krassen Missverhältnis zu dem Bestellwert von C-Teilen. Man geht in der Regel davon aus, dass die Prozesskosten für einen Beschaffungsvorgang zwischen 50 und 100 € liegen. Der Bestellwert pro Bestellung bei indirekten C-Teilen bewegt sich hingegen um einen Durchschnittswert von 25 €.

6.3.2.2 Gestaltung der Anfragetätigkeit

Eine Anfrage ist für das anfragende Unternehmen unverbindlich. Sie stellt rechtlich eine Aufforderung zur Abgabe eines Angebots dar, aus der die Lieferanten nicht die Vergabe eines Auftrags ableiten können. Die Anfragetätigkeit zählt zu den wichtigsten und aufwändigsten Arbeiten im Einkauf und ist damit ein potentieller Ansatzpunkt, Gemeinkosten des Einkaufs optimal einzusetzen.

Anfragetypen

Die Anfragetätigkeit kann bedarfsabhängig und bedarfsunabhängig erfolgen.

Eine bedarfsabhängige Anfrage ist typisch für sporadischen Kostenstellenbedarf, Investitionsgüterbedarf und für Anforderung des Bau- und Dienstleistungseinkaufs. In diesen Fällen wird eine Anfrage durch eine Bedarfsanforderung angestoßen.

Bedarfsunabhängige Anfrageaktionen werden in regelmäßigen zeitlichen Abständen für Beschaffungsobjekte durchgeführt, die laufenden Bedarf aufweisen. Die Bestellabwicklung ist in diesem Fall von der Angebotseinholung und –bearbeitung getrennt.

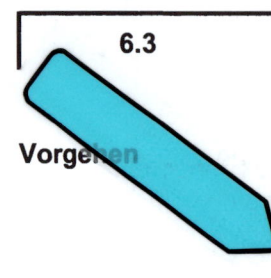

Vorgehen

Die Abwicklung der Angebotseinholung und -bearbeitung durchläuft die folgenden Schritte:

- Prüfung der Bedarfsanforderung auf Vollständigkeit, evtl. Rücksprache mit dem Bedarfsträger
- Speichern der Bedarfsanforderung in der Bedarfsanforderungsdatei
- potentielle Lieferanten feststellen
- Anfragekreis festlegen
- Anfragen erstellen und speichern
- Rückfragen der Lieferanten beantworten
- Kontrolle der eingegangenen Angebote, evtl. Rückfragen bei Lieferanten beantworten
- Speichern der eingegangenen Angebote
- Angebotsvergleich
- Ändern der Angebote nach Verhandlung.

Die Aufzählung der einzelnen Schritte der Anfragetätigkeit macht deutlich, dass vor allem Personalkosten, in geringerem Umfange Sachkosten entstehen.

Den Kosten für Anfragen und Angebotsvergleiche steht folgender Nutzen gegenüber:

Nutzen einer Anfrage

- Anfragen ermöglichen einen umfassenden Angebotsvergleich, der nicht nur den günstigsten Anbieter ermittelt, sondern Preisunterschiede zwischen Anbietern deutlich macht und eine Rangfolge unter den Anbietern nach dem Kriterium Preis offen legt. Ist der preisgünstigste Anbieter nicht zugleich der optimale Lieferant hinsichtlich Versorgungs- und Qualitätssicherheit, Flexibilität oder Umweltschutz, können die Preisunterschiede zum preisgünstigsten Lieferanten als "Kosten" optimaler Erreichung bei den anderen Zielen interpretiert werden.

- Die Analyse von Angeboten lässt evtl. Rückschlüsse auf die Kostenstruktur des Anbieters als Ursache von Preisunterschieden zu. Preisunterschiede können auf unterschiedliche Tarife, Fertigungsverfahren, Materialien, Betriebsgrößen und viele andere Ursachen zurückzuführen sein. Eine Analyse solcher Ursachen von Preisunterschieden kann Ansatzpunkte für Kostensenkungen im Rahmen einer Wertanalyse liefern (konstruktive Änderungen, Materialsubstitution).

- Die Ergebnisse einer Anfrageaktion können als Druck-mittel in Verhandlungen eingesetzt werden.

Bestimmungs-faktoren

Die Kosten der Anfragetätigkeit sind abhängig von

- der Anfragehäufigkeit,
- der Zahl der angefragten Unternehmen,
- der Zugriffsgeschwindigkeit auf benötigte Information über Artikel und Lieferanten,
- der Vollständigkeit und Aussagefähigkeit der Bedarfs-anforderung,
- der Vollständigkeit und Aussagefähigkeit der Angebote,
- der Vergleichbarkeit der Angebote,
- dem personellen Aufwand, Anfragen zu schreiben und Anfragen und Angebote zu speichern.

Der Nutzen einer Anfrageaktion wird bestimmt durch

- die Anzahl der Angebote,
- die Aussagefähigkeit der Angebote,
- die Preisdifferenzen zwischen Angeboten.

Die Erwartung, Preiseinsparungen durch intensivere Anfra-getätigkeit zu erzielen, könnte dazu verleiten, die Häufigkeit von Anfrageaktionen zu steigern und den Anbieterkreis zu erweitern, die Anfragen inhaltlich zu optimieren und grund-sätzlich schriftlich durchzuführen. Dabei entsteht die Gefahr, dass die Kosten für Vorbereitung und Durchführung der Anfrage, Rückfragenbearbeitung und Angebotsvergleich stärker steigen, als die durch die intensivere Anfragetätigkeit erzielten Preiseinsparungen.

Anfrageportfolio

Stellt man Kosten und Nutzen der Anfragetätigkeit in einem Portfolio gegenüber und positioniert Sachnummern oder Materialgruppen entsprechend ihrer Bedarfsmerkmale und Marktsituation (vgl. Abbildung 6-32), können den Materialgruppen/Identnummern Standardstrategien für die Anfrage-tätigkeit zugeordnet werden.

| 6.3 | Organisation der Beschaffung |

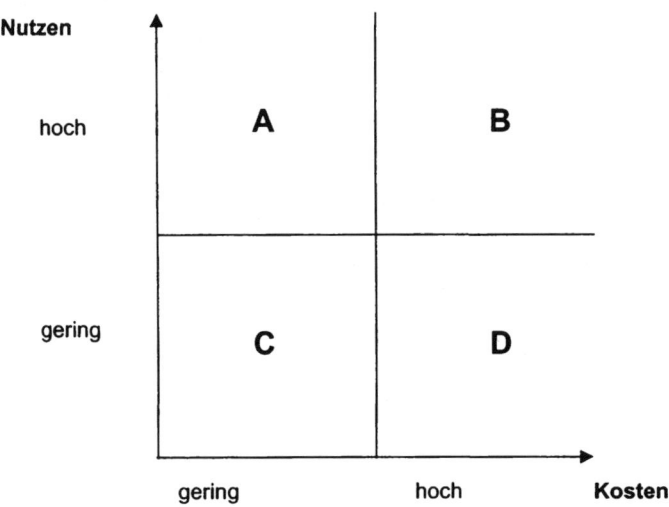

Abbildung 6-32: Anfrageportfolio

Gestaltungs-parameter

Die Positionierung im Anfrage-Portfolio macht die Notwendigkeit deutlich, die Gestaltungsparameter einer Anfrage

- Inhalt und Form
- Häufigkeit
- Anbieterkreis

selektiv zu gestalten und die Effizienz der Anfragetätigkeiten gezielt zu verbessern durch Standardisierung, Anfrageschemata und Computerunterstützung:

A: Für Sachnummern bzw. Materialgruppen, bei denen ein hoher Nutzen bei geringen Kosten der Anfragen erwartet wird, lohnt sich eine intensive Anfragetätigkeit. Hier sollten Anweisungen erstellt und kontrolliert werden, in denen die Anzahl einzuholender Anfragen und die zeitlichen Abstände zwischen Anfrageaktionen festgelegt werden. Gleichzeitig sind betriebliche Hemmnisse einer intensiven Anfragetätigkeit (quantitative oder qualitative Personalknappheit, Zeitmangel, Material/Lieferantenvorgabe durch die Konstruktion und Fertigung) möglichst zu beseitigen.

B: Hier sollte die Anfrageaktion sorgfältig vorbereitet werden, um das Kosten-Nutzen-Verhältnis zu optimieren. Anbieterkreis und -zahl sind systematisch festzulegen und alle Phasen der Anfrageaktion durch die Bereitstellung geeigneter EDV-Unterstützung zu erleichtern.

C/D: Der Anfragetätigkeit sollte hier geringe Bedeutung beigemessen werden. Die Beschränkung auf fernmündliche, gelegentliche und wenige Anfragen ist für die Sachnummern/Materialgruppen, die diesem Feld zuzuordnen sind, sinnvoll. Die Kosten der Anfrage sollten durch Standardisierung und Automatisierung gesenkt werden.

Inhaltliche Gestaltung von Anfragen

Die Wahrscheinlichkeit und die Aussagefähigkeit eines Angebots kann gesteigert werden, wenn bei der inhaltlichen Gestaltung der Anfragen die Überlegungen berücksichtigt werden, die der **Lieferant** bei der Anfragenselektion und der Gestaltung seiner Angebote macht:

Anfragen-selektion

Um die Angebotskosten, die im Falle eines Auftragsverlustes ungedeckt bleiben, zu begrenzen, ist eine selektive Anfragenbearbeitung aus der Sicht des Lieferanten dringend geboten. Angebotskosten entstehen für

- Akquisition (Gehalt und Reisekosten der Außendienstmitarbeiter),
- Projektierung (Klärung der Anfrage, Voruntersuchungen, Ermittlung des Mengengerüsts, Kalkulation und Preisbildung),
- Angebotsorganisation (Schreib- und Zeichenarbeiten, Dokumentation zur Erläuterung des Angebots).

Die Kosten der Angebotsbearbeitung steigen mit der Komplexität, Größe und Individualität einer Anfrage und sind von dem geforderten Genauigkeitsgrad und Informationsgehalt des Angebots abhängig.

Anfrage-bewertungs-verfahren

Anfragebewertungsverfahren versuchen, Kriterien zur Beurteilung von Anfragen zu entwickeln und zu einem Entscheidungsmodell zu verdichten, um bearbeitungswürdige und chancenlose Anfragen zu unterscheiden. Eine systematische Erfassung aller als entscheidungsrelevant erachteten Kriterien ist in einem Nutzwertmodell möglich, das die folgenden Kriterien umfasst, die in der Regel unterschiedlich gewichtet werden:

Kriterien

1. finanzielle Bewertung und Marktwert des Projekts

- Lage des Kunden (wirtschaftlich)
- Lage des Landes (wirtschaftlich und politisch)
- Geschäftsbeziehungen zum Anfrager (sachlich und zeitlich)
- Zahlungsbedingungen
- Kreditsicherungen
- Bedeutung des Projektes (als Referenzanlage, für etwaige Folgeaufträge)
- Bestellkriterien des Anfragers
- Konventionalstrafen/Pönalen
- Auftragschancen

2. technische Bewertung

- Entwicklungswagnis
- Kosteneinsparung durch Verwendung vorhandener Teile und Zeichnungen

3. Konkurrenz

4. Auslastung

- in der Projektierung
- in der Konstruktion
- in der Werkstatt.

Die vorliegenden Anfragen werden anhand dieser Kriterien mit **Punktwerten** belegt und anschließend **entschieden**,

- ob eine Anfrage überhaupt bearbeitet werden soll   und
- welche Angebotsform gewählt werden soll. Der Lieferant unterscheidet 3 Angebotsarten: Das Kontaktangebot enthält nur Informationen, die sich auf die angebotene Leistung als Einheit beziehen, der Informationsgehalt für den Abnehmer ist begrenzt, der Aufwand für den Lieferanten gering. Das Festangebot weist zu einzelnen Baugruppenebenen detaillierte Informationen über technische Lösungen und den Angebotspreis aus. Beim Richtangebot werden technische Ausführungsangaben

und nähere Aussagen über die Hauptbaugruppen eines Produkts/Anlage gemacht.

Praktische Empfehlungen

Aus den Überlegungen zur Anfragenselektion beim Lieferanten können die folgenden praktischen Empfehlungen für die Gestaltung der Anfragen abgeleitet werden:

Anfrageart

Vor Erstellung der Anfrage sollte der Einkäufer klären, ob er zunächst nur eine grobe Darlegung grundsätzlich möglicher Problemlösungen, eine möglichst originelle, effiziente und bereits weitgehend konkrete Problemlösung oder eine „Punkt-für-Punkt-Antwort" erwartet. Seine Vorstellung sollte der Einkäufer in der Anfrage dem Anbieter deutlich machen.

Bearbeitungstiefe

Angebote können sich in der Angebotstiefe beispielsweise bezüglich der Qualität ihrer textlichen Gestaltung, der Qualität ihrer graphischen Gestaltung, des Umfanges der Informationen zum Gesamtprojekt sowie zu Projektkomponenten, der Anzahl alternativer Varianten und Optionen und des Umfanges der Empfehlungen an den Kunden unterscheiden. Der Einkäufer sollte in der Anfrage deutlich auf die erwartete Bearbeitungstiefe und auch auf den äußersten Abgabetermin des Angebotes hinweisen.

Realisierungswahrscheinlichkeit

Falls es sich nicht nur um ein vages Projekt handelt nach dem Motto „wir können uns ja mal erkundigen, was derartiges kostet", sondern um ein festes Vorhaben, empfiehlt es sich, in der Anfrage ausdrücklich darauf hinzuweisen. Befindet sich das Projekt hingegen in einem noch frühen Planungsstadium, ist es nahe liegend, den Anbieter von dem Vorteil zu überzeugen, „von Anfang an dabei zu sein".

Lieferantenwahl

Der Einkäufer sollte in der Anfrage darauf hinweisen, welche Bestimmungsgründe schwerpunktmäßig bei der Lieferantenwahl eine Rolle spielen werden, um auf diese Weise den Anbieter zu veranlassen, hier eine spezielle Gewichtung der Kriterien bei der Anfragenselektion vorzunehmen.

Bonität

Mangelnde Bonität des Kunden ist bei der Angebotsbearbeitung ein K.O.-Kriterium. Ist nicht auszuschließen, dass der Anbieter aus irgendwelchen Gründen Zweifel an der Bonität des anfragenden Unternehmens hegt, sollte der Einkäufer solchen Zweifeln durch Anbieten von Sicherheiten (z.B. Bürgschaften, Anzahlungen) begegnen.

6	Strategische Gestaltung der Beschaffung
6.3	Organisation der Beschaffung

Konzernbezüge

In vielen Konzernen besteht die Vorschrift, grundsätzlich oder soweit preislich vertretbar innerhalb des Konzerns einzukaufen. Konzernfremden Anbietern bleibt dies nicht verborgen. Das kann dazu führen, dass Konzernbetriebe überhaupt keine marktgerechten Angebote mehr erhalten und innerhalb des Konzerns laufend zu erhöhten Preisen beziehen. Dies kann eine Verfälschung der Ergebnisse innerhalb des Konzerns zur Folge haben, das Konzernergebnis insgesamt verschlechtern und längerfristig zusätzlich falsche Investitionsimpulse bewirken. In einer solchen Situation sind „Kontaktaufträge" an konzernfremde Lieferanten unerlässlich.

Genehmigungs-verfahren

Existieren im Herkunftsland des Kunden langwierige Genehmigungsverfahren für das Projekt oder Einfuhrbeschränkungen für die angefragten Leistungen, sollte der Einkäufer dies nicht verschweigen, sondern in der Anfrage darauf eingehen. Konkrete Informationen dazu bereits in der Anfrage können unter Umständen verhindern, dass der Anbieter solche Beschränkungen als K.O.-Kriterium der Anfragenbearbeitung betrachtet.

Kosten- und Währungsrisiko

Wenn anzunehmen ist, dass der Anbieter unkalkulierbare Vormaterialpreisänderungen oder Lohnkostenänderungen während der Lieferzeit oder Währungsrisiken befürchtet, kann der Einkäufer dem durch Anbieten entsprechender Sicherheiten (z.B. Vereinbarungen von Preisgleitklauseln) entgegenwirken.

Anschluss-aufträge

Ist mit Anschlussaufträgen zu rechnen, sollte der Einkäufer bereits in der Erstanfrage darauf ausdrücklich hinweisen.

Persönliche Lieferanten-kontakte

Bereits im Vorfeld der konkreten Ausschreibung kann in persönlichen Gesprächen mit den Lieferanten auf kritische Punkte des Projekts eingegangen werden. In der Anfrage selbst sollte ein Ansprechpartner für den Fall von Rückfragen und in persönlichen Gesprächen auch der Entscheidungsträger für die Lieferantenwahl namentlich genannt werden.

Anfrage-schemata

Obligatorische Anfrageschemata werden in der Praxis verwendet, um dem Einkäufer die (minimale) Anzahl von Anfragen als Entscheidungstabelle vorzugeben.

Zur Bildung von Anfrageschemata werden die Sachnummern in Artikelklassen eingeteilt. Hierzu ist eine vergleichende

Analyse der Sachnummern nach den folgenden Kriterien erforderlich:

Artikelklassen

- Häufigkeit des Bedarfs (Erst-, Einmal-, wiederkehrender Bedarf)
- commodity, speciality
- Dringlichkeit
- Wert (A-B-C)
- Anzahl potentieller Anbieter (Marktsituation)
- Art (Aufwand) der Anfrage
- geplante Bindung.

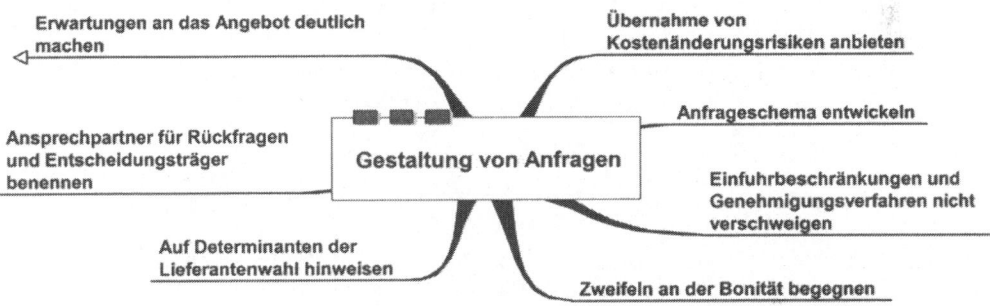

Abbildung 6-33 Empfehlungen zur Gestaltung von Anfragen

Computer-unterstützung

Durch eine Computerunterstützung lassen sich die Tätigkeiten der Anfragetätigkeit mit geringerem Aufwand abwickeln:

...Vorteile

- Vorteile können erzielt werden bei der Auswahl der anzufragenden Lieferanten: wenn der Mitarbeiter auf Dokumentationen früherer Anfrageaktionen zurückgreifen kann, kann die Wahrscheinlichkeit und die Attraktivität eines Angebots abgeschätzt werden.
- Vorteile können erzielt werden durch geringere Schreibarbeit bei der Erstellung von Anfrageunterlagen, wenn der Mitarbeiter auf vorhandene Artikel- und Lieferantenstammdaten, auf Angaben der Bedarfsanforderung und Standardtexte zurückgreifen kann. Dieser Vorteil ist vor allem für Mitarbeiter des technischen Einkaufs von Bedeutung, die einmaligen oder sporadischen Bedarf einkaufen und deren Anfragen großen Textumfang haben.
- Vorteile können erzielt werden durch maschinelle

Erstellung von Absageschreiben.
- Vorteile können erzielt werden durch die Überwachung einer ausreichenden Anfragetätigkeit durch die Führungskraft.

Ein EDV-System zur Unterstützung der Anfragetätigkeit sollte die folgenden Funktionen abdecken:

Funktionen   **1. Anfragenbearbeitung und -verwaltung**

- Anzeigeprogramme: Was liefert wer? Wer liefert was? Artikel innerhalb einer Artikelgruppe?
- Zusammenstellung von Anfragen am Bildschirm (ggfs. mit Übernahme von Datensätzen der Bestellanforderungsdatei)
- Anfragenschreibung und -speicherung
- Ausdruck Erinnerungen

2. Angebotsbearbeitung und -verwaltung

- Erfassung Angebote unter Aufruf der gespeicherten Anfragen
- Einstandskostenberechnung und -vergleich
- Abspeicherung Angebote
- Änderung und Löschung Angebote
- Auslösung Absageschreiben
- Anzeige eines Angebots
- Anzeige aller Angebote einer Sachnummer
- Anzeige aller Angebote eines Lieferanten.

Die Nutzung eines EDV-Systems bei der Anfragetätigkeit zwingt zu einer umfangreichen Speicherung der Daten und wird möglicherweise als bürokratisches Hemmnis und schwerfällig empfunden, besonders wenn bisher Angebote überwiegend telefonisch eingeholt wurden und nur die Angebote gespeichert wurden, die zum Zuge kamen.

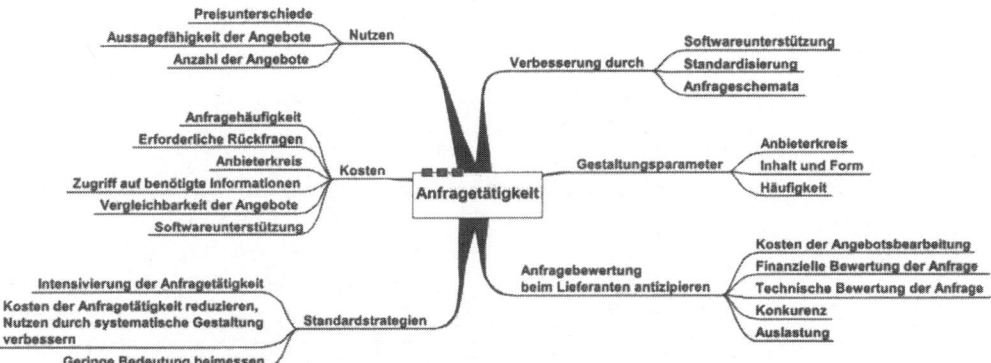

Abbildung 6-34: Anfragetätigkeit

6.3.2.3 Systematische und selektive Beschaffungs-marktforschung

Gegenstand

Beschaffungsmarktforschung bezeichnet die systematische Sammlung, Aufbereitung und Analyse von Informationen über die Märkte, auf denen Material bzw. indirekte Produkte und Dienstleistungen bezogen werden oder werden können. Beschaffungsmarktforschung kann regelmäßig oder im Bedarfsfalle – d.h. in Zusammenhang mit anstehenden Entscheidungen – durchgeführt werden.

Reichweite

Die Reichweite der Beschaffungsmarktforschung kann und soll

- neben den Binnenmärkten auch Auslandsmärkte umfassen,
- nicht nur die Beschaffungsmärkte des beschaffenden Unternehmens, sondern auch die Beschaffungsmärkte der Lieferanten einschließen,
- sich nicht nur auf derzeit eingesetzte Materialien beziehen sondern auch vorhandene Substitutionsgütermärkte beobachten und neue Substitutionsgüter suchen,
- sich nicht nur auf Materialien konzentrieren, die für derzeit produzierte Produkte benötigt werden, sondern auch zukünftig benötigte Materialien einbeziehen.

Beschaffungsmarktforschung hat die folgenden **Aufgaben**:

- Sie soll frühzeitig über mutmaßliche Marktstörungen,

d.h. über mögliche Lieferengpässe oder - ausfälle, Veränderung von Lieferzeiten und Preisrisiken informieren mit dem Ziel, Art, Umfang und Zeitpunkt der Marktstörung möglichst frühzeitig zu erkennen, um kurzfristig (Spekulationskäufe, Erhöhung von Sicherheitsbeständen) und langfristig (Wertanalyse, Suche nach Substitutionsgütern und neuen Lieferquellen, langfristige Kontrakte) wirksame Maßnahmen einleiten zu können, die das Eintreten der Marktstörung verhindern oder zumindest das Ausmaß des Schadens für das Unternehmen verringern.

- Sie soll die Entscheidungsgrundlagen für das Beschaffungsmarketing bereitstellen.
- Sie soll Argumentationshilfen für Preisverhandlungen liefern, indem sie über die Kostenstruktur beim Lieferanten und über Preisentwicklungen auf den Beschaffungsmärkten des Lieferanten informiert.
- Sie soll auf Substitutionsmaterialien, neue Fertigungsverfahren und neue Lieferquellen aufmerksam machen.
- Sie soll Auskunft geben über die eigene Stellung am Beschaffungsmarkt im Vergleich zu den Anbietern und konkurrierenden Nachfragern, um im Rahmen der strategischen Beschaffungsplanung gezielte Anpassungs- bzw. Beeinflussungsstrategien entwickeln zu können.

Systematisches Vorgehen

Um das Kosten-Nutzen-Verhältnis zu optimieren, müssen die Objekte, für die Beschaffungsmarktforschung betrieben werden soll, die Informationsinhalte, die Informationsquellen und die Methoden der Beschaffungsmarktforschung systematisch ausgewählt werden.

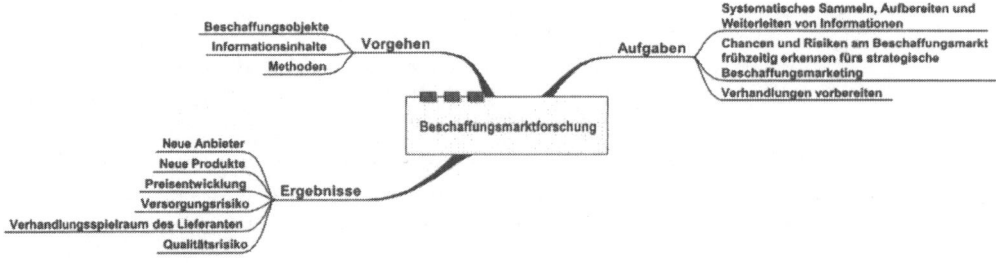

Abbildung 6-35: Beschaffungsmarktforschung

Selektive Beschaffungsmarktforschung

Ein optimales Verhältnis von Kosten für Beschaffungsmarktforschung und Nutzen durch Beschaffungsmarktforschung wird erreicht, wenn Zeit und Kosten nicht gleichmäßig auf alle Beschaffungsobjekte verteilt werden.

Zur Auswahl von Beschaffungsobjekten, bei denen ein besonders gutes Kosten-Nutzen-Verhältnis erwartet wird, können die folgenden Kriterien herangezogen werden:

- Bedarfsmerkmale (einmalig, regelmäßig, erstmalig),
- Beschaffungsrisiko (hinsichtlich Versorgung und Qualität),
- Anfälligkeit für Versorgungsstörungen und fehlerhafte Lieferungen,
- Anteil am Einkaufsvolumen in €.

Bedarfsmerkmale

Während für Beschaffungsobjekte mit einmaligem und sporadischem Bedarf tendenziell eine Markterkundung im Bedarfsfalle ausreicht, sollten Güter mit regelmäßigem Bedarf einer weiteren Prüfung anhand der Kriterien Beschaffungsrisiko und Anteil am Einkaufswert unterzogen werden. Für Güter, deren Bedarf erstmalig auftritt, muss zunächst Beschaffungsmarktforschung betrieben werden, um Informationen über deren Notwendigkeit und Nutzen zu erhalten.

Beschaffungsrisiko

Das vom Beschaffungsmarkt ausgehende Risiko (vgl. die Ausführungen unter 5.1.5) betrifft

- die Gefahr der Lieferung von Mindermengen, von Versorgungsengpässen und Lieferausfällen (quantitatives Risiko),
- die Gefahr der nicht bedarfsadäquaten Leistung hinsichtlich Qualität und Liefermodalitäten (qualitatives Risiko),
- das Preisrisiko.

Anfälligkeit

Die Auswirkungen eines bestimmten Marktrisikos auf das Unternehmen (vgl. die Ausführungen unter 5.1.5) werden bestimmt von:

- der Gefahr für die Lieferbereitschaft gegenüber der Produktion (in welcher Höhe werden Lagerbestände gehalten?),
- der Höhe von Fehlmengenkosten in der Produktion und im Absatz beim Auftreten von Fehlmengen,
- der Leistungsdetermination der Fertigung, d.h. den Verarbeitungsmöglichkeiten von Materialien mit Qualitätsschwankungen (welche Toleranzen dürfen Materialien aufweisen? Welche Bedeutung hat die Qualität der Einsatzstoffe für die Qualität der Endprodukte?),
- der Kostentragfähigkeit des Endproduktes, in das das Beschaffungsobjekt mit dem Preisrisiko eingeht (welche Ertragskraft hat das Produkt? welche Möglichkeiten der Kostenüberwälzung bestehen?).

Anteil am Einkaufsvolumen

Der Anteil des Beschaffungsobjektes am Einkaufsvolumen als weiteres Kriterium zur Selektion marktforschungsrelevanter Beschaffungsobjekte wird weniger vom absoluten Wert, den Einstandskosten, bestimmt, als vielmehr von dem wertmäßigen Anteil am gesamten Einkaufsvolumen (vgl. die Ausführungen zur ABC-Analyse in 5.1.3). Maßnahmen zur Senkung der Einstands- und Bestandskosten als Ergebnis von Informationen der Beschaffungsmarktforschung versprechen für A-Material den größten Erfolg.

Eine regelmäßige Beschaffungsmarktforschung ist für ein Beschaffungsobjekt demnach dann erforderlich oder verspricht eine gute Kosten-Nutzen-Relation, wenn es

- regelmäßigen Bedarf,
- ein hohes Versorgungs- und/oder Qualitätsrisiko,
- eine hohe Anfälligkeit und/oder wenn
- einen hohen Anteil am Einkaufsvolumen

aufweist.

Selektion von Informationsinhalten

Zur Erfüllung der Aufgaben der Beschaffungsmarktforschung kann es sinnvoll sein, Informationen zu sammeln über

- das (potenzielle) Beschaffungsobjekt,
- den (potenziellen) Lieferanten,
- Angebot und die Nachfrage am Beschaffungsmarkt,
- Entwicklungen am Beschaffungsmarkt.

Beschaffungsobjekt

Die Sammlung von Informationen über das (potenzielle) Material soll der beschaffenden Unternehmung Einblick verschaffen in die Kostenstruktur der potentiellen Lieferanten und Hinweise geben auf die Beschaffungsmärkte, auf denen die Lieferanten die benötigten Vormaterialien einkaufen. Diese Informationen können bei Preisverhandlungen genutzt werden und geben möglicherweise Hinweise auf das Beschaffungsrisiko.

Die Sammlung von Informationen über das Beschaffungsobjekt umfasst die folgenden Fragestellungen:

- Aus welchen Rohstoffen und Bauteilen setzt sich das Einkaufsprodukt zusammen?
- Welche Bedeutung haben sie als Kostenbestandteil?
- Nach welchem Produktionsverfahren wird das Produkt hergestellt?
- Gibt es alternative Produktionsverfahren?
- Welche physikalisch/technischen Besonderheiten weisen Beschaffungsobjekt oder Vormaterialen auf (Gefahrgut, Verderb)?

Lieferant

Informationen über (potenzielle) Lieferanten können im Einkauf genutzt werden, um (potenzielle) Lieferanten zu beurteilen, zu vergleichen, auszuwählen und ihren Anteil am Beschaffungsvolumen zu bestimmen (Bedarfssplitting), Preis- und Konditionenverhandlungen argumentativ zu unterstützen, Möglichkeiten, Chancen und Risiken einer langfristigen engen Zusammenarbeit mit Lieferanten zu erkennen, Rationalisierungspotenziale bei aktuellen Lieferanten aufzudecken und neue Lieferanten zu finden.

Zur Beurteilung der **Leistungsfähigkeit** aktueller und potenzieller Lieferanten werden die produktspezifischen Angebote der Lieferanten gegenübergestellt hinsichtlich Preis, Produktqualität, Lieferfristen, Zahlungs- und Lieferbedingungen, Beratung und Kundendienstleistungen, Garantie- und Kulanzleistungen, Mindest- und Höchstbestellmengen.

Zur Beurteilung der Qualitäts- und Lieferzuverlässigkeit müssen weitere unternehmensinterne Informationen herangezogen werden, die bei Lieferanten, mit denen bisher nicht zusammengearbeitet wird, schwer zu beschaffen sind: Die **Qualitätszuverlässigkeit** eines Lieferanten hängt grundsätzlich von dessen Bedingungen am Beschaffungsmarkt, von der eingesetzten Fertigungstechnologie, von der Qualität seiner Mitarbeiter und Anlagen und von seinem Qualitätsmanagement ab (vgl. die Ausführungen zur Lieferantenzulassung unter 6.2.2.4). Auf die **Lieferzuverlässigkeit** kann geschlossen werden, wenn Informationen vorliegen über die Fertigungskapazitäten und deren Auslastung, über die Sicherung der Versorgung mit Vormaterialien, über die Bedeutung des Produkts im Absatzprogramm des Lieferanten, über die Bedeutung der Unternehmung als Kunde des Lieferanten und über die räumliche Entfernung zum Lieferanten.

Weiterhin sind Informationen von Interesse über das **Absatzprogramm** des Lieferanten: Es informiert über die Möglichkeit, mehrere Produkte aus dem Absatzprogramm des Lieferanten in das Beschaffungsprogramm aufzunehmen, um die eigene Marktstellung zu stärken, günstigere Einstandspreise zu erzielen und die Vorteile von

Sammelbestellungen wahrzunehmen. Das **Beschaffungsprogramm** des Lieferanten zeigt, ob der Lieferant als Kunde in Frage kommt und ob die Möglichkeit von Gegengeschäften besteht. Der **Kundenkreis** des Lieferanten ist von Interesse, um Geschäftsbeziehungen des Lieferanten zu Konkurrenten des Unternehmens zu analysieren, insbesondere wenn eine enge Zusammenarbeit mit dem Lieferanten gewünscht wird. Informationen über die **finanzielle Lage** des Lieferanten lassen darauf schließen, ob der Lieferant in der Lage ist, Investitionen zur Produktverbesserung und -entwicklung vorzunehmen und ob Konkursgefahr mit den Konsequenzen Lieferausfall, Verlust von Garantieforderungen und Anzahlungen besteht.

Angebot und Nachfrage am Beschaffungsmarkt

Gesamtwirtschaftliche Informationen über Angebot und Nachfrage am Beschaffungsmarkt sind die Voraussetzung für die Ableitung von Beschaffungsstrategien zur Anpassung an und Beeinflussung von Situationen am Beschaffungsmarkt und können als Frühwarnsignale für Marktstörungen genutzt werden.

Die Informationen über die **Angebotssituation** auf dem Beschaffungsmarkt betreffen die **Konkurrenzsituation** auf der Angebotsseite, d.h. die Anzahl der Anbieter und die Verteilung ihrer Marktanteile, die Existenz von Marktzugangsbeschränkungen, der Umfang der Produktdifferenzierung, die Existenz wettbewerbsbeschränkender Praktiken, das Vorhandensein von Substitutionsgütern, die insgesamt im Vergleich zur gesamten Nachfrage angebotene Menge und für steigende Bedarfe vorhandene Marktreserve. Die **Angebotselastizität** misst die Fähigkeit und Bereitschaft des Beschaffungsmarktes, sich an wachsenden und sinkenden Bedarf anzupassen. Ist die Angebotselastizität infolge von Besonderheiten der Herstellung - tierische, pflanzliche oder mineralische Rohstoffe - oder hoher Kapitalintensität gering, weisen die Märkte stark schwankende Lieferzeiten und Preise auf.

Die Informationen über die **Nachfragesituation** auf dem Beschaffungsmarkt betreffen die Konkurrenzsituation auf der Nachfrageseite, also die Anzahl der Nachfrager und deren Anteil am Gesamtbedarf, die beschaffungspolitischen Maßnahmen konkurrierender Nachfrager. Es werden Informationen über die Gefahr gewonnen, in angespannten Versorgungssituationen durch Strategien der konkurrierenden Nachfrager wie Exklusivverträge, frühzeitiges Aufkaufen oder Erwerb von Mehrheitsbeteiligungen an Lieferanten verdrängt zu werden.

Entwicklungen auf dem Beschaffungsmarkt

Die Analyse und Prognose von Marktbewegungen und -entwicklungen bezieht sich auf die Preise, Lieferzeiten und relativen Angebotsmengen und auf die Verschiebung von Machtverhältnissen auf dem Beschaffungsmarkt. Die Erkenntnisse deuten auf günstige Beschaffungszeitpunkte hin (spekulative Lagerhaltung) und sind eine wichtige Grundlage für die Entwicklung von Beschaffungsstrategien. Die Analyse der Bewegung von Preisen und relativen Angebotsmengen versucht deren Ursache festzustellen, um die weitere Entwicklung prognostizieren zu können. Potentielle Ursachen sind saisonale oder konjunkturelle Schwankungen und Trends, die ausgelöst werden können durch das Auftreten von Substitutionsgütern, Versiegen von Rohstoffquellen, Auftreten neuer Anbieter, Konzentrationstendenzen, politische und zufällige Ereignisse.

Aus dem dargestellten Spektrum potentieller Informationsinhalte müssen im Einzelfall die jeweils relevanten ausgewählt werden, um den Umfang der Beschaffungsmarktforschung zu begrenzen. Erste Anhaltspunkte können dabei bestimmte Merkmale des Bedarfs, des Angebots sowie die Materialbereitstellungsstrategie geben, die jeweils die Konzentration auf bestimmte Informationen erfordern:

- Eine Konzentration der Beschaffungsmarktforschung auf die Analyse der Leistungsmerkmale der potenziellen Lieferanten ist dann erforderlich, wenn das Beschaffungsobjekt eine starke Leistungsdetermination aufweist. Dies ist dann der Fall, wenn in der Fertigung nur geringe Qualitätsschwankungen toleriert werden können und wenn die Qualität der eingesetzten Beschaffungsobjekte die Qualität der Absatzprodukte stark beeinflusst. Einen Schwerpunkt der Beschaffungsmarktforschung bildet die Lieferantenanalyse auch dann, wenn die Unternehmung einsatzsynchrone Lieferung anstrebt.

- Eine Konzentration der Beschaffungsmarktforschung auf die Analyse und Prognose der Preisbewegungen und -entwicklungen sowie der die Preise bestimmenden Faktoren ist dann erforderlich, wenn das Beschaffungsobjekt eine geringe Preistoleranz aufweist. Dies ist dann der Fall, wenn das zugehörige Absatzobjekt eine geringe Ertragskraft aufweist oder wenn Preissteigerungen auf dem Beschaffungsmarkt nicht auf den Kunden überwälzt werden können. Eine hohe Priorität muss der Analyse und Prognose von Preisen auch dann eingeräumt werden, wenn das Angebot aufgrund von Ernte- oder Importabhängigkeit starken Preisschwankungen unterworfen ist.

Methoden

Die in der Beschaffungsmarktforschung anwendbaren Methoden unterscheiden sich im Hinblick auf den Zeitbezug, die Informationsquellen und den Ansatzpunkt der Marktforschung.

| 6.3 | Organisation der Beschaffung |

Nach dem Kriterium **Zeitbezug** werden
- die Marktanalyse
- die Marktbeobachtung
- die Marktprognose

unterschieden.

Marktanalyse

Die Marktanalyse ist eine Bestandsaufnahme zu einem bestimmten Zeitpunkt. So ist etwa die Lieferantenanalyse, bei der die Leistungsmerkmale potentieller Lieferanten untersucht werden, der Marktanalyse zuzuordnen.

Marktbeobachtung

Die Marktbeobachtung ist eine Kette von Marktanalysen über einen Zeitraum hinweg. So ist die Untersuchung von Veränderungen der Angebots- oder Nachfragemenge, die Beobachtung von Preisschwankungen und von Marktmachtverschiebungen der Marktbeobachtung zuzuordnen.

Marktprognose

Die Marktprognose versucht, Projektionen beobachteter Entwicklungen in die Zukunft vorzunehmen. Die Vorhersage von Preisentwicklungen und Versorgungsstörungen ist der Marktprognose zuzuordnen.

Im Hinblick auf die **Informationsquellen** werden
- Primärmarktforschung und
- Sekundärmarktforschung

unterschieden.

Primärmarktforschung

Primärmarktforschung zeichnet sich dadurch aus, dass die benötigten Informationen für den speziellen Untersuchungszweck von der Beschaffung erhoben und ausgewertet werden. Betriebsbesichtigungen, Lieferantenbefragungen, Messebesuche und Probekäufe sind der Primärmarktforschung zuzuordnen.

Sekundärmarktforschung

Sekundärmarktforschung wird auch als Schreibtisch-Marktforschung bezeichnet. Sie stützt sich auf bereits vorhandenes und für andere Zwecke erhobenes Material und wertet dieses für ihre Zwecke aus. Die wichtigsten Quellen der Sekundärmarktforschung sind Lieferantenwerbung und

–geschäftsberichte, Fachzeitschriften und amtliche Statistiken.

Bezüglich des Ansatzpunktes der Marktforschung werden
- demoskopische Methoden und
- ökoskopische Methoden
unterschieden.

Demoskopische Methoden

Demoskopische Methoden beschäftigen sich unmittelbar mit den Lieferanten und Vorlieferanten. Zu den demoskopischen Methoden der Beschaffungsmarktforschung zählen Anfragen als Form der Befragung und Probekäufe als Methode des Experiments. Demoskopische Methoden sind in der Regel der Primärmarktforschung zuzurechnen.

Ökoskopische Methoden

Größere Bedeutung haben in der Beschaffungsmarktforschung die ökoskopischen Methoden, die bei ihren Untersuchungen die Ergebnisse der Handlungen der Lieferanten zugrundelegen. Zu den ökoskopischen Methoden zählen Marktanteilsberechnungen, Trendberechnungen für Preise, Angebots- und Nachfragemengen, Ermittlung von Saisonschwankungen.

Auswahl

Die Auswahl von Methoden und Informationsquellen der Beschaffungsmarktforschung muss - ausgehend von dem gewünschten Informationsinhalt - auf der Basis einer Gegenüberstellung von
- Verfügbarkeit der Informationsquelle,
- Verlässlichkeit / Aussagekraft der Quelle und
- Informationsgewinnungskosten
erfolgen.

6.3   Organisation der Beschaffung

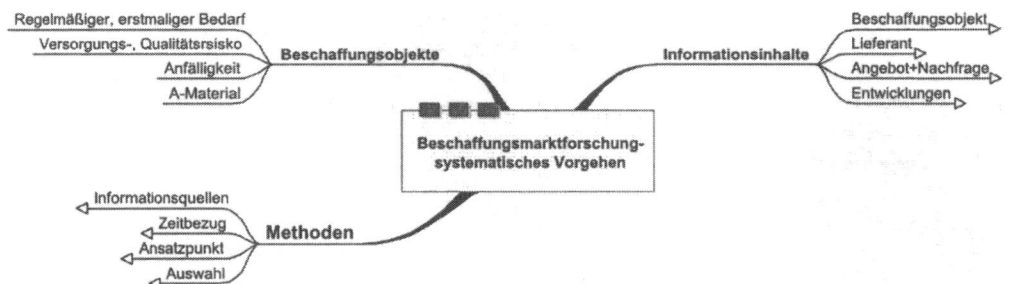

Abbildung 6-36: systematisches Vorgehen in der Beschaffungsmarktforschung

6.3.2.4 E-Procurement

Konzepte

Der Begriff E-Procurement beschreibt die elektronisch unterstützte Beschaffung, die (teilweise) über Intranet, Internet oder Extranet abgewickelt wird. Dabei ist der Begriff Beschaffung (E-Procurement) umfassender als der Begriff Einkauf (E-Purchasing).

E-Procurement kann in unterschiedlichen Ausprägungen und mit unterschiedlicher Intensität betrieben werden. Im folgenden werden die E-Procurement-Konzepte (vgl. Abbildung 6-37) - geordnet nach ihrem organisatorischen, zeitlichen und finanziellen Aufwand für die Implementierung – kurz dargestellt:

- Individuelle digitale Informationssuche und Informationsaustausch
- Individuelle Nutzung elektronischer Produktkataloge zur Unterstützung des sourcing
- Wissens- und Lieferantenmanagement in einem Einkaufsintranet
- Bedarfspublikation und Ausschreibungen über eine gemeinsame Einkaufshomepage
- Umfassende elektronische Unterstützung der Beschaffung indirekter Produkte mit Anbindung an das ERP
- E-supply-chain-management (elektronische unternehmensübergreifende Kooperation)

Steigender Implementierungsaufwand des E-Procurement

Abbildung 6-37: E-Procurement-Konzepte, geordnet nach Implementierungsaufwand

Die in Abbildung 6-37 genannten E-Procurement-Konzepte wirken auf unterschiedliche Phasen des Beschaffungsprozesses und bieten unterschiedliche Verbesserungspotenziale. Entsprechend ist nicht zu erwarten, dass **ein** E-Procurement-Konzept geeignet ist, alle Geschäftsprozesse in der Beschaffung in geeigneter Weise zu unterstützen. Vielmehr ist es erforderlich, eine **differenzierte** E-Procurement-Strategie zu entwickeln, die auf die Merkmale des Beschaffungsobjekts, seine sourcing-Strategie und seinen Beschaffungsprozess abgestimmt ist.

Beschaffungs-marktforschung und Kommuni-kation

- Individuelle digitale Informationssuche und Informationsaustausch:
Internetgestützte Beschaffungsmarktforschung kann der Einkäufer auf den ihn interessierenden Beschaffungsmärkten, für „seine" Beschaffungsobjekte und Lieferanten durchführen, ohne sich mit anderen Einkäufern und Funktionsträgern in der Prozesskette abstimmen oder diese informieren zu müssen. Der Beschaffungsprozess bleibt unverändert, die sourcing-Strategie muss nicht geändert werden, der Einkäufer muss nur mit einem Internet-Anschluss ausgestattet werden. Durch internetgestützte Beschaffungsmarktforschung erreicht der Einkäufer eine verbesserte Markttransparenz, die bei Preisverhandlungen, zum Auffinden von Substitutionsprodukten und alternativen Lieferquellen genutzt werden kann. Die internetgestützte Kommunikation mit Lieferanten per E-Mail ist ebenfalls eine Gestaltungsform, die der einzelne Einkäufer individuell ohne größeren Abstimmungs- und Investitionsaufwand anwenden kann.

Elektronische Kataloge

- Individuelle Nutzung elektronischer Produktkataloge zur Unterstützung des strategischen oder operativen sourcings:
Elektronische Produktkataloge werden von Lieferanten, Verbänden und Maklern angeboten. Ihre Nutzung verspricht eine Beschleunigung der Anbahnungs- und Aushandlungsphase und erlaubt eine Online-Abfrage aktueller Preise und Verfügbarkeiten. Neben Senkung der Transaktionskosten sind Preisreduzierungen zu erwarten. Dabei verwenden die Einkäufer unabhängig voneinander Shop-Systeme, Branchenportale oder

Broker-Plattformen. Der Beschaffungsprozess bleibt unverändfügig oder wird geringfügig modifiziert. Der Internet-Einkauf (E-Purchasing) wird den bisherigen Methoden hinzugefügt. Die elektronische Beschaffungstransaktion wird an der Schnittstelle abgebrochen, an der sie die unternehmensinternen Geschäftsprozesse erreicht, da keine Verknüpfung des Internets mit dem ERP-System des Abnehmers besteht.

Intranet

- Wissens- und Lieferantenmanagement in einem Einkaufsintranet:
  Der Aufbau eines Einkauf-Intranets für interne Bedarfsträger (Anforderer) und Einkäufer kann im Unternehmen Informationen über Lieferanten und Beschaffungsobjekte zentral aufbereiten und für alle zugänglich machen. Die Bereitstellung von Wissen und Erfahrungen der Einkäufer aus Verbesserungsprojekten, die Veröffentlichung erfolgreich praktizierter Preisvereinbarungen und Musterverträge dienen dem Wissensmanagement im Unternehmen. Die Einkäufer und internen Bedarfsträger werden auf diese Daten zugreifen, wenn die Informationen leicht zugänglich, verständlich aufbereitet und aktuell sind und für die individuelle Interessenlage des Anforderers oder Einkäufers relevant sind. Während die Nutzung von Suchmaschinen und Datenbanken für Beschaffungsmarktforschung und sourcing-Entscheidungen und der digitale Informationsaustausch zwischen einem Einkäufer und seinen Lieferanten eine Angelegenheit ist, die individuell gestaltet werden kann, entsteht beim Aufbau einer Intranetseite Abstimmungsaufwand zwischen Bedarfsträgern und Einkäufern, die gleiche Produkte benötigen oder die gleichen Lieferanten beschäftigen (können). Die Intranetseite ist so zu gestalten, dass sie eine hohe Akzeptanz bei den Zielgruppen erreicht. Soll die Intranetseite nicht nur genutzt werden, um Informationen abzurufen, sondern sollen die an der Beschaffung und Verwendung der Beschaffungsobjekte beteiligten Funktionsträger ihrerseits Informationen über die Leistungsfähigkeit eines Lieferanten eingeben, mit dem Ziel, auch bei verteilten Betriebsstätten und indirekten Produkten eine laufende Kontrolle der Lieferantenleistung zu gewährleisten (internetbasiertes Lieferantenmanagement), müssen

Standards entwickelt werden, welche Informationen in welcher Form zu erfassen sind. Der erfolgreiche Aufbau und die intensive Nutzung einer unternehmensinternen Wissensdatenbank setzt daher einen Konsens über Informationen voraus, die für Einkäufer an verteilten Standorten von Interesse sind, sie erfordert auch eine Standardisierung der Informationsgewinnung und -darstellung, um Verständnis und Vertrauen der potenziellen Nutzer zu erzeugen, die Informationen abrufen, die sie nicht selbst erhoben haben.

Einkaufshomepage

- Bedarfspublikation und Ausschreibungen über eine gemeinsame Einkaufshomepage:
Insbesondere große Unternehmen mit dezentralem operativem Einkauf entwickeln eine gemeinsame Einkaufshomepage mit dem Ziel eines einheitlichen Auftritts gegenüber dem Beschaffungsmarkt. Zu diesem Zwecke werden der Bedarf, Einkaufsbedingungen, Ansprechpartner und Aufbauorganisation erläutert, registrierten Lieferanten wird die Möglichkeit gegeben, technische Details über Zulieferkomponenten abzurufen. Die verschiedenen Betriebsstätten mit ihrem dezentralen Einkauf müssen sich über die Anforderungen an Lieferanten und deren Gewichtung einigen, es sind allgemein gültige – mindestens jedoch für bestimmte Produktsegmente verbindliche - Regelungen zu finden, wie Geschäftsprozesse zu gestalten sind, welche Lieferungs- und Zahlungsbedingungen gelten sollen, eventuell sind abweichende Spezifikationen von Material und Materialidentnummern aufeinander abzustimmen. Bei entsprechendem Beschaffungsvolumen und ausreichender Attraktivität als Kunde kann die Einkaufshomepage genutzt werden, um Bedarfe auszuschreiben.

Desktop Purchasing

- Umfassende elektronische Unterstützung der Beschaffung indirekter Produkte mit Anbindung an das ERP:
Eine umfassende Unterstützung des gesamten Beschaffungsprozesses, inklusive der Bedarfsklärung, Genehmigung, der Terminverfolgung bis zur Zahlungsabwicklung ist durch Nutzung von Desktop Purchasing Systemen (DTP-Systemen) möglich. Zur Umsetzung eines direct purchasing sind eine Reihe

| 6.3 | Organisation der Beschaffung |

umfangreicher und komplexer Fragestellungen zu bearbeiten, die vor allem die Gestaltung der Geschäftsprozesse betreffen, die Auswahl des Anbieters und die Auswahl der Beschaffungsobjekte, die über ein DTP-System beschafft werden sollen. Dabei sind alle Beschaffungsfunktionen und alle Bedarfsträger innerhalb des Unternehmens betroffen. Die Einspar- und Leistungsverbesserungspotenziale sind nur zu erschließen, wenn die bisher praktizierte Lieferantenpolitik (sourcing-Strategie) und die Geschäftsprozesse einer Prüfung unterzogen werden und eventuell modifiziert werden.

Extranet

- Zusammenarbeit mit Lieferanten im Extranet:
Unternehmen geben hier in Form einer geschlossenen Benutzgruppe Einblicke in bis dahin für Lieferanten nicht zugängliche Systeme, die für den Beschaffungsprozess aufschlussreiche Daten (z.B. Bestände, Produktionsprogramm, Konstruktionszeichnungen) beinhalten. Softwareanwendungen zur supply chain-Automatisierung unterstützen den elektronischen Datenaustausch in den verschiedenen Stufen der Konzeption, Entwicklung, Fabrikation und Distribution von Produkten und Dienstleistungen.

Nutzen

E-Procurement erschließt Kostensenkungspotenziale (vgl. Abbildung 6-38) durch eine

- Förderung des Wettbewerbs unter den Anbietern,
- Verbesserung der Verhandlungsposition durch Volumenbündelung (zentraler strategischer Einkauf, Einkaufskooperationen) und erhöhte Markttransparenz
- Zentrale Koordination der Lieferanten- und Kontraktpolitik,
- Vereinfachung, Beschleunigung und Standardisierung der Geschäftsprozesse,
- Systematische Nutzung von Unterschieden der Kostenposition der Anbieter durch global sourcing,
- Dezentralisierung der operativen Bestellabwicklung,
- Gestaltung zuverlässiger, schneller, einfacher und standardisierter Geschäftsprozesse,
- Optimierung der Lieferantenvielfalt und –bindung,
- Reduzierung der Artikelvielfalt.

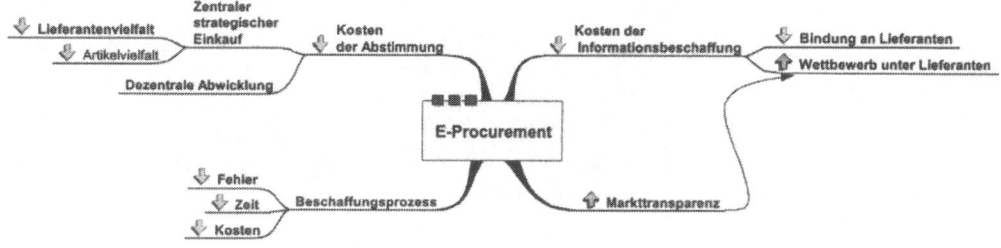

Abbildung 6-38: Preis- und Prozesskostenvorteile durch E-Procurement

Durch Nutzung der Internet-Technologie werden zwar keine neuen Instrumente geschaffen, jedoch beseitigt sie Hindernisse, die eine umfassende Anwendung der strategischen Instrumente des Kostenmanagements bisher nicht möglich oder nicht wirtschaftlich machen. Zu diesen Hindernissen zählen Kosten der Informationsbeschaffung, Abstimmungskosten zwischen Bedarfsträgern und Einkäufern besonders an verteilten Standorten, fehlende Markttransparenz und mangelnde Flexibilität. Die in Zusammenhang mit der Einführung von E-Procurement erforderliche Bestandsaufnahme und Klassifizierung der Beschaffungsobjekte, sourcing-Strategien und Geschäftsprozess-Varianten sensibilisiert für bisher nicht erkannte oder nicht bearbeitete Schwachstellen.

Preisvorteile durch E-Procurement

Für leicht beschreibbare und kommunizierbare Produkt- und Dienstleistungsmerkmale wird voraussichtlich eine Zunahme der Wettbewerbsintensität zu beobachten sein. Der von den Anbietern wahrgenommene Wettbewerbsdruck ist zurückzuführen auf eine Zunahme der Leistungs- und Preistransparenz der Abnehmer, die den herkömmlichen Informationsvorsprung des Anbieters abschwächt. Einkäufer sind in die Lage versetzt, zu geringen Suchkosten einen Markt zu analysieren und zu beobachten. Der Informationsstand des Einkäufers nimmt sowohl bezüglich der Leistungsmerkmale als auch hinsichtlich der Preise alternativer Angebote zu. Diese gestiegene Preistransparenz gilt vor allem für wenig komplexe und wenig spezifische Produkte (Computerausstattung, Büromaterial, Büroausstattung). Die sinkenden Kosten der Informationsbeschaffung tragen dazu bei, dass die Bindung des Abnehmers an einen Lieferanten zurückgeht. Da die Abnehmer bei einer Kaufentscheidung den Nutzen einer zusätzlichen Anbietersuche und eines zusätzlichen Angebotsvergleichs mit den Kosten der Informationsbeschaffung vergleichen, sind sie bei sinkenden Kosten der Informationsbeschaffung auch bei kleineren Preisunterschieden bereit, den Anbieter bzw. das Produkt zu wechseln. Anbieter nicht-kundenspezifischer Produkte sind daher gezwungen, zu kompetitiven Preisen anzubieten, das allgemeine Preisniveau wird nivelliert.

Preisvorteile sind nicht nur auf den steigenden Wettbewerb zurückzuführen. Die Möglichkeiten der Informationsverarbeitung machen eine Volumenbündelung durch zentralen strategischen Einkauf und durch Einkaufskooperationen möglich: Die Nutzung elektronischer Kommunikationsmedien schafft die Voraussetzung, die Vorteile eines strategischen zentralen Einkaufs mit einer dezentralen operativen Bestellabwicklung zu verbinden. Die Lieferanten- und Kontraktpolitik kann zentral koordiniert werden, das abnehmende Unternehmen tritt gegenüber dem Lieferanten einheitlich auf (one-face-to-supplier), Beschaffungsstandards (PC-Ausstattung) und die Einhaltung von Geschäftsprozessen sind leichter durchsetzbar.

Der Aufbau eines Intranets macht es möglich, die Bedarfsmengen von direkten und indirekten Produkten auch dann zu bündeln und attraktive mengen- oder wertbezogene Preisnachlässe auszuhandeln, wenn die Bedarfe an verschiedenen Standorten eines Unternehmens oder bei verschiedenen Bedarfsträgern entstehen, die jeweils ihren operativen Einkauf dezentral abwickeln. Das sog. maverick buying, der Einkauf bei Lieferanten, mit denen kein Volumenvertrag abgeschlossen wurde, kann vermieden oder reduziert werden, indem „zugelassene" Beschaffungsobjekte und Stammlieferanten in einem Katalog im Intranet veröffentlicht werden und die Bedarfsträger durch geeignete organisatorische Regelungen veranlasst werden, die festgelegten Produkte bei den Vorzugslieferanten zu bestellen. Manche Nachteile eines zentralen strategischen Einkaufs wie die mangelnde Flexibilität und der ungenügende Informationsfluss von der Verwendung zum strategischen Einkauf können vermieden werden durch Dezentralisierung der operativen Bestellabwicklung und durch Aufbau eines Einkaufsintranets.

Nicht nur für commodities

In Zusammenhang mit den Verbesserungspotenzialen, die durch E-Procurement erreichbar sind, wird oft die Überzeugung vertreten, E-Procurement sei primär geeignet für Materialgruppen, die sich durch Standardisierung, Geringwertigkeit und geringes Beschaffungsrisiko auszeichnen, auch als „commodities" bezeichnet. Beispiele für hoch standardisierte und gering unternehmensspezifische Beschaffungsobjekte sind Büromaterial, Bleche, Stahl, chemische Grundstoffe, facility management, Gussteile, Drehteile, Lacke, Druckerzeugnisse, Energie, Dienstwagen, Geschäftsreise-Dienstleistungen. Preisvorteile können jedoch nicht nur für commodities erzielt werden. Sog. „specialities" sind Produkte, die nach Vorgaben des Abnehmers in Lohnfertigung hergestellt werden sollen oder Produkte, die mit abweichenden Merkmalen benötigt werden (in einer besonderen Abmessung, Ausstattung o.ä.). Specialities können - sofern es sich um entsprechend attraktive Bedarfsvolumina handelt - auf der Einkaufshomepage oder auf elektronischen Marktplätzen veröffentlicht werden und um Angebote gebeten werden. Eine solche als RFQ (Request für Quotes) bezeichnete elektronische Ausschreibung kann die Zahl der Anbieter gegenüber einer konventionellen Ausschreibung erheblich steigern.

6.3.2.5 Umfassende Unterstützung des Beschaffungsprozesses durch Desktop Purchasing-Systeme

6.3.2.5.1 Schwächen der Beschaffungsprozesse für indirekte Produkte

Aufgrund der im Abschnitt 5.1.2 aufgeführten Besonderheiten indirekter Produkte und Dienstleistungen haben sich für die Beschaffung dieser Produkte und Dienstleistungen Beschaffungsprozesse entwickelt, die verschiedene Schwachstellen aufweisen - sie sind vielfältig, papierbasiert, abstimmungs- und arbeitsintensiv, sowie fehleranfällig und langsam (vgl. Abbildung 6-39):

Manueller Aufwand

- Die Bestellung nicht kodierter Produkte (indirekte Produkte ohne Materialstamm) erfordert einen großen manuellen Aufwand, eine systemgestützte Bestandsführung ist nicht möglich, die Zuordnung einer Lieferung zum Bestellanforderer im Wareneingang ist aufwändiger als bei kodierten Produkten, für die im ERP-System ein

Materialstamm angelegt wurde.

Genehmigung
- Für indirekte Produkte ist häufig eine Genehmigung durch den Vorgesetzten vorgesehen. Der Beschaffungsprozess wird weiterhin dadurch komplexer, dass Bedarfsträger und Bestellanforderer häufig nicht übereinstimmen.

Informationen nicht aktuell
- Aus der Sicht des einzelnen Bedarfsträgers liegen lange Zeiträume zwischen den Bestellungen für nicht-repetitive indirekte Produkte und Dienstleistungen. Die dem Bedarfsträger vorliegenden Produktinformationen sind nicht aktuell, Preisinformationen sind veraltet oder liegen nur als Listenpreise vor, die kundenspezifischen Konditionen sind dem Bedarfsträger nicht bekannt.

Fehlende Kenntnisse und Standards
- Interne technische Standards und administrative Abläufe, Zuständigkeiten und Genehmigungsverfahren sind dem Bedarfsträger nicht bekannt oder nicht standardisiert.

Rückfragen
- Die Bestellanforderung des Bedarfsträgers ist aufgrund unvollständiger und veralteter Produktinformationen und mangels Erfahrung unvollständig und fehlerhaft. Um die Bestellanforderung zu vervollständigen und Fehler zu beheben, sind zeitaufwändige Abstimmungen zwischen Bedarfsträger, Einkauf und Lieferant erforderlich.

maverick buying
- Mit dem Ziel der Volumenbündelung und der Durchsetzung einheitlicher technischer Standards im Unternehmen werden (auch) indirekte Produkte und Dienstleistungen zentral eingekauft und entsprechende Rahmenverträge mit Lieferanten geschlossen. Im Unternehmen dauert es aber häufig zu lange, bis Informationen über Rahmenkontrakte und aktuelle Produktinformationen verteilt sind. In einigen Fällen wird der zentral ausgehandelte Vertrag von den dezentralen lokal Zuständigen als nicht attraktiv empfunden. Ein großer Teil der indirekten Produkte wird daher bei Lieferanten bezogen, mit denen kein Rahmenvertrag geschlossen wurde (maverick buying).

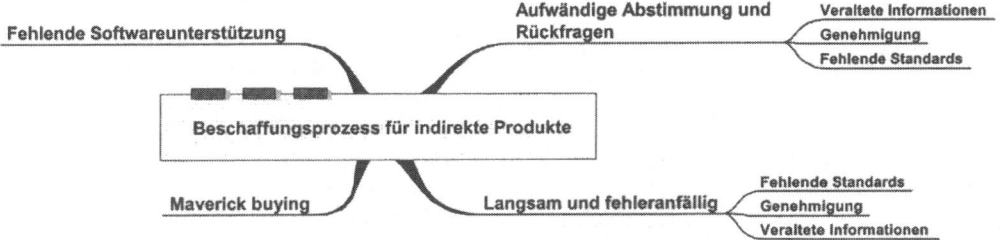

Abbildung 6-39: Schwächen des Beschaffungsprozesses für indirekte Produkte

6.3.2.5.2 Funktionsumfang eines Desktop Purchasing-Systems

Desktop Purchasing-Systeme, auch „Direct Purchasing" oder „Katalogorientierte Beschaffung" genannt, werden ausschließlich im Bereich der C-Teile-Beschaffung verwendet, in dem die Beschaffung bisher noch nicht automatisiert werden konnte. Typische Beschaffungsobjekte, die in einem Desktop Purchasing-System beschafft werden sind Arbeitsschutz, Werkzeug, Büromaterial, Lager- und Betriebseinrichtungen, Büromöbel, DV-Zubehör, Elektroinstallationsmaterial, Reinigungsmittel und Hygienebedarf, Werkzeuge und Bücher. Desktop Purchasing-Systeme zeichnen sich durch die folgenden Merkmale und Abläufe aus:

Dezentral

- Desktop Purchasing-Systeme sind dezentral organisiert d.h. jeder Mitarbeiter hat bei einem Desktop Purchasing-System die Möglichkeit, an seinem Computer (mit Internetzugang) die Bestellung direkt beim jeweiligen Lieferanten platzieren, ohne den operativen Einkauf in den Beschaffungsprozess zu involvieren.

Vollständige Abwicklung

- Der angestrebte Beschaffungsprozess beim Direct Purchasing gestaltet sich wie folgt: Der Einkauf schließt auf der Basis von Preis- und Konditionsverhandlungen einen Rahmenvertrag mit einem Lieferanten ab. Der Bedarfsträger tätigt dann seine Bestellung direkt und dezentral auf der Grundlage des elektronisch bereitgestellten Produktkataloges, z. B. per Fax, Telefon oder Internet, wobei ihm die Ware direkt an den Bedarfsort im Unternehmen geliefert wird. Durch die Möglichkeit, nur bestimmte Artikel in den Katalog aufzunehmen, kann sichergestellt werden, dass nur gelistete Beschaffungs-objekte bei zugelassenen Lieferanten eingekauft werden. Des Weiteren fällt sowohl die Auftragsverfolgung als auch die Rechnungsprüfung in den Aufgabenbereich des Bedarfsträgers. Lediglich bei nicht korrekten Abrechnungen schaltet er die Kreditorenbuchhaltung in den Reklamationsprozess ein, ansonsten beschränkt sich deren Tätigkeit auf das Verbuchen und Bezahlen der Rechnungen, durch Einzel- oder Sammelbelege.

Die Abwicklung der Zahlungsmodalitäten beim Direct Purchasing kann allerdings auch in Kombination mit einer Purchase Card geschehen, wobei diese Art der Bezahlung vom jeweiligen Lieferanten akzeptiert werden muss. Dieses Kartensystem wird von mehreren Banken bzw. Finanzdienstleistern angeboten und eignet sich insbesondere für dezentrale Beschaffungsvorgänge. Dabei identifiziert sich der Besteller beim Zulieferer durch die Nennung seiner Purchase Card-Nummer sowie durch einen Identifikationscode, der der späteren Zuordnung von Transaktionen zu einem Auftrag oder Kostenstelle dient. Die Buchhaltung erhält dann monatlich eine Gesamtrechnung von der Bank, aufgrund derer die Zahlung erfolgt. Eine Kontrolle der Transaktionen ist dabei vor allem durch Management-Informationssysteme möglich, die von den Finanzdienstleistern zur Verfügung gestellt werden und jede einzelne Bestellposition ausweisen. Ein weiterer Service besteht darin, dass sämtliche Transaktionsdaten als vorkontierte Buchungssätze für das Unternehmen und die Debitorenbuchhaltung des Lieferanten bereitgestellt werden.

Elektronischer Katalog

- Desktop Purchasing Systeme arbeiten internet- und katalogorientiert. Das Beschaffungsobjekt wird vom Bedarfsträger aus einem elektronischen Katalog ausgewählt. Dieser elektronische Katalog, der die Waren der jeweiligen Vorzugslieferanten enthält, wird vom strategischen Zentraleinkauf oder von einem Einkaufsdienstleister (Cyberintermediär) bereit gestellt und ist über einen geläufigen und kostenlosen Browser, wie zum Beispiel den ‚Netscape Navigator' oder den ‚Microsoft Internet Explorer' aus dem Internet abrufbar. Die Sicht des DTP-System-Nutzers bezüglich des Kataloginhalts lässt sich individuell auf bestimmte Katalogbereiche begrenzen. So kann gewährleistet werden, dass dem Bedarfsträger nur die für ihn relevanten Kataloge oder Teilkataloge zur Verfügung stehen. Des Weiteren ist auch eine Freitext-Eingabe durch den Bedarfsträger möglich. Sie steht für Erstbedarfe, also Produkte, die nicht im Katalog geführt werden, zur Verfügung.

Finanzierung

- Desktop Purchasing Systeme werden finanziert durch eine Transaktionsgebühr je Bestellvorgang, die vom Lieferanten und vom Kunden erhoben wird und durch die Einbehaltung von Skonti, die der Lieferant gegenüber dem Einkaufsdienstleister gewährt und die dieser nicht an seine Kunde weitergibt. Um den Lieferanten vor einer Vielzahl von Kleinstbestellungen zu schützen, die seine Transaktions- und Logistikkosten in die Höhe treiben, wird teilweise ein Mindermengenzuschlag erhoben.

Kundenspezifische Preise

- Die Basis derartiger Desktop Purchasing-Systeme sind Rahmenverträge, die durch den strategischen Einkauf oder einen Einkaufsdienstleister mit dem Lieferanten vor Aufnahme in das System zu verhandeln sind und kundenspezifische Preise enthalten.

Keine Anbindung zum ERP-System

- Beim Desktop Purchasing wird die Bestellung typischerweise manuell abgesetzt, da keine Schnittstelle zwischen dem Desktop Purchasing-System und dem PPS-System besteht oder der Materialbedarf – wie im Falle von MRO-Material, Büromaterial Arbeitsschutzkleidung u.ä. - nicht von dem Produktionsprogramm abhängig ist.

Eignung

In einem ersten Schritt ist es sinnvoll, Desktop Purchasing-Systeme im Zusammenhang mit Materialien einzusetzen, die bei Störungen im Ablauf des neuen Beschaffungsprozesses keine gravierenden Risiken für den reibungslosen Unternehmensablauf mit sich bringen. Diese Anforderung erfüllen Materialien, die dem Bereich „Bürobedarf & administratives Kostenstellenmaterial" zuzuordnen sind, da es sich nicht um zeitkritische oder produktionsnotwendige Materialien handelt. Kommt es bei diesen indirekten Materialien, die für den administrativen Bereich benötigt werden, zu Falschlieferungen, Lieferverzögerungen oder Lieferausfällen, so hat dies in einem gewissen Rahmen keine gravierenden Auswirkungen auf den Ablauf der unternehmenseigenen Prozesse. Ein Desktop Purchasing-System stellt nur bei indirekten

C-Teilen eine geeignete Alternative zum bisherigen Beschaffungsprozess dar. Hier stellt die manuelle Eingabe der Bedarfsanforderung in das System keinen unnötigen Arbeitsaufwand dar, da indirekte C-Teile nicht mittels PPS-Systemen disponiert werden.

Quellen und weiterführende Literatur zu 6.3:

Kreiner/Marquard (1994) S. 101-119; Lückefedt/Anders (1994) S. 85 - 100; Bogaschewsky (1999); Brenner/Wilking (1999 a,b); Bretzke (2000); Wirtz (2000); Dolmetsch (2000); Koppelmann (2000) S. 222ff ; Reinelt (2002); Boutellier/ Corsten (2000) S. 72 ff, S. 104ff ; Frehner/ Bodmer (2002) S. 60 - 81, S. 82 - 89.

6.4 Lagerpolitik

Bereitstellungsarten

Die Lagerpolitik hat zwischen 6 Bereitstellungsarten zu wählen (vgl. Abbildung 6-40):

- Vorratsbeschaffung,
- Einzelbeschaffung im Bedarfsfall,
- Einsatzsynchrone Beschaffung (just-in-time-Beschaffung),
- KANBAN-Beschaffung,
- Vendor Managed Inventory (VMI),
- Konsignationslager.

Mit der Bereitstellungsart wird festgelegt, ob für die betrachtete Materialidentnummer grundsätzlich ein Beschaffungslager gehalten werden soll und ob eine Bestandsverwaltung durchgeführt werden soll oder nicht. Auch der physische Materialfluss und der administrative Beschaffungsprozess unterscheiden sich, wie in den folgenden Abschnitten gezeigt wird.

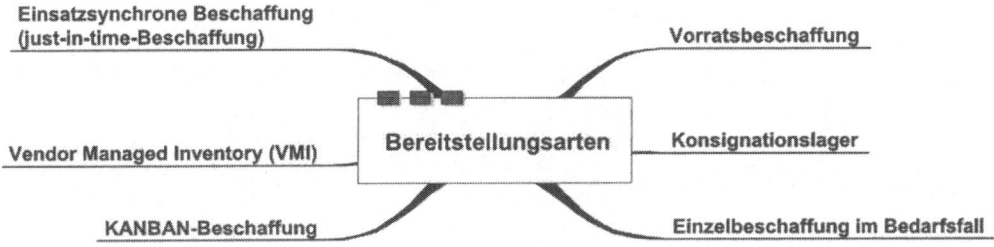

Abbildung 6-40: Bereitstellungsarten

Die Entscheidung für eine Bereitstellungsart stützt sich auf einen (die individuellen Merkmale des Materials und seiner Beschaffungssituation berücksichtigenden) Vergleich der Vor- und Nachteile hinsichtlich Versorgungssicherheit, Qualität und Kosten.

6.4.1 Vorratsbeschaffung

Material- und Informations-fluss

Die Vorratsbeschaffung zeichnet sich dadurch aus, dass sog. Ausgleichs-, spekulative und Sicherheitsbestände gehalten werden. Die Bestellmengen sind regelmäßig höher als der aktuelle Bedarf, der Lagerbestand wird über einen Zeitraum durch Entnahmen entsprechend dem Bedarf der Fertigung abgebaut, um anschließend durch eine - relativ zur aktuellen Bedarfsmenge große - Bestellmenge wieder auf-gebaut zu werden. Häufig wird eine Bestellung ausgelöst, bevor die Produktion endgültig geplant ist oder ein Kunden-auftrag vorliegt. Die Lieferung wird im zentralen Wareneingang entgegengenommen, dort auf Übereinstim-mung mit der Bestellung kontrolliert und nach einer Qualitätsprüfung „für die Fertigung freigegeben". Anschlie-ßend wird das Material ins Materiallager transportiert, dort als Lagerzugang verbucht, ein Lagerplatz zugewiesen und bis zur Verwendung eingelagert. Soll das Material in der Fertigung eingesetzt werden, wird auf der Grundlage eines Materialentnahmescheins die benötigte Menge kommissio-niert und zur Fertigungsstelle transportiert.

Kosten

Die Vorratsbeschaffung verursacht offensichtlich einen erheblichen administrativen und Handlingsaufwand, sowie hohe Lagerkosten für den Lagerplatz und die –ausstattung, für Kapitalbindung und Lagerrisiko (Verderb, Schwund).

| 6.4 | Lagerpolitik |

Vorteile

Die Vorratsbeschaffung wird in Situationen gewählt, in denen

- die **Preise** am Beschaffungsmarkt **Schwankungen** unterliegen (durch Kauf großer Mengen bei günstigen Preisen kommen **spekulative Bestände** zustande),
- der Lieferant einen von der aktuellen Bestellmenge abhängigen **Mengenrabatt** oder einen vom Bestellwert abhängigen **Bonus** gewährt,
- **Versorgungsstörungen** und **–engpässe** erwartet werden,
- dem Kunden auf dem Absatzmarkt trotz langer Beschaffungszeiten für Material kurze und zuverlässige **Lieferzeiten** geboten werden sollen,
- durch eine Reduzierung der Bestellhäufigkeit **Einsparungen** bei den Bestellabwicklungs-, Transport- und Qualitätsprüfungskosten zu erreichen sind, die größer sind als die entstehenden Kosten für Kapitalbindung, Lagerraum, Bestandsführung und Verderb bzw. Schwund,
- der **Materialbedarf** nicht tages- und mengengenau geplant werden kann,
- hohe **Fehlmengenkosten** entstehende Lagerkosten rechtfertigen.

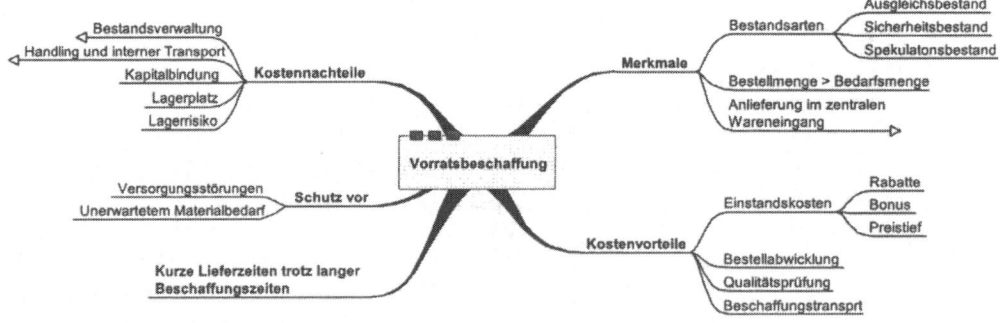

Abbildung 6-41: Vorratsbeschaffung

6.4.2 Einzelbeschaffung

Eignung

Eine Vorratsbeschaffung ist nur für solche Komponenten und Beschaffungsobjekte möglich, deren Bedarf hinsichtlich der gewünschten funktionalen Merkmale bekannt ist (Standard-, Serienteile).

Für Komponenten, deren Bedarf hinsichtlich Bedarfsmenge

und –zeitpunkt nicht aus dem Produktionsprogramm abgeleitet werden kann (Ersatzteile, Investitionsgüter) und die einen sporadischen Bedarf aufweisen („exotische Variantenteile") wird versucht, eine Vorratsbeschaffung zu vermeiden. Für diese Beschaffungsobjekte wird die Bereitstellungsart Einzelbeschaffung im Bedarfsfalle (vgl. Abbildung 6-42) gewählt. Die Einzelbeschaffung wählt grundsätzlich eine Bestellmenge, die der aktuellen Bedarfsmenge entspricht. Eine Bestandsführung erübrigt sich. Wie bei der Vorratsbeschaffung wird die Bestellung an den zentralen Wareneingang geliefert und durchläuft eine Qualitätsprüfung. Wesentliche Nachteile entstehen bei der Einzelbeschaffung dann, wenn schlechte Konditionen und lange Beschaffungszeiten in Kauf genommen werden müssen. Wird der vereinbarte Anlieferungstermin nicht eingehalten, entsteht unmittelbar eine Fehlmengensituation.

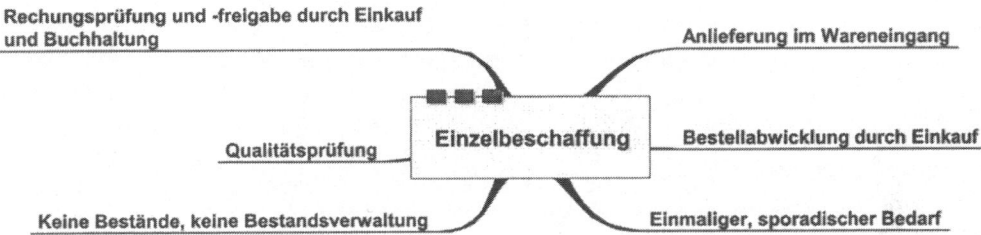

Abbildung 6-42: Einzelbeschaffung

6.4.3 Einsatzsynchrone Beschaffung (Just-in-time-Beschaffung)

Risiko   Die einsatzsynchrone Beschaffung (vgl. Abbildung 6-43) zeichnet sich wie die Einzelbeschaffung durch einen Verzicht auf Bestände im Materiallager aus. Das Konzept der einsatzsynchronen Beschaffung sieht vor, dass der Lieferant die täglich benötigte Materialmenge artikel- und mengengenau direkt an die Stelle in der Fertigung liefert, die das Material verarbeiten wird. Im Gegensatz zu dem Ablauf bei Vorratsbeschaffung nimmt der Abnehmer keine Identitäts- und Qualitätsprüfung vor, innerbetrieblicher Transport, Ein- und Auslagerungsvorgänge, Bestandsführung und Kommissionierung entfallen. Die Anwendung des Bereitstellungsprinzips einsatzsynchrone Beschaffung birgt daher für den Abnehmer ein hohes Fehler- und Fehlmengenrisiko und kann nur mit Lieferanten erfolgreich praktiziert werden, die sich durch hohe Qualitätszuverlässigkeit und logistische Kompetenz auszeichnen.

Wirtschaftliche Anwendung

Eine weitere Voraussetzung für die erfolgreiche und wirtschaftliche Anwendung der einsatzsynchronen Beschaffung ist die Fähigkeit des Abnehmers, dem Lieferanten hinreichend genau und frühzeitig artikelgenaue Bedarfsmengen und –termine zu nennen. Um zu vermeiden, dass der Lieferant „auf Verdacht" Vormaterial beschafft und seine Produktionsplanung auf Erfahrungen stützen muss, stellt der Abnehmer vor dem sog. Abruf rollierende Bedarfsinformationen (forecast) zur Verfügung:

Rollierender forecast

Eine **Rahmenvereinbarung**, die meist eine Laufzeit von 12 Monaten umfasst, beinhaltet die Qualitätsanforderungen sowie eine Bedarfsvorausschau nach Artikelgruppen, die zunächst nur quartalsweise aufgeschlüsselt wird. Diese Information kann der Lieferant nutzen, um die benötigten Produktionskapazitäten grob zu planen und Kontrakte auf den Vormärkten abzuschließen. Die Daten werden quartalsweise rollierend überarbeitet. Der Abnehmer behält sich vor, die Bedarfsangaben um einen bestimmten Prozentsatz nach oben und unten korrigieren zu können.

Für den Zeitraum des nächsten Quartals erteilt der Abnehmer **Rahmenaufträge**, die monatlich aktualisiert werden. Die Bedarfsangaben werden für diesen Zeitraum präzisiert. Durch den Rahmenauftrag erfolgt die Freigabe für die Beschaffung des benötigten Materials und eventuell für die Durchführung einer Vorfertigung. Der Abnehmer verpflichtet sich die Kosten zu tragen, die dem Lieferanten durch eine falsche Bedarfsprognose entstehen.

Verbindliche Angaben über die Menge je Variante und Anlieferungstermin erfolgen im **Abruf**, die Mengen bewegen sich innerhalb der im Rahmenauftrag angegebenen Grenzen.

Die einsatzsynchrone Beschaffung wird in der Praxis vor allem für Komponenten angewendet, die sich durch einen hohen Wert, regelmäßigen und hohen Bedarf und hohe

Lagerkosten auszeichnen.

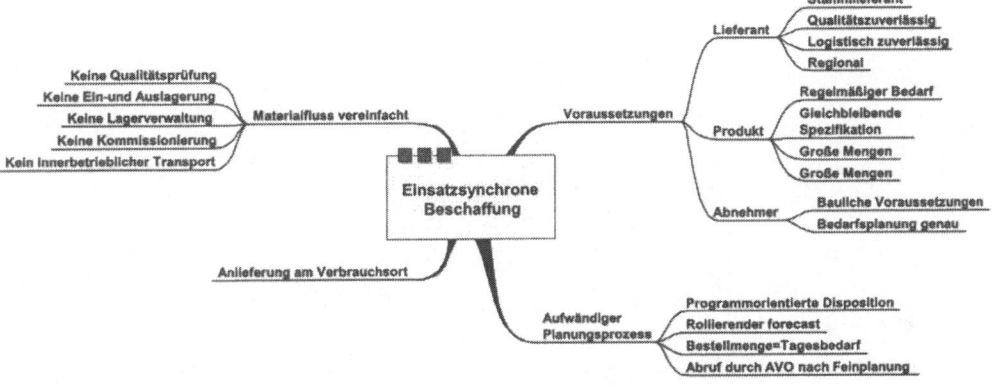

Abbildung 6-43: einsatzsynchrone Beschaffung

6.4.4 KANBAN-Beschaffung

Nicht
bestandslos

Das KANBAN-Prinzip ist ursprünglich ein in Japan entwickeltes System der Produktionssteuerung nach dem Holprinzip, das permanente Eingriffe einer zentralen Steuerung in den Produktionsablauf überflüssig macht. Eine KANBAN-Steuerung arbeitet zwar nicht bestandslos wie die einsatzsynchrone Beschaffung, der physische Materialfluss ist jedoch identisch wie bei der einsatzsynchronen Beschaffung: Die KANBAN-Teile werden direkt an den Ort der Verarbeitung (ohne Qualitätsprüfung und ohne Umweg über das Materiallager) in standardisierten Behältern geliefert und dort bevorratet.

6.4   Lagerpolitik

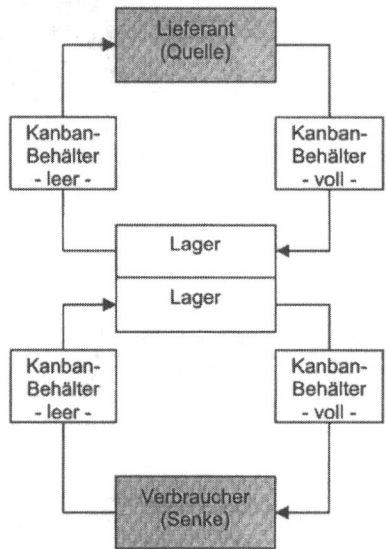

Abbildung 6-44: KANBAN-Regelkreis Lieferant-Lager-Verbraucher
(Quelle: Geiger/Hering/Kummer (2000) S. 108)

Wegen des begrenzten Platzes in der Fertigung sind nur
wenige Materialidentnummern KANBAN-Teile. Im Unter-
schied zur Materialbedarfsplanung und Bestellplanung, die in
einer klassischen Vorratsbeschaffung durch ein PPS-System
automatisch durchgeführt wird, arbeitet das KANBAN-
System mit einem sehr einfachen Informationsfluss:

Einfacher Infor-
mationsfluss
Der Fertigungsmitarbeiter entnimmt die benötigten Teile
ohne einen Materialentnahmeschein auszufüllen Der aktuelle
Bestand und die Lagerbewegungen werden nicht im Lagerverwaltungssystem erfasst. Der Fertigungsmitarbeiter
(dezentrale Bestandskontrolle und Bestellabwicklung) löst
persönlich eine Nachlieferung aus, indem er den leeren
Transportbehälter an einem vereinbarten Sammelplatz
abstellt. Der Lieferant erhält keinen Bestellauftrag im klassischen Sinne. Vielmehr dienen leere Transportbehälter als
Signal für die Nachlieferung. Die Nachlieferungsmenge ist
klein und entspricht einem standardisierten Behälterinhalt
oder dem Vielfachen eines Behälterinhalts wenn seit der
letzten Lieferung mehrere Behälter geleert wurden.

Das KANBAN-Prinzip ist geeignet, die Versorgung von
C-Teilen sicherzustellen, wenn der Bedarf nicht allzu großen

Schwankungen unterliegt. Anlass für die Einführung des KANBAN-Prinzip können auch Fehler in der Bestandsführung sein. Wenn die Lager(buch)bestände im PPS-System nicht mit den tatsächlichen Beständen übereinstimmen, kommt es bei der systemgestützten Materialdisposition immer wieder zu verspäteten Bestellungen, die die Versorgung gefährden.

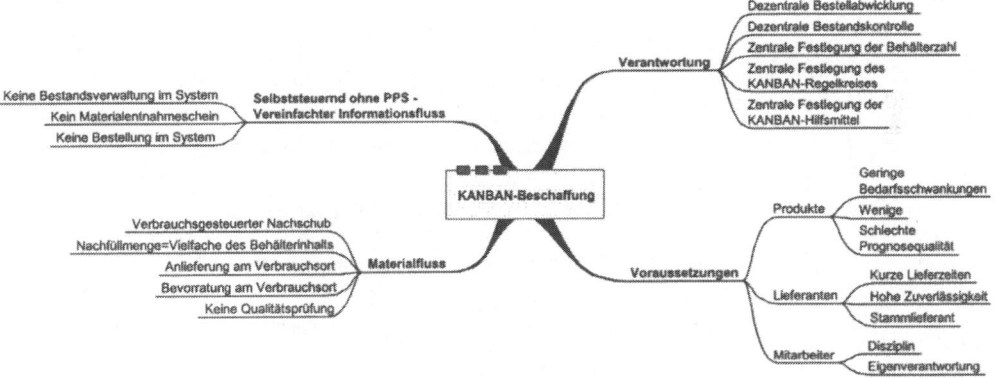

Abbildung 6-45: KANBAN-Beschaffung

6.4.5 Vendor Managed Inventory

Dispositions-verantwortung

Vendor Managed Inventory (teilweise auch als Continuous Replenishment Program bezeichnet) verlagert die Verantwortung für Bestand und Verfügbarkeit vom Abnehmer hin zum Lieferanten. Der Lieferant hat von seinem Lagerverwaltungssystem aus Zugriff auf die Bestandsdaten seiner Kunden und vergibt die Bestellaufträge an sein eigenes Unternehmen. Nicht mehr der Disponent des Handels- oder industriellen Kunden, sondern der Disponent des Lieferanten bestimmt Liefermengen und Lieferrhythmus. Vendor Managed Inventory ist ein Konzept einer unternehmensübergreifenden Koordination (supply chain management) – es verspricht Vorteile für den Abnehmer und den Lieferanten:

Vorteile

- Das Bestellverhalten der Abnehmer verursacht beim Lieferanten eine zackenförmige Nachfragekurve, die zeitweise unter, zeitweise über der Kapazitätsgrenze des Lieferanten liegt. Diese Schwankungen der Kapazitätsauslastung zwingen zu kostenintensiven Kapazitäts- und

Belastungsanpassungen. Steuert der Lieferant die Bestellungen seiner Kunden, kann er (sofern mindestens
30-40% des Geschäftsvolumens nach dem VMI-Prinzip
gesteuert wird) darauf achten, dass seine Absatzkurve
möglichst kontinuierlich verläuft und im Normalfall unter
der Kapazitätsgrenze liegt.

- Für den Lieferanten ist es einfacher, die Transportmittel
  wirtschaftlich einzusetzen. Er kann Lieferungen bündeln
  und dafür sorgen, dass die eigenen Lkws oder die des
  Dienstleisters besser ausgelastet sind. Der Abnehmer
  verzichtet auf eine eigene Bestelloptimierung und übermittelt dem Lieferanten regelmäßig genaue Absatz- und
  Lagerdaten. Dieser wird versuchen, die Liefermengen
  und –termine so zu planen, dass seine Transport- und
  Produktionskosten sowie die Lagerkosten der Kunden
  möglichst gering sind, wobei der Verfügbarkeitsgrad der
  Produkte verbessert werden soll. Zumindest bei
  Handelskunden hat der Hersteller ein stärkeres Interesse an der Präsenz der Ware im Regal des Kunden als
  der Handelskunde selbst. Aus der Sicht des Kunden
  stehen häufig genügend Substitutionsprodukte zur
  Verfügung, während der Hersteller nur dann einen
  Umsatz realisieren kann, wenn sein Produkt verfügbar
  ist.

- Für den Abnehmer entsteht der Vorteil, dass er Personalkosten für die Disposition einsparen kann. In
  Pilotprojekten wird eine sinkende Reichweite der
  Bestände und eine verbesserte Verfügbarkeit nachgewiesen.

Buyer Managed Inventory

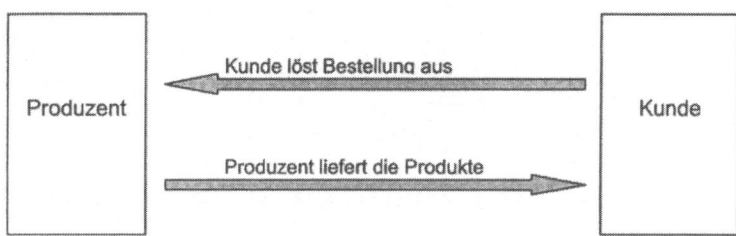

Vendor Managed Inventory

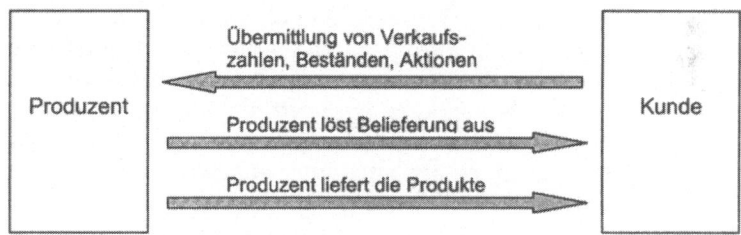

Abbildung 6-46: Dispositionsverantwortung beim Abnehmer und beim Lieferanten

6.4.6 Konsignationslager

Lieferantenlager beim Kunden

Das Konsignationslager ist wie das VMI eine Variante der Vorratsbeschaffung. Ein Konsignationslager ist ein Lager, das der Lieferant beim Kunden (oder dessen logistischem Dienstleister) einrichtet. Der Kunde stellt dem Lieferanten die Lagerfläche kostenlos zur Verfügung. Die Lagerfläche muss getrennt vom bestehenden Lager eingerichtet und als Konsignationslager gekennzeichnet werden (daher der Begriff - consignare: mit Zeichen versehen). Der Kunde erhält vom Lieferanten das alleinige Verfügungsrecht und zahlt die Produkte erst bei Entnahme/Verwendung. Der Lieferant bleibt bis zur Fakturierung der rechtliche Eigentümer der Produkte. Daraus folgt, dass die Teile bilanztechnisch beim Lieferanten geführt werden und nicht zu den Beständen des Kunden zählen. Der Kunde muss daher sicherstellen, dass die Konsignationsbestände in der Bestandsverwaltung und physisch getrennt geführt werden. Der Kunde muss in seinem ERP-System einen Geschäftsprozess Konsignationslager anlegen, der die Anforderungen der separaten Lagerhaltung und Bestandsführung ohne wertmäßige Erfassung erfüllt und die Übermittlung der Bestände und Entnahmen an den Lieferanten unterstützt. Wie im VMI verantwortet der Lieferant die Verfügbarkeit der Produkte im Lager und disponiert in eigener Verantwortung. Jedoch übernimmt er die Kapitalbindungskosten des Kunden. In einem Konsignationslagervertrag werden die individuellen Merkmale ausgestaltet.

6.4.7 Differenziertes Bestandsmanagement

Die in den letzten Abschnitten dargestellten Bereitstellungsarten haben Vor- und Nachteile, die nicht für jede Materialgruppe und ihre besonderen Rahmenbedingungen und Bedarfsmerkmale von gleicher Relevanz sind. Sie sind nur unter bestimmten Voraussetzungen praktikabel, die nicht für jedes Beschaffungsobjekt erfüllt werden können oder aus Kostenüberlegungen nicht erfüllt werden sollen. Daher praktiziert ein Unternehmen grundsätzlich mehrere Bereitstellungsarten nebeneinander (vgl. Abbildung 6-47):

- CY- und CZ-Produkte mit niedrigem Verbrauchswert, mittlerer oder niedriger Vorhersagegenauigkeit und sporadischem oder halb-stetigem Bedarf werden auf Vorrat beschafft.
- Für AX- und AY-Produkte ist eine just-in-time-Beschaffung erstrebenswert.
- Ist der Lieferant nicht in der Lage, eine just-in-time-Belieferung sicher zu stellen oder soll auf die Qualitätsprüfung nicht verzichtet werden, kann auch ein VMI oder ein Konsignationslager erwogen werden, um die doppelte Bestandshaltung bei Lieferant und Abnehmer zu vermeiden.
- Für CX- und CY-Produkte kann eine KANBAN-Beschaffung geeignet sein, die niedrige Bestände und gleichzeitig geringe Prozesskosten verspricht.

Vorhersage-genauigkeit	Mengen-Wertanteil		
	A	B	C
X	Just-in-time	Just-in-time	KANBAN
Y	Just-in-time, Konsignationslager, VMI	Just-in-time, Konsignationslager, VMI	KANBAN
Z	Konsignationslager, VMI	Konsignationslager, VMI	Einzelbeschaffung

Abbildung 6-47: Bestandsarme Bereitstellungsarten für Materialgruppen

Quellen und weiterführende Literatur zu 6.4:

Stölzle/ Gareis (2002) S. 400 - 423; Inderfurth (1998) S. 197 - 11; Geiger/ Hering/ Kummer (2000); Wildemann (1997) S. 138 ff; Bogaschewsky/ Rollberg (2002) S. 282 - 300; Schulte (2001) S. 338 – 347.

7 Operatives Beschaffungsmanagement

7.1 Aufgaben und Freiheitsgrade des operativen Beschaffungsmanagements

Routine-
charakter

Die laufende Beschaffung von Serienmaterial hat für die Aufgaben- und Entscheidungsträger in Disposition, Einkauf und Lager Routinecharakter, da Anforderungen an die funktionalen Merkmale in der Spezifikation beschrieben sind und die Bereitstellungsart und die sourcing-Strategien festgelegt sind.

Aufgaben

Die operative Beschaffung von direktem Produktionsmaterial wird in der Abteilung Produktionsplanung/Disposition angestoßen. Sie ist verantwortlich für die Planung des Materialbedarfs und – bei Vorratsbeschaffung - für die Bestandsoptimierung. Sie erzeugt Bestellanforderungen, die dem Einkauf übermittelt werden als Aufforderung, bis zu einem spätesten Anlieferungstermin eine (Vorschlags-) Bestellmenge zu beschaffen.

Der Einkauf übernimmt die Aufgabe, einen geeigneten Lieferanten zu suchen und auszuwählen (falls dieser nicht durch die strategische sourcing-Entscheidung festgelegt ist) und passt die vorgeschlagene Bestellmenge an Verpackungseinheiten des Lieferanten und eventuell an die Transportmittelkapazität an. Die Bestellabwicklung im Einkauf umfasst auch die Kontrolle der Auftragsbestätigung, eventuell eine Terminverfolgung, die Bewertung der Lieferleistung, die Prüfung der Rechnung und die Reklamationsabwicklung (vgl. Abbildung 3-1 und Abschnitt 7.3). Bei konventioneller Abwicklung wird die Lieferung im zentralen Wareneingang angeliefert und durchläuft dort eine Identitäts- und Qualitätsprüfung. Erfüllen die angelieferten Produkte die in der Spezifikation angegebenen Merkmale und Toleranzgrenzen, wird die Lieferung für die Fertigung freigegebenen und in das zentrale Materiallager transportiert. Dort wird der Lagerzugang administrativ erfasst, ein Lagerplatz zugewiesen und die Produkte bis zur Verwendung gelagert.

Dezentrale Abwicklung

Für Serienmaterial, das in gleich bleibender Spezifikation von einem Stammlieferanten (single sourcing) bezogen wird, führt häufig die Abteilung Disposition die operative Bestellabwicklung in Alleinregie durch.

Freiheitsgrade

Bei einsatzsynchroner und Einzelbeschaffung entspricht die Bestellmenge jeweils der aktuellen Bedarfsmenge, der späteste Anlieferungstermin ergibt sich aus dem geplanten Termin der Verarbeitung. In diesen Fällen lagerloser Bereitstellung ist eine termin- und mengengenaue Bedarfsplanung die Voraussetzung für die Erreichung des Versorgungsziels. Operative Möglichkeiten, Kosten zu beeinflussen, bestehen nicht. Die Aufgabe der Disposition beschränkt sich daher bei lagerloser Beschaffung auf die Bedarfsermittlung und -übermittlung zum Lieferanten.

Bei Vorratsbeschaffung kann die Bestellmenge von der aktuellen Bedarfsmenge abweichen. Die Abteilung Disposition hat daher zusätzlich zur Bedarfsermittlung die Aufgabe der Bestandsoptimierung. Durch eine geschickte Festlegung der Bestellmenge und des Bestelltermins nutzt sie die Möglichkeit, Einstands-, Lager- und Bestellkosten ganzheitlich zu minimieren.

Abbildung 7-1: Operative Beschaffung

7.2 Materialdisposition: Bedarfsplanung und Bestellplanung

7.2.1 Aufgaben und Rahmenbedingungen des Materialdisponenten

Material

Der Disponent für fremdbezogenes Produktionsmaterial ist organisatorisch häufig der Abteilung Arbeitsvorbereitung/Produktionsplanung zugeordnet (er wird häufig als Rohstoffdisponent bezeichnet). Er befasst sich mit direktem und indirektem Produktionsmaterial. Interner Kunde des Materialdisponenten ist demnach die Fertigung, die mit Komponenten, die in das Enderzeugnis eingehen (direktes Produktionsmaterial), sowie mit Produkten zu versorgen ist, die für den Betrieb und die Wartung der Fertigungsanlagen, für Reparatur- und Rüstarbeiten (sog. MRO-products, maintenance-repair-operating-products) benötigt werden und auch als indirektes Material bezeichnet werden.

Rahmen-bedingungen

Die Arbeit des Materialdisponenten ist durch die große Anzahl der Materialien, durch teilweise lange und unsichere Beschaffungszeiten und ungewissen Materialbedarf gekennzeichnet (vgl. Abbildung 7-2): Die große Variantenvielfalt der auf dem Absatzmarkt angebotenen Enderzeugnisse in Verbindung mit der Reduzierung der Fertigungstiefe hat auch auf der Ebene der fremdbezogenen Komponenten eine explodierende Variantenvielfalt zur Folge. Zahlreiche Materialien weisen wegen der geringen Zahl der Nachfrager sporadischen Bedarf auf, der mit Methoden der statistischen Bedarfsprognose nicht befriedigend vorhergesagt werden kann. Die Strategie des global sourcing muss lange und unsichere Beschaffungszeiten in Kauf nehmen, denen auf der Absatzseite Kunden gegenüberstehen, die kurze und zuverlässige Lieferzeiten fordern. Hohe Lagerbestände, die Einsparungen durch Rabatte, Boni und vorübergehende Preistiefs, einen hohen Lieferbereitschaftsgrad sowie geringe Bestellabwicklungskosten versprechen, sind für voluminöse, verderbliche und teure Materialien unerwünscht.

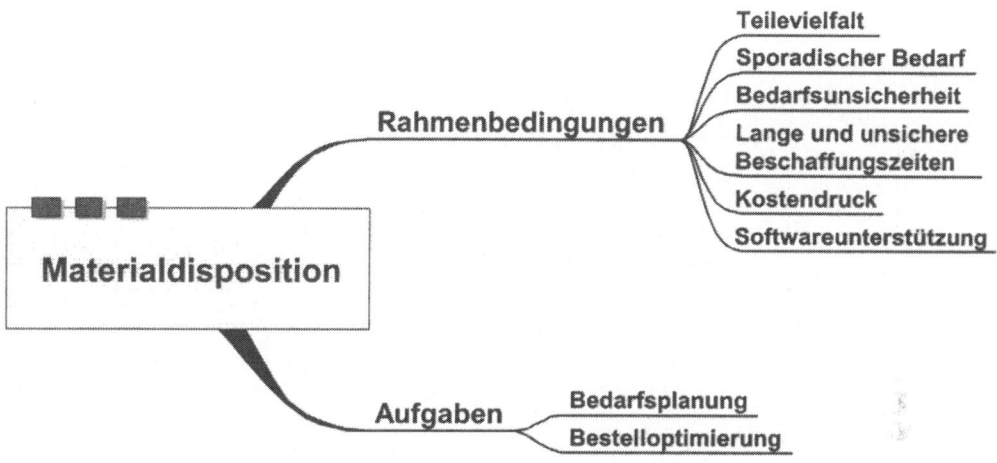

Abbildung 7-2: Aufgaben und Rahmenbedingungen der Materialdisposition

Aufgaben

Materialdisposition umfasst die Bedarfsplanung und die Bestellplanung (vgl. Abbildung 7-2). Dabei beantwortet die **Bedarfsplanung** für jede Identnummer die Frage, wann (Bedarfstermin) welche Menge (Bedarfsmenge) benötigt wird, die **Bestellplanung** befasst sich mit der Frage, wann (Bestelltermin) welche Menge (Bestellmenge) bestellt werden soll.

Software

Der Materialdisponent in der Industrie wird durch eine Software unterstützt, die in ein ERP-System wie mySAP ERP eingebettet ist. Er muss daher nicht persönlich („manuell") den Bedarf jeder Identnummer vorhersagen, die aktuellen Lagerbestände kontrollieren und kostengünstige Bestellmengen und –termine berechnen. Diese Aufgaben werden von der Dispositionssoftware automatisch durchgeführt. Aufgabe des Materialdisponenten ist es vielmehr, die Software in geeigneter Weise zu parametrisieren. Zu diesem Zwecke legt der Disponent für jede Materialidentnummer eine Dispositionsart und verschiedene Dispositionsparameter (vgl. Abschnitt 7.2.2) fest. Dabei kann die Konflikt-Beziehung zwischen Versorgungssicherheit und Kostenminimierung nicht durch eine einheitliche Vorgehensweise für alle fremdbezogenen Materialidentnummern gelöst werden. Vielmehr ist der Materialdisponent gefordert, die Dispositionsart und -parameter auszuwählen, die den individuellen Bedarfsmerkmalen und der Beschaffungssituation bestmöglich gerecht werden (vgl. Abschnitt 5.1.1).

7.2.2 Dispositionsarten

Datenbasis

Mit der Festlegung der Dispositionsart für eine Identnummer steuert der Materialdisponent die Datenbasis für die Bedarfsplanung und deren Verarbeitung in der Bestelltermin- und –mengenplanung. Die Bedarfs- und Bestellplanung kann grundsätzlich verbrauchs- und programmorientiert erfolgen:

Vergangenheits- orientiert

• Die **verbrauchsorientierte Disposition** basiert auf Aufschreibungen bzw. Erfahrungen über den Bedarf des betrachteten Materials in der Vergangenheit. Mithilfe geeigneter statistischer Verfahren (vgl. Abschnitt 7.2.3.1) wird ein Durchschnitt des Bedarfs pro Periode (z.B. Monat) errechnet, der als Prognosewert für die zukünftige(n) Periode(n) verwendet wird. Die verbrauchsorientierte Bedarfsplanung verzichtet auf eine tagesgenaue Bedarfsplanung; prognostiziert wird ein Periodenbedarf, die Verteilung des Bedarfs innerhalb der Periode ist nicht bekannt. Der Einfachheit halber wird eine gleichmäßige Verteilung des Bedarfs in der Periode angenommen. Eine verbrauchsorientierte Bedarfsprognose wird in der Regel auch nicht mengengenau sein. Eine verbrauchsorientierte Bedarfsplanung ist daher nur mit dem Bereitstellungsprinzip Vorratsbeschaffung zu vereinbaren.

Die verbrauchsorientiert errechnete Bedarfsprognose wird anschließend verwendet, um eine sinnvolle Lagerergänzungsregel (die sog. Bestellregel vgl. Abschnitt 7.2.3.2) festzulegen, die eine für die betrachtete Materialidentnummer sinnvolle und für längere Zeit gültige Vorgabe über die Bestellmenge und den Bestelltermin enthält. Die verbrauchsorientierte Disposition wird häufig auch als vergangenheitsorientierte Disposition bezeichnet, weil die Lagerergänzung auf der Grundlage der Erfahrungen über vergangene Lagerabgänge geplant wird. Die Bestandsführung erfasst Lagerzugänge und Lagerabgänge ebenfalls nachträglich. Der Bedarf wird registriert, wenn zum Starttermin des Fertigungsauftrags, für den das Material benötigt wird, ein Materialentnahmeschein gedruckt wird. Nach Entnahme des Materials aus dem Lager wird der neue Bestand verbucht und (automatisch) mit dem Meldebestand verglichen. Ein Lagerzugang wird unabhängig von einem zukünftigen Bedarf angestoßen („ins Lager geschoben"), wenn der aktuelle Bestand den vorgegebenen Meldebestand erreicht hat oder ein definiertes Bestellintervall verstrichen ist (Push-Prinzip).

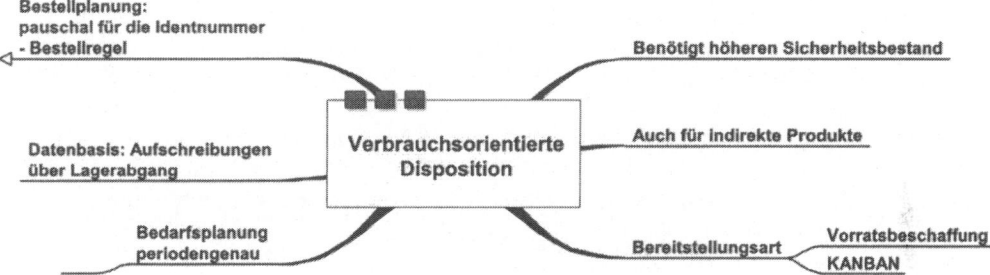

Abbildung 7-3: Verbrauchsorientierte Disposition

**Zukunfts-
orientiert**

- Im Gegensatz dazu arbeitet die programmorientierte Disposition zukunftsorientiert. Der zukünftige Bedarf wird tages- und mengengenau aus dem geplanten Produktionsprogramm, der Stückliste bzw. Rezeptur und der Durchlaufzeit errechnet (vgl. Abschnitt 7.2.4.1). Die Bestandsführung erfolgt ebenfalls zukunftsorientiert, indem der errechnete Bedarf als erwarteter Lagerabgang (Reservierung) vom aktuell verfügbaren Bestand subtrahiert wird. Auf diesem Weg ist erkennbar, wann in der Zukunft ein Lagerzugang erfolgen muss, um die erwarteten Bedarfe befriedigen zu können. Die Bestellmenge wird immer wieder neu auf der Basis der aktuellen Bedarfssituation optimiert (vgl. Abschnitt 7.2.4.2). Der terminlich und mengenmäßig geplante Bedarf „zieht" Zugänge ins Lager (Pull-Prinzip).
Die programmorientierte Disposition wird sowohl bei Vorratsbeschaffung als auch bei lagerloser Beschaffung angewendet.

7.2   Materialdisposition

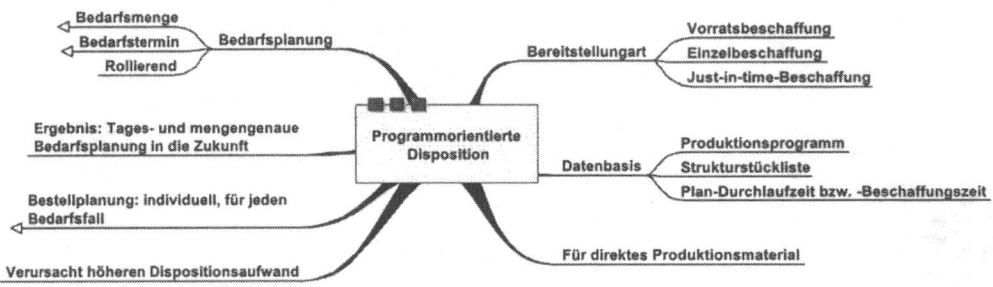

Abbildung 7-4: Programmorientierte Disposition

7.2.3 Verbrauchsorientierte Bedarfs- und Bestandsplanung

7.2.3.1 Verbrauchsorientierte Bedarfsprognose: Verfahren und Anwendungsbedingungen

Mittelwert

Die verbrauchsorientierte Bedarfsprognose basiert auf Aufschreibungen bzw. Erfahrungen über den Lagerabgang des betrachteten Materials in der Vergangenheit. Aus diesen Daten wird mit Hilfe statistischer Methoden ein Durchschnittswert errechnet, der als Vorhersagewert für die kommende Vorhersageperiode dient.

Der Rohstoffdisponent hat in seiner Dispositionssoftware die Auswahl zwischen verschiedenen Prognoseverfahren, die sich durch die Formel zur Berechnung des Mittelwerts unterscheiden. Die bekanntesten Verfahren sind das „Gleitende arithmetische Mittel", die „Exponentielle Glättung 1. Ordnung und die „Exponentielle Glättung 2. Ordnung". Für jedes Verfahren ist ein Prognoseparameter festzulegen, der die Zahl der Bedarfswerte, die in die Berechnung des Mittel- und Prognosewerts eingehen bzw. deren Gewichtung steuern.

Zeitreihen-analyse

Um ein geeignetes Prognoseverfahren und einen sinnvollen Prognoseparameter auszuwählen, muss der Materialdisponent eine Analyse der Zeitreihe durchführen, mit der er beurteilt, welche charakteristischen Merkmale die betrachtete Materialidentnummer aufweist im Hinblick auf:

- die langfristige Entwicklung des Bedarfs (Trend),
- periodische Schwankungen um den Trend (Saison),
- zufällige Abweichungen von der durch Trend und Saison bestimmten Entwicklung (Zufallskomponente),

- nachhaltige Änderungen der langfristigen Bedarfsentwicklung (Strukturbrüche).

Bedarfs-
strukturen

Die Analyse der Zeitreihe ergibt eine Einordnung in eine der
folgenden Bedarfsstrukturen:

- regelmäßiger Bedarf ohne erkennbaren Trend ohne bzw.
  mit Saisonschwankungen,
- regelmäßiger Bedarf mit erkennbarem Trend ohne bzw.
  mit Saisonschwankungen,
- stark schwankender Bedarf,
- sporadischer Bedarf.

Trend

Die langfristige Entwicklung des Bedarfs wird als Trend
bezeichnet. Weist der Bedarf im Zeitablauf einen Verlauf auf,
der um einen (annähernd) konstanten Mittelwert schwankt,
handelt es sich um einen Bedarf mit Trend nullter Ordnung.
Die Schwankungen um den Mittelwert gleichen sich langfristig aus und lassen keine Gesetzmäßigkeiten erkennen. Zeigt
der Bedarf einen im Zeitablauf stetig steigenden oder fallen-
den Verlauf, handelt es sich um einen Trend erster oder
höherer Ordnung. Kann die langfristige Entwicklung des
Bedarfs durch eine Trendgerade angenähert werden, liegt
ein Trend erster Ordnung (linearer Trend) vor. Trends höherer Ordnung sind durch eine nicht-lineare, d. h. durch eine
progressive oder degressive Entwicklung des Bedarfs
gekennzeichnet (vgl. Abbildung 7- 5).

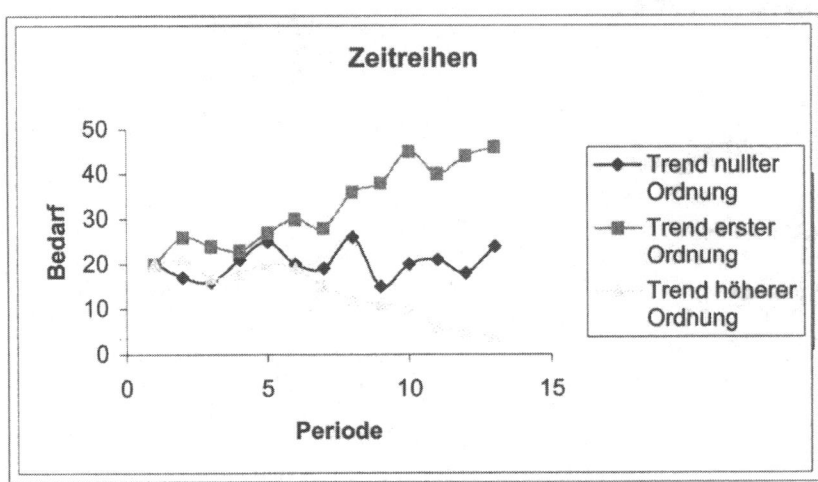

Abbildung 7-5: Zeitreihen mit Trend nullter Ordnung, erster Ordnung und höherer Ordnung

Saison

Ein saisonaler Bedarfsverlauf liegt vor, wenn die Zeitreihe zyklisch wiederkehrende Maxima und Minima aufweist, die um 20-50% von dem langfristigen Durchschnittswert abweichen und damit erheblich über den zufälligen Bedarfsschwankungen liegen und wenn für das Auftreten der zyklischen Schwankungen eindeutige auch in der Zukunft geltende Ursachen vorliegen.

Zufall

Die Zufallskomponente verursacht wie die Saisonkomponente Abweichungen des Bedarfs vom Trend. Die Abweichungen treten jedoch nicht regelmäßig auf und die Ursachen ihres Auftretens sind nicht erkennbar oder werden nicht untersucht. Von einem stark schwankenden Bedarf wird gesprochen, wenn Bedarfsspitzen um mehrere 100% über dem Jahresmittelwert liegen.

Von einem sporadischen Bedarf wird gesprochen, wenn das untersuchte Material in der Mehrzahl der Perioden keinen Bedarf aufweist und die jeweiligen Bedarfsmengen in unterschiedlicher Höhe auftreten. In der Praxis weist direktes Produktionsmaterial, das in selten nachgefragte Enderzeugnisse eingeht, einen sporadischen Charakter auf.

Eignung

Bei der Festlegung der Dispositionsart und der Dispositionsparameter muss sich der Disponent darüber im Klaren sein, dass die statistischen Verfahren der verbrauchsorientierten

Bedarfsprognose grundsätzlich nur dann zufrieden stellende Ergebnisse zeigen, wenn die Zeitreihe einen regelmäßigen, d.h. nicht-sporadischen Bedarf zeigt. Trendförmiger und stark schwankender Bedarf kann prognostiziert werden, wenn ein geeignetes Prognoseverfahren und adäquate Prognoseparameter festgelegt werden. Der Aufwand für die Analyse der Zeitreihe und die Festlegung sowie Kontrolle der Prognoseverfahren und –parameter ist nicht unerheblich.

Systematische Fehler

Von einer hohen Prognosequalität kann bei verbrauchsorientierter Prognose dann gesprochen werden, wenn (zufällige) Schwankungen des Bedarfs geglättet werden und keine systematischen Prognosefehler auftreten. Die Prognose ist systematisch falsch (im Gegensatz zu zufällig falsch), wenn die Prognose regelmäßig unter oder über dem Bedarfswert liegt. Das Auftreten von systematischen Prognosefehlern lässt darauf schließen, dass ein Trend oder ein Strukturbruch d.h. eine nachhaltige Veränderung der Bedarfsentwicklung nicht erkannt wird.

Gleitendes arithmetisches Mittel

Das Gleitende arithmetische Mittel und die exponentielle Glättung sind Vertreter der Prognoseverfahren, die für Zeitreihen mit einem Trend nullter Ordnung geeignet sind.

Grundlage der Prognose ist bei dem gleitenden arithmetischen Mittel eine gleich bleibende Anzahl von n Bedarfswerten der Vergangenheit. Die Anzahl n der Bedarfswerte wird konstant gehalten, indem jeweils der jüngste der Bedarfswerte in die Berechnung einbezogen wird und der älteste Wert eliminiert wird.

Als Vorhersage für die nächste Periode wird das arithmetische Mittel der letzten n Bedarfswerte errechnet:

$$P_{i+1} = M_i = \frac{B_i + B_{i-1} + B_{i-2} + B_{i-3} + \ldots + B_{i-n+1}}{n}$$

P_{i+1}: Prognose für die Periode i +1
B_i: Bedarf der laufenden Periode i
M_i: arithmetisches Mittel der laufenden Periode i
n: Anzahl der Bedarfswerte

Beispiel:

Periode i	Bedarf in i	Prognose für i bei n=4	Prognosefehler in i
1	80		
2	84		
3	92		
4	76		
5	87	83	4
6	90	84,75	5,25
		86,25	

Parameter n

Das gleitende arithmetische Mittel liefert bei Zeitreihen ohne erkennbaren Trend und ohne Strukturbruch umso bessere Ergebnisse, je höher der Parameter n gewählt wird. Mit einer großen Zahl von Bedarfswerten beeinflussen zufällige Bedarfsausreißer die Prognose nur gering, die Prognose wird gegenüber dem Bedarfsverlauf „geglättet".

Weist die Zeitreihe einen trendförmigen Bedarfsverlauf auf oder ist mit dem Auftreten von Strukturbrüchen zu rechnen, besteht bei der Festlegung des Parameters n ein Zielkonflikt zwischen der Glättung von Zufallsschwankungen einerseits (erreichbar durch n groß) und hoher Reaktionsgeschwindigkeit auf Strukturbrüche und geringem systematischem Fehler durch Hinterherhinken der Prognose (erreichbar durch n klein) (vgl. Abb. 7-6).

Materialdisposition   **7.2**

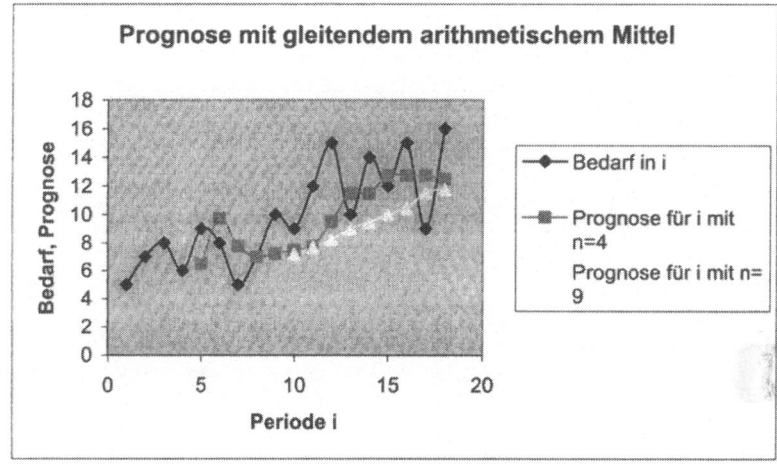

Abbildung 7-6: Prognose mit gleitendem arithmetischem Mittel

Exponentielle Glättung

Das Verfahren Exponentielle Glättung erster Ordnung errechnet als gewichteten Durchschnitt des tatsächlichen und des für die laufende Periode vorhergesagten Bedarfswertes:

$$P_{i+1} = M_i = (1- \alpha) \cdot M_{i-1} + \alpha \cdot B_i$$

P_{i+1}: Prognose für die Periode i
M_i: Mittelwert der Periode i
M_{i-1}: Mittelwert der letzten Periode, Prognose für die Periode i
B_i: tatsächlicher Bedarf der Periode i
α: Gewichtungs- (Glättungs-)faktor

Parameter α

Der Gewichtungsfaktor α kann zwischen 0 und 1 gewählt werden.

Beispiel:

Die Prognose für die laufende Periode i ($P_i = M_{i-1}$) war 120; der tatsächliche Bedarfswert der laufenden Periode i (B_i) sei 100.

Bei einem Glättungsfaktor von $\alpha = 0,4$ ergibt sich

$$P_{i+1} = (1-0,4) \cdot 120 + 0,4 \cdot 100 = 112$$

Durch Umstellen der Gleichung wird erkennbar, dass die exponentielle Glättung ein Prognoseverfahren ist, das aus Prognosefehlern "lernt": Der Vorhersagewert für die nächste Periode entspricht der Vorhersage für die letzte Periode, korrigiert um das

α-fache des Prognosefehlers der laufenden Periode:

$$P_{i+1} = M_i = M_{i-1} + \alpha \cdot (B_i - M_{i-1})$$

Bei der Wahl des Glättungsparameters α tritt das gleiche Dilemma auf wie bei dem Parameter n des gleitenden arithmetischen Mittels: Eine zunehmende Glättung von Zufallsabweichungen ist mit einer abnehmenden Reaktionsgeschwindigkeit auf Strukturbrüche und mit "systematischen Fehlern" bei trendförmiger Bedarfsentwicklung verbunden.

Für Materialidentnummern, die einen Trend erster oder höherer Ordnung aufweisen, sollte die exponentielle Glättung zweiter Ordnung herangezogen werden. Dieses Verfahren errechnet in jeder Periode eine Trendgerade und extrapoliert die Bedarfsentwicklung bis in die Vorhersageperiode.

Ergebnis der verbrauchsorientierten Bedarfsprognose ist eine Erwartung über den Bedarf in einer mehr oder weniger langen Periode – eine tagesgenaue Bedarfsprognose ist selbstverständlich nicht möglich. In der weiteren Verarbeitung der Bedarfsprognose zu einer Bestellmenge wird der Einfachheit halber angenommen, dass der Bedarf in der Periode gleichmäßig erfolgt. Der Ungewissheit über den Bedarfsverlauf in der Periode und dem Prognosefehler wird durch das Vorhalten eines Sicherheitsbestands Rechnung getragen.

7.2.3.2 Verbrauchsorientierte Vorratsergänzung/Bestellregeln

Die Bedarfsprognose ist bei verbrauchsorientierter Disposition die Grundlage, um eine sog. Bestellregel und deren Parameter festzulegen. Während bei programmorientierter Vorratsergänzung optimale Bestellmengen und –termine individuell für jeden Bedarf ermittelt werden, basiert die verbrauchsorientierte Vorratsergänzung auf einer Regel, die

Bestellmenge und Bestelltermin für die Identnummer festlegt und über längere Zeiträume beibehalten wird.

7.2.3.2.1 Bestellpunktsystem

Meldebestand

Das bekannteste Bestellsystem ist das sog. Bestellpunktsystem, welches den Bestellzeitpunkt nicht kalendarisch festlegt, sondern einen Lagerbestand (den Meldebestand oder Bestellpunkt) definiert, bei dessen Erreichen oder Unterschreiten eine Bestellung ausgelöst werden soll. Der Zeitraum zwischen 2 Bestellungen (das sog. Bestellintervall) passt sich an schwankenden Lagerabgang an. Der Meldebestand soll den Bedarf in der Beschaffungszeit decken. Da der Bedarf in der Beschaffungszeit nicht sicher ist, enthält der Meldebestand über den in der durchschnittlichen Beschaffungszeit erwarteten Bedarf hinaus einen Sicherheitsbestand, um unerwartete Verzögerungen der Beschaffungszeit und unerwartet hohen Bedarf mit einer durch den Soll-Lieferbereitschaftsgrad vorgegeben Wahrscheinlichkeit decken zu können (vgl. Abschnitt 7.2.3.4). Das Bestellpunktsystem arbeitet in der Regel mit einer festen Bestellmenge, die mit dem sog. ANDLER-Modell (vgl. Abschnitt 7.2.3.2) errechnet wird.

Das folgende **Beispiel** zeigt die Vorratsergänzung im Bestellpunktsystem:

Woche	1	2	3	4	5	6	7	8	9	10	11	12
Bedarf	50	30	20	40	100	60	100	50	20	40	80	60

Meldebestand s: 60
Bestellmenge Q: 150
Lieferzeit: 1 Woche

Bei der Darstellung der Lagerbestandsentwicklung wird unterstellt, dass

- Bestellung und Lieferung jeweils zum Ende der Woche erfolgen,
- der Lagerabgang während der Woche kontinuierlich erfolgt,
- Fehlmengen nicht nachgeliefert werden.

Woche	Bestand Ende Woche	
0	150	
1	100	
2	70	
3	50	Bestellung
4	10	
4	160	Lieferung
5	60	Bestellung
6	0	
6	150	Lieferung
7	50	Bestellung
8	0	
8	150	Lieferung
9	130	
10	90	
11	10	Bestellung
12	0	Lieferung
12	150	

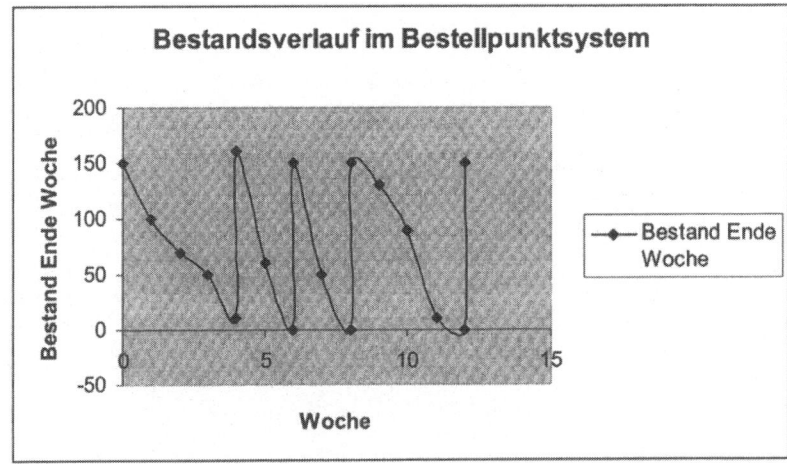

Abbildung 7-7: Bestandsverlauf im Bestellpunktsystem

Das Schaubild 7-7 zeigt, dass die Zeitspanne zwischen zwei Bestellungen und Lieferungen variiert. In dem dargestellten Zeitraum kommt es einmal zu einer Fehlmenge.

7.2.3.2.2 Bestellrhythmussystem

Bestellintervall fix

Das Bestellrhythmussystem zeichnet sich dadurch aus, dass Bestellungen in gleich bleibenden Zeitabständen t (Bestellintervall fix) ausgelöst werden.

Die Bestellmenge wird entweder jeweils gleich bleibend gewählt (t,Q-System) oder es wird ein Höchstbestand festgelegt (t,S-System), den das Lager bei Eintreffen der neuen Lieferung erreichen soll.

Eine Kontrolle der Lagerabgänge zwischen den Bestellzeitpunkten wird im Bestellrhythmussystem nicht vorgenommen. Eine Kontrolle des Lagerbestands zum Bestellzeitpunkt erfolgt nur im Bestellrhythmussystem mit Höchstbestand, bei dem die Bestellmenge als Differenz zwischen Lagerbestand zum Zeitpunkt der Überprüfung und gewünschtem Höchstbestand (unter Berücksichtigung des durchschnittlichen Bedarfs in der Beschaffungszeit) bestimmt wird.

Das folgende Beispiel zeigt die Vorratsergänzung im Bestellrhythmussystem:

Woche	1	2	3	4	5	6	7	8	9	10	11	12
Bedarf	50	30	20	40	100	60	100	50	20	40	80	60

Bestellintervall t: 3 Wochen
Bestellmenge Q: 150
Lieferzeit: 1 Woche

Bei der Darstellung der Lagerbestandsentwicklung wird unterstellt, dass

- Bestellung und Lieferung jeweils zum Ende der Woche erfolgen,
- der Lagerabgang während der Woche kontinuierlich erfolgt,
- Fehlmengen nicht nachgeliefert werden.

Woche	Bestand Ende Woche	
0	150	
1	100	
2	70	Bestellung
3	50	
3	200	Lieferung
4	160	
5	60	Bestellung
6	0	
6	150	Lieferung
7	50	
8	0	Bestellung
9	0	
9	150	Lieferung
10	110	
11	30	Bestellung
12	0	
12	150	Lieferung

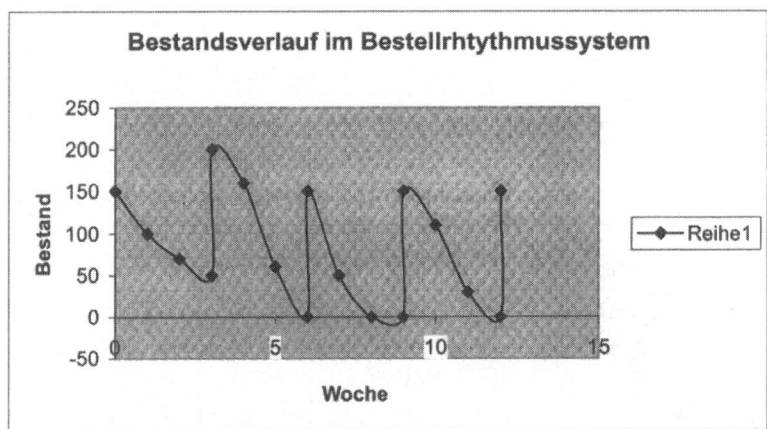

Abbildung 7-8: Bestandsverlauf im Bestellrhythmussystem

Das Schaubild 7-8 zeigt, dass die Abstände zwischen zwei Bestellungen und - infolge der als sicher angenommenen Lieferzeit - die Abstände zwischen zwei Lieferungen immer gleich sind. Der in der zweiten Hälfte des dargestellten Zeitraums erhöhte Materialbedarf führt in zwei Bestellzyklen zu Fehlmengen.

7.2.3.2.3 Optionalsystem

Periodische Prüfung mit Meldebestand

Das Optionalverfahren verbindet die Charakteristika und Vorteile des Bestellpunkt- und des Bestellrhythmussystems:

Wie beim Bestellrhythmussystem erfolgt eine periodische Lagerüberprüfung.

Wie beim Bestellpunktverfahren wird nicht bei jeder Bestandsüberprüfung bestellt, sondern nur dann, wenn der Lagerbestand den festgelegten Meldebestand erreicht oder unterschritten hat. Das Optionalsystem kann wiederum in zwei Versionen auftreten, mit fester Bestellmenge Q oder mit Höchstbestand S.

In der nachfolgenden Übersicht sind nochmals die Charakteristika der vorgestellten Bestellsysteme gegenübergestellt:

	Lagerkontrolle	Bestellintervall	Bestellmenge
s-Q-System	nach Lagerabgang	variabel	fix
t-Q-System	periodisch	fix	fix
t-S-System	periodisch	fix	variabel
t-s-Q-System	periodisch	variabel	fix

Abbildung 7-9: Verbrauchsorientierte Bestellsysteme

7.2.3.3 Bestimmung der kostenoptimalen Bestellmenge

Aufteilung des Jahresbedarfs

Die Bestellmengenoptimierung hat die Aufgabe, einen prognostizierten Periodenbedarf (in der Regel den Jahresbedarf) in mehrere gleich große Bestellmengen aufzuteilen. Dabei sollen die durch die Bestellmenge beeinflussten Kosten möglichst gering sein.

ANDLER-Modell

Das ANDLER-Modell ist ein Entscheidungsmodell der Bestellmengenoptimierung, das unter bestimmten als Modellprämissen bezeichneten Voraussetzungen eine optimale Bestellmenge errechnet. Es basiert auf der Überlegung, dass eine hohe Bestellmenge einerseits die Bestellhäufigkeit im Planungshorizont und damit die Bestellkosten reduziert, andererseits den durchschnittlich im Lager befindlichen Bestandswert und damit die Lagerkosten erhöht.

Als optimale Bestellmenge ist die Bestellmenge gesucht, die die Summe aus Lagerkosten und Bestellkosten pro Jahr (p.a.) minimiert. Die Einstandskosten und Fehlmengenkosten werden als nicht entscheidungsrelevant betrachtet:

Die ANDLER-Formel berechnet die **Lagerkosten** p.a. als Prozentsatz (Lagerkostensatz Lko) des durchschnittlichen Bestandswerts. Bei gleichmäßigem Lagerabgang liegt durchschnittlich die Hälfte der Bestellmenge im Lager (Bestand). Der Bestand wird mit den Einstandskosten/Stück (Eko) des Materials bewertet (Bestandswert).

Die ANDLER-Formel berechnet die **Bestellkosten** p.a. auf der Grundlage der von der Bestellmenge abhängigen Bestellhäufigkeit (Jahresbedarf dividiert durch Bestellmenge) und einem fixen Kostensatz je Bestellvorgang (Bestellkostensatz Bko).

Gesamtkosten p.a. = (Bestellkosten p.a.)+ (Lagerkosten p.a.)

$$\textit{Gesamtkosten p.a.} = \frac{J}{Q} \cdot Bko \; + \; \frac{Q}{2} \cdot Eko \cdot Lko \; \rightarrow \min!$$

J: Jahresbedarf
Q: Bestellmenge
Bko: Bestellkosten/Bestellvorgang
Eko: Einstandskosten/Stück
Lko: Lagerkostensatz in % p.a. des Bestandswerts

Bei linearem Verlauf der von der zu bestimmenden Bestellmenge abhängigen Lagerkosten und degressivem Verlauf der von der Bestellmenge abhängigen Bestellkosten liegt das Minimum der Gesamtkostenfunktion genau im Schnittpunkt der Lager- und Bestellkostenfunktion (vgl. Abbildung 7-10).

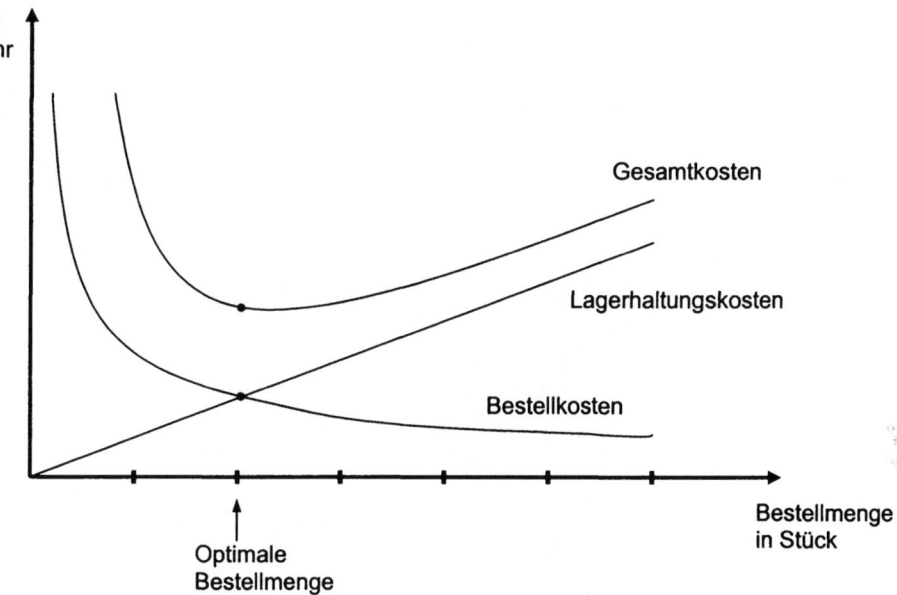

Abbildung 7-10: Grafische Bestimmung der kostenminimalen Bestellmenge

Die mathematische Bestimmung der kostenminimalen Bestellmenge setzt die Lagerkostenfunktion gleich der Bestellkostenfunktion und löst nach der Variablen Bestellmenge auf:

$$\frac{J}{Q} \cdot Bko = \frac{Q}{2} \cdot Eko \cdot Lko$$

$$J \cdot Bko = \tfrac{1}{2} \, Q^2 \cdot Eko \cdot Lko$$

optimale Bestellmenge

$$Q_{opt} = \sqrt{\frac{2 \cdot J \cdot Bko}{Eko \cdot Lko}}$$

Das folgende **Beispiel** zeigt den Gedankengang und das Ergebnis des ANDLER-Modells:

Jahresbedarf der Identnummer	50.000 Stück
Bestellkostensatz	100 €
Lagerkostensatz	0,15 (15%) p.a. des durch-schnittlichen Lagerwerts
Einstandskosten	5 € je Stück

Bestellmenge	Q = 2.000	Q = 5.000	Q = 10.000
Anzahl Bestellun-gen pro Jahr	25	10	5
Durchschnittlicher Lagerbestand in St.	1.000	2.500	5.000
Durchschnittlicher Lagerbestand in €	5.000	12.500	25.000
Bestellkosten pro Jahr in €	2.500.-	1.000.-	500.-
Lagerkosten pro Jahr in €	750.-	1.875.-	3.750.-
Einstandskosten pro Jahr in €	250.000.-	250.000.-	250.000.-
Gesamtkosten pro Jahr in €	253.250.-	**252.875.-**	254.250.-

Einstandskosten   Der Vergleich der Kosten pro Jahr zeigt, dass die Einstandskosten des Materials durch die Bestellmenge nicht beeinflusst werden und daher in dem Vergleich vernachlässigt werden können. Eine Steigerung der Bestellmenge von jeweils 2.000 auf jeweils 5.000 Stück verursacht zwar eine Steigerung der Lagerkosten um 1.125 € pro Jahr. Diese Kostensteigerung ist jedoch sinnvoll, da die Einsparung bei den Bestellkosten 1.500 € beträgt. Eine weitere Steigerung der Bestellmenge auf 10.000 Stück lässt die Lagerkosten stärker ansteigen als die Bestellkosten sinken. Keine der betrachteten Bestellmengen ist kostenminimal. Die ANDLER-Formel errechnet als kostenminimale Bestellmenge (Q):

$$Q = \sqrt{\frac{2 \cdot 50.000 \cdot 100}{5 \cdot 0,15}} = 3.651$$

Modifikation

Die errechnete Bestellmenge berücksichtigt keine Restriktionen hinsichtlich Lagerkapazität, Verderb, finanzieller Mittel, Verpackungseinheiten, Transportmittelkapazitäten, Fertigungskapazitäten des Lieferanten oder Beschaffungsmöglichkeiten auf den Vormärkten.

Die errechnete Bestellmenge ist nur dann kostenminimal, wenn der Lieferant keine bestellmengenabhängigen Preisnachlässe gewährt und wenn der Preis im Planungszeitraum unverändert bleibt. Unterliegt die betrachtete Identnummer Preisschwankungen oder werden nachhaltige Preisänderungen erwartet, ist die Anwendung des ANDLER-Modells nicht sinnvoll. Hier ist eine spekulative Bestellplanung erforderlich, die in Abschnitt 7.3.1 erläutert wird. Gewährt der Lieferant von der jeweiligen Bestellmenge abhängige Preisnachlässe, sollte die errechnete Bestellmenge einer weiteren Prüfung unterzogen werden, die feststellt, ob die Wahrnehmung eines Rabatts wirtschaftlich sinnvoll ist.

Beispiel

Abweichend vom obigen Beispiel sei angenommen, dass der Lieferant ab einer Bestellmenge von 10.000 Stück einen Rabatt gewährt. Die Einstandskosten sinken auf 4,90 €. Um die Vorteilhaftigkeit der Inanspruchnahme des Rabatts zu prüfen, sind die Bestell- + Lager- + Einstandskosten der errechneten Bestellmenge mit den Gesamtkosten der Rabattmindestmenge zu vergleichen. Bestellmengen größer der Rabattmindestmenge können außer Betracht bleiben, da der Vergleich der Bestell- und Lagerkosten gezeigt hat, dass jede Abweichung der Bestellmenge von 3.651 Stück die Bestell- +Lagerkosten erhöht. Eine Steigerung der Bestellmenge über die Rabattmindestmenge hinaus, ist daher nicht sinnvoll.

	Bestellmenge 3.651	Bestellmenge 10.000
Einstandskosten p.a.:	$50.000 \cdot 5 =$ 250.000	$50.000 \cdot 4,90 =$ 245.000
Bestellkosten p.a.:	$50.000 \div 3.651 \cdot 100 =$ 1.369,125	$50.000 \div 10.000 \cdot 100 =$ 500
Lagerkosten p.a.:	$3.651 \div 2 \cdot 5 \cdot 0,15 =$ 1.369,48	$10.000 \div 2 \cdot 0,15 \cdot 4,90$ $= 3.675$
Summe p.a.	252.738,61	249.175

In diesem Beispiel werden die steigenden Lagerkosten durch Ersparnisse bei den Einstandskosten und Bestellkosten gerechtfertigt.

Wird die betrachtete Identnummer im single sourcing beschafft, kann die errechnete Bestellmenge an diese Rahmenbedingungen angepasst werden und in den Stammdaten des Lagerverwaltungssystem hinterlegt werden.

7.2.3.4 Bestimmung des Sicherheits- und Meldebestands

Aufgabe

Die Aufgabe des Sicherheitsbestands besteht darin, die Gefahr der Entstehung von Fehlmengen und -kosten zu vermindern. Die Lieferfähigkeit gegenüber dem internen Kunden soll auch dann gewährleistet sein, wenn unerwartet hoher Bedarf und/oder unerwartet lange Beschaffungszeiten auftreten und wenn falsch oder fehlerhaft geliefert wird.

Das Risiko einer Fehlmenge kann, da nicht alle die Lieferbereitschaft beeinflussenden betrieblichen und Markt-Risiken vorhersehbar sind, auch durch einen extrem hohen Sicherheitsbestand nicht vollständig ausgeschlossen werden. Wie die weiteren Ausführungen zeigen werden, ist eine Lieferbereitschaft von nahe 100% aus Kostengründen auch nicht erstrebenswert. Daher besteht die Aufgabe darin, Fehlmengen mit einer Wahrscheinlichkeit in Höhe des festgelegten Lieferbereitschaftsgrades zu verhindern.

Die Höhe des Sicherheitsbestands beeinflusst als Bestandteil des Lagerhöchstbestands im Bestellrhythmussystem die jeweilige Bestellmenge bzw. als Komponente des Meldebestands im Bestellpunkt- und Optionalverfahren den Bestellzeitpunkt.

Bestimmung

Zur Bestimmung des Sicherheitsbestands ist es zunächst erforderlich, das Fehlmengenrisiko zu bestimmen und den gewünschten Lieferbereitschaftsgrad festzulegen.

Sicherheitszeit

Die einfachste Methode zur Bestimmung eines Sicherheitsbestands besteht darin, eine sog. Sicherheitszeit festzulegen und als Sicherheitsbestand den erwarteten Bedarf in der Sicherheitszeit zu halten:

$$SB = B \cdot SZ$$
SB = Sicherheitsbestand
SZ = Sicherheitszeit
B = erwarteter/durchschnittlicher Bedarf pro Zeiteinheit (z.B. Monat)

Die Festlegung des Sicherheitsbestands nach dieser Methode ist dann sinnvoll, wenn der Bedarf sehr genau bekannt ist und die Qualitätszuverlässigkeit des Lieferanten hoch ist, d.h. Fehlmengen nur durch eine unerwartet lange Beschaffungszeit verursacht werden. Die Methode ist jedoch nicht geeignet, Ungewissheiten des Lagerabgangs, die bei verbrauchsorientierter Bedarfsprognose erheblich sind, zu berücksichtigen: Ein Zusammenhang zwischen der Festlegung einer Sicherheitszeit und dem erreichbaren Lieferbereitschaftsgrad ist in diesem Falle nicht erkennbar.

Statistische Gesetzmäßigkeiten

Die im Folgenden dargestellte Vorgehensweise zur Berechnung des Sicherheitsbestands nutzt einige aus der statistischen Wahrscheinlichkeitstheorie bekannten Gesetzmäßigkeiten. Ihre Übertragung auf die Fragestellung der Sicherheitsbestandsplanung setzt voraus, dass der Bedarf pro Zeiteinheit und Länge der Beschaffungszeit eine empirische Häufigkeitsverteilung zeigen, die es erlaubt, die empirische Häufigkeitsverteilung durch eine theoretische Verteilung, insbesondere durch eine Normalverteilung oder eine Poissonverteilung, zu approximieren.

Um auf der Grundlage statistischer Gesetzmäßigkeiten einen Sicherheitsbestand errechnen zu können, werden die folgenden Daten benötigt:

- der angestrebte Lieferbereitschaftsgrad
- die Standardabweichung des Bedarfs in der Beschaffungszeit als mittlere Abweichung vom erwarteten Bedarf in der Beschaffungszeit.

Sicherheitsfaktor   Der Sicherheitsbestand wird als „Vielfaches der Standardabweichung des Bedarfs in der Beschaffungszeit", dem sog. Sicherheitsfaktor errechnet.

> Sicherheitsbestand= Sicherheitsfaktor · Standardabweichung des Bedarfs in der Beschaffungszeit

Die Standardabweichung ist ein Streuungsmaß, das die Abweichungen zwischen Bedarf und Prognose angibt. Der Sicherheitsfaktor kann aus einer Tabelle abgelesen werden. Er ist von der geforderten Lieferbereitschaft abhängig.

Ohne auf die statistischen Zusammenhänge einzugehen, verdeutlicht die unten abgebildete Tabelle für eine Normalverteilung den Zusammenhang zwischen Sicherheitsfaktor (Vielfache der Standardabweichung des Bedarfs in der Beschaffungszeit) und dem Lieferbereitschaftsgrad. Bei einer symmetrischen Verteilung sind Bedarfswerte größer dem Mittelwert und kleiner dem Mittelwert gleich häufig. Ohne Sicherheitsbestand (Sicherheitsfaktor = 0) wird ein Lieferbereitschaftsgrad von 50% erreicht. Mit einem Sicherheitsbestand in Höhe von 1 Vielfachen der Standardabweichung des Bedarfs in der Beschaffungszeit wird der Lieferbereitschaftsgrad auf 84,13% gesteigert. Die Tabelle zeigt jedoch deutlich, dass weitere Steigerungen des Sicherheitsbestands nur noch geringe Verbesserungen des Lieferbereitschaftsgrades bewirken:

Vielfache der Standardabweichung (Sicherheitsfaktor)	Lieferbereitschaftsgrad (Normalverteilter Bedarf)
0,00	50,00%
1,00	84,13%
1,29	90,00%
1,41	92,00%
1,50	93,31%
1,75	96,00%
2,06	98,00%
2,33	99,00%
2,5	99,38%
3,00	99,87%

Um Verbesserungen der Lieferbereitschaft zu erreichen, müssen jenseits eines Lieferbereitschaftsgrades von ca. 95% gewaltige Steigerungen des Sicherheitsbestands und der Lagerkosten hingenommen werden. Diese „Gesetzmäßigkeit" verdeutlicht das folgende Beispiel und Diagramm:

Der Bedarf der betrachteten Identnummer sei normalverteilt mit einer Standardabweichung des Bedarfs in der Beschaffungszeit von 20. Der Lagerkostensatz betrage 15% des durchschnittlichen Lagerbestandswerts, die Einstandskosten der Identnummer werden mit 10 € angenommen.

Die folgende Tabelle (vgl. Abbildung 7-11) zeigt die Lagerkosten des Sicherheitsbestands in Abhängigkeit von dem geforderten Lieferbereitschaftsgrad:

Sicherheitsbestand = Standardabweichung des Bedarfs in der Beschaffungszeit · Sicherheitsfaktor
Bestandswert = Sicherheitsbestand · Einstandskosten/Stück
Lagerkosten p.a. = Bestandswert · Lagerkostensatz

Lieferbereit- schaftsgrad	Sicherheits- bestand in Stck.	Bestandswert p.a. in €	Lagerkosten p.a. in €
50,00%	0	0	0
84,13%	20	200,-	30,00,-
90,00%	25,8	258,-	38,70,-
92,00%	28,2	282,-	42,30,-
93,31%	30,0	300,-	45,00,-
96,00%	35,0	350,-	52,50,-
98,00%	41,2	412,-	61,80,-
99,00%	46,6	466,-	69,90,-
99,38%	50,0	500,-	75,00,-
99,87%	60,0	600,-	90,00,-

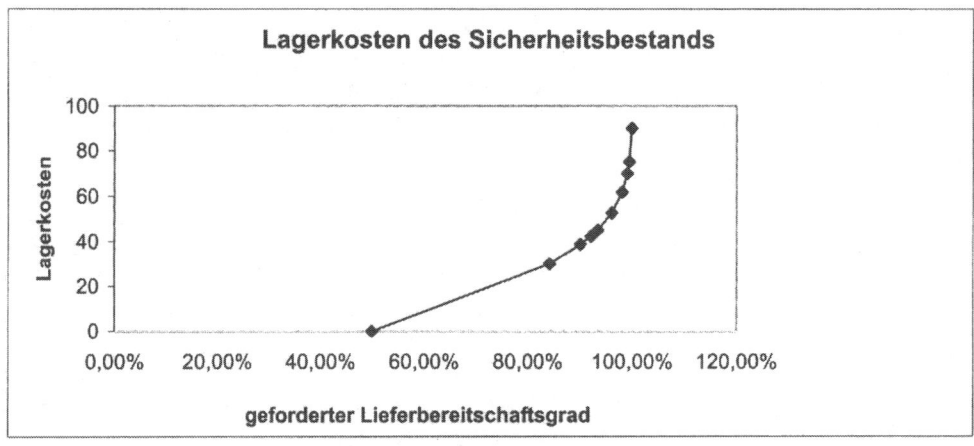

Abb. 7-11: Lagerkosten des Sicherheitsbestands

Wirtschaftlicher Sicherheits- bestand

Der in der oben aufgeführten Tabelle dargestellte Zusammenhang zwischen Sicherheitsfaktor und Lieferbereitschaftsgrad ist für die Bestimmung eines kostenoptimalen/wirtschaftlichen Lieferbereitschaftsgrads und Sicherheitsbestands von großer Bedeutung. Eine Steigerung des Soll-Lieferbereitschaftsgrads ist sinnvoll, wenn die für den Sicherheitsbestand entstehenden Lagerkosten mindestens durch sinkende Fehlmengenkosten kompensiert werden.

Die Prüfung, ob eine Identnummer die Eigenschaften einer Normal- oder Poissonverteilung aufweist, und die Bestimmung des Erwartungswerts und der Standardabweichung des Bedarfs in der Beschaffungszeit ist sehr aufwändig. Die Festlegung des Sicherheitsbestands in der Praxis basiert daher häufig auf Erfahrung und Beobachtung.

Der Meldebestand (Bestellpunkt) als Lagerbestand, bei dessen Erreichen oder Unterschreiten eine Bestellung ausgelöst werden soll, soll den Bedarf der Identnummer mit der durch den Lieferbereitschaftsgrad vorgegebenen Wahrscheinlichkeit decken, bis die Lieferung eingetroffen und für die Fertigung freigegeben ist. Er enthält den Sicherheitsbestand. Der Meldebestand ist daher festzulegen als:

> Meldebestand = Prognostizierter Bedarf in der erwarteten Beschaffungszeit + Sicherheitsbestand

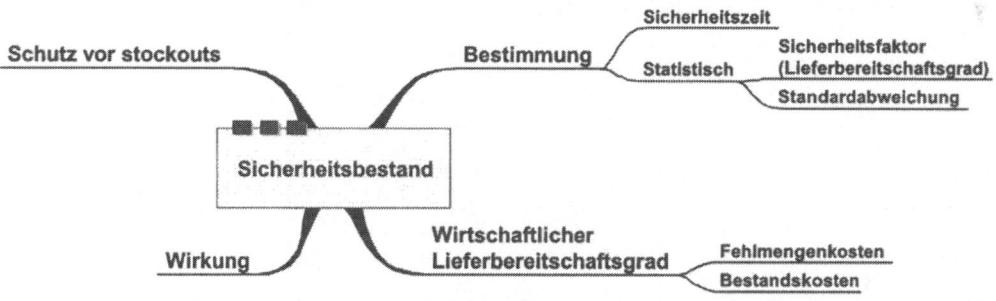

Abbildung 7-12: Sicherheitsbestand

7.2.4 Programmorientierte Bedarfs- und Bestandsplanung

7.2.4.1 Programmorientierte Bedarfsmengen- und –terminplanung

Direktes Material

Eine programmorientierte Bedarfs- und Bestellplanung ist nur für direktes Produktionsmaterial möglich. Für Rohstoffe, Einzelteile und Baugruppen, für die bekannt ist, welcher Zusammenhang zwischen Produktionsmenge des Enderzeugnisses (Primärbedarf) und Materialbedarf (Sekundärbedarf) besteht, kann eine (theoretisch) tagesgenaue und mengengenaue Planung des Materialbedarfs durchgeführt werden. Auf der Grundlage der für lange Zeiträume (häufig 12 Monate und länger) bekannten Materialbedarfe wird für jeden Bedarfsfall individuell eine Bestellmengen- und –terminplanung durchgeführt. Die programmorientierte Disposition ist aufgrund des hohen Berechnungsaufwands ohne eine Software-Unterstützung nicht denkbar. Die Bedarfs- und Bestellplanung wird in einem Modul „Materialdisposition" der Produktionsplanungssoftware durchgeführt. Datenbasis und Vorgehensweise einer Produktionsplanungssoftware sind in Abbildung 7-13 grob skizziert:

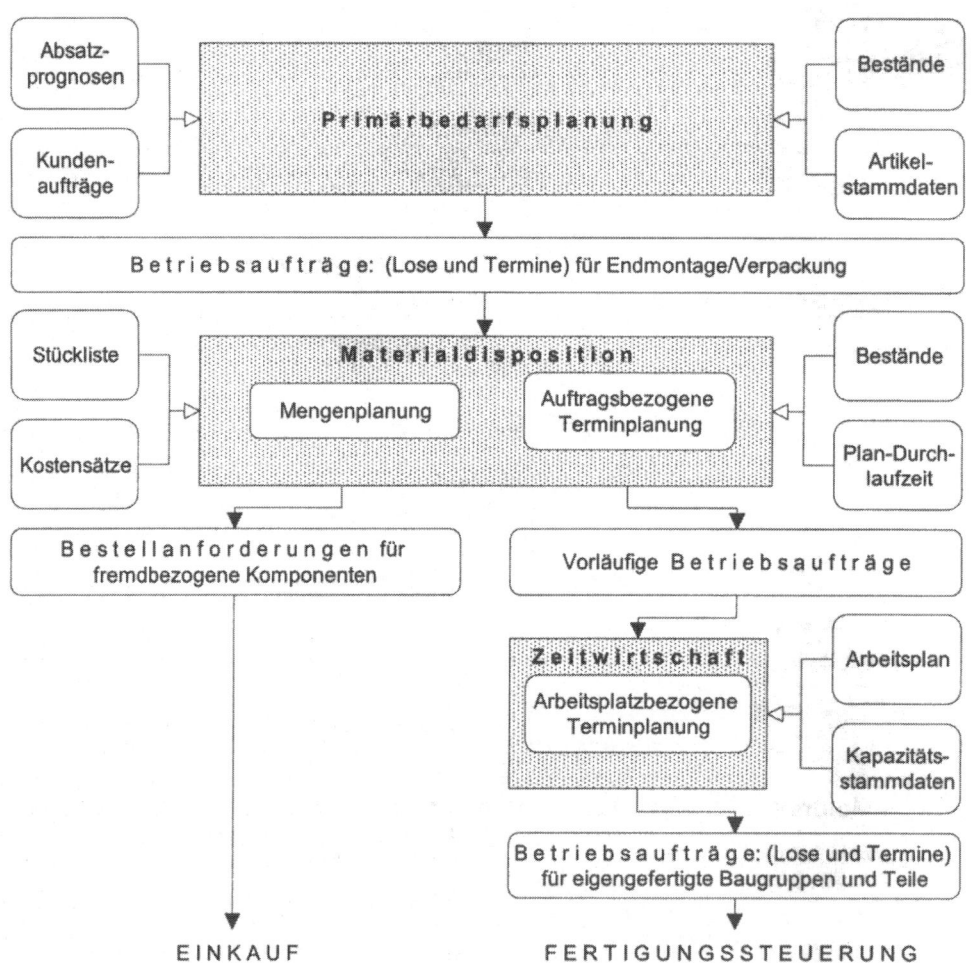

Abbildung 7-13: Vorgehen und Datenbasis der programmorientierten Disposition

**Produktions-
programm**

Die programmorientierte Materialdisposition durchläuft mehrere Schritte:

Im ersten Schritt wird eine Bruttobedarfsrechnung durchgeführt. Hierbei greift die Dispositionssoftware auf die als Stammdatum hinterlegte Stückliste und das geplante Produktionsprogramm (Primärbedarf) zu. Die Stückliste enthält Angaben über den Materialbedarf inklusive Zusatzbedarf für durchschnittlichen Ausschuss. Das Produktionsprogramm gibt an, welche Enderzeugnisse in welchen Mengen bis zu welchem Endtermin gefertigt werden sollen.

Nettobedarf

Im zweiten Schritt wird der errechnete Brutto-Sekundärbedarf dem sog. disponierbaren Bestand gegenübergestellt, um den Nettobedarf zu bestimmen, d.h. den Bedarf, der bestellt bzw. gefertigt werden muss. Für die programmorientierte Disposition gilt der Teil des aktuell physisch vorhandenen Bestands als nicht disponierbar, der als Sicherheitsbestand (Stammdatum) für ungeplanten Bedarf vorgesehen ist und der im letzten Dispositionslauf reserviert wurde für Kunden- und Produktionsaufträge. Die Philosophie der programmorientierten Disposition greift planerisch auf zukünftige Lagerzugänge zu, indem sie offene Bestellaufträge als Plan-Lagerzugang zu ihrem Anlieferungstermin betrachtet. Ein Nettobedarf tritt für eine Komponente dann auf, wenn der disponierbare Bestand erstmals nicht mehr ausreicht, den Bruttobedarf zu decken.

Terminplanung

Die Bedarfstermine werden in der sog. Durchlaufterminierung (auftragsbezogene Terminplanung in Abbildung 7-13) bestimmt. Mit Hilfe der als Stammdaten hinterlegten Durchlaufzeiten des Betriebsauftrags auf der nachfolgenden Fertigungsstufe und dessen spätesten Endtermins kann der Bereitstellungstermin errechnet werden, zu dem die Komponenten verfügbar sein sollen (der Starttermin des Betriebsauftrags, in den die Komponente eingeht). Mit Hilfe der Beschaffungszeit der fremdbezogenen Komponenten ist der Bestelltermin bekannt, zu dem die Komponente bestellt werden muss, um planmäßig zum gewünschten Bereitstellungstermin verfügbar zu sein.

Bestellmenge

Wird die betrachtete Komponente lagerorientiert bereitgestellt (Vorratsbeschaffung), wird im vierten Schritt der programmorientierte Disposition eine wirtschaftliche Bestellmenge errechnet, indem mittels eines sog. dynamischen Verfahrens der Losbildung die Zusammenfassung der Nettobedarfsmengen bestimmt wird, die die geringstmöglichen Lager- und Bestellkosten aufweist (vgl. hierzu die Ausführungen in 7.2.4.2). Als Stammdaten werden der Lagerkostensatz und ein Bestellkostensatz benötigt.

Datenbasis

Als Datenbasis benötigt die programmorientierte Disposition demnach:

- Ein für einen Planungshorizont (möglichst zuverlässig) geplantes Produktionsprogramm, das angibt, welche Enderzeugnisse zu welchem Termin und in welcher Menge fertig gestellt sein sollen.
- Die Strukturstückliste (in der chemisch/pharmazeutischen Industrie „Rezeptur" genannt), die die eigengefertigten und fremdbezogenen Komponenten, deren Einsatzmengen und die Fertigungsstufe, in der sie verarbeitet werden, nennt.
- Die Durchlaufzeit für eigengefertigte Komponenten, die den Zeitraum zwischen Materialbereitstellung und spätestem Endtermin angibt, für fremdbezogene Materialidentnummern die Beschaffungszeit.
- Den Lagerkostensatz, der für die betrachtete Komponente die Lagerkosten je Stück und pro Tag Lagerdauer und einen Bestellkostensatz, der die Kosten einer Bestellabwicklung angibt.

7.2.4.2 Programmorientierte Bestellmengenoptimierung

Wirtschaftliche Bestellmenge

In der Software wird für jede Identnummer hinterlegt, ob eine „feste" (z.B. an der Mindestabnahmemenge oder an Lagerkapazitäten ausgerichtete) Bestellmenge geordert werden soll oder ob diese als „wirtschaftliche" Bestellmenge der individuellen Bedarfssituation angepasst werden soll. Wird als Kennzeichen „wirtschaftliche Bestellmenge" gesetzt, errechnet die Software mittels eines Verfahrens der sog. dynamischen Losbildung eine kostengünstige Zusammenfassung der errechneten Nettobedarfsmengen. Wie im Grundmodell der Bestellmengenoptimierung nach ANDLER gilt eine Bestellmenge als günstig, wenn zusätzliche Lagerkosten durch Einsparungen bei den Bestellkosten kompensiert werden. Da die Nettobedarfsmengen und deren Bedarfstermine bekannt sind, kann die Lagerdauer genau

berechnet werden. Die dynamischen Modelle der Bestellmengenbestimmung kumulieren die Bedarfsmengen. Andere
Bestellmengen werden nicht in Erwägung gezogen.

**Kumulierte
Bedarfe**

Die Vorgehensweise der dynamischen Verfahren der
Bestellmengenbestimmung sei hier am Beispiel der „gleitenden wirtschaftlichen Losgröße" gezeigt. Dieses Verfahren
kumuliert aufeinander folgende Bedarfsmengen solange die
Lager- + Bestellkosten pro Stück sinken:

Beispiel

Die programmorientierte Bedarfsplanung weist für den Planungshorizont Betriebkalendertag 120 bis 230 den folgenden
Nettobedarf aus:

BKT	120	130	145	148	168	180	200	220	230
Nettobedarf	500	1.000	300	2.000	550	250	10.000	1.500	500

Als Bestellkostensatz ist 80 € hinterlegt.

Die Identnummer kostet 4,20 €. Bei einem Lagerkostensatz
von 15% des Lagerwerts p.a. verursacht die Identnummer
Lagerkosten in Höhe von 0,001726 € pro Tag Lagerdauer.

Bestell-menge Q	Anlieferungs-termin	Lagerkosten für Q	Bestell-kosten für Q	Lager- + Bestell-kosten pro Stück
500	BKT 120	0	80	0,16
1.500	BKT 120	0+ 1.000 · 10 · 0,001726 = 17,26	80	0,065
1.800	BKT 120	17,26 + 300 · 25 · 0,001726 = 30,20	80	0,061
3.800	BKT 120	30,20+ 2.000 · 28 · 0,001726 = **126,856**	80	**0,054 Bestell-menge 1**
4.350	BKT 120	126,856+ 550 · 48 · 0,001726 = 172,42	80	0,058

Das Verfahren errechnet die Lager-+ Bestellkosten pro Stück und erkennt, dass die Stückkosten bis zur Bestellmenge 3.800 sinken und dort ein Minimum erreichen. Für die Bedarfsmenge 550 zum BKT 168 wird eine 2. Bestellmenge gebildet. Im 2. Rechengang wird geprüft, welche weiteren Bedarfsmengen in der 2. Bestellmenge zusammengefasst werden sollen:

Bestell-menge Q	Anliefe-rungs-termin	Lagerkosten für Q	Bestell-kosten für Q	Lager- + Bestell-kosten pro Stück
550	BKT 168	0	80	0,145
800	BKT 168	$0+$ $250 \cdot 12 \cdot 0,001726 =$ $5,18$	80	0,106
10.800	BKT 168	$5,18+$ $10.000 \cdot 32 \cdot 0,001726 =$ $557,50$	80	**0,059** **Bestell-menge 2**
12.300	BKT 168	$557,50+$ $1.500 \cdot 52 \cdot 0,001726 =$ $692,128$	80	0,063

Bestell-menge Q	Anliefe-rungs-termin	Lagerkosten für Q	Bestell-kosten für Q	Lager- + Bestell-kosten pro Stück
1.500	BKT 220	0	80	0,053
2.000	BKT 220	$0+$ $2.000 \cdot 10 \cdot 0,001726 =$ $34,52$	80	**0,057** **Bestell-menge 3**

Als einfaches heuristisches Verfahren der Bestellmengenbe-stimmung wird die gleitende wirtschaftliche Losgröße häufig in der softwaregestützten Materialdisposition angewendet. Das Verfahren findet nicht immer die optimalen Bedarfszu-sammenfassungen. Im obigen Beispiel erkennt der Mensch (nicht aber der Computer, der die Berechnungen durchführt), dass eine 3. Bestellung zum Anlieferungstermin BKT 200 sinnvoll sein kann, da zu diesem Termin ein besonders hoher Bedarf auftritt. Diese Alternative wird im Verfahren gleitende wirtschaftliche Losgröße gar nicht geprüft!

7.2.4.3 Fehlerquellen in der programmorientierten Disposition

Theoretisch verspricht die programmorientierte Disposition präzise Bedarfsmengen und -termine für lange Planungszeiträume.

Wenn diese Erwartungen in der Praxis nicht erfüllt werden, ist dies vor allem auf 4 Ursachen zurückzuführen:

Änderungen

- Kurzfristige Änderungen des Produktionsprogramms... Häufig ist der Bedarf auf dem Absatzmarkt und damit der Bedarf an Baugruppen und Einzelteilen zu dem Zeitpunkt, zu dem der Einkauf Bestellvorschläge freigeben muss, noch nicht auf Realisierbarkeit, Verlässlichkeit und Vorteilhaftigkeit geprüft. Vielmehr werden erst kurzfristig, wenn der Primärbedarf und das Kapazitätsangebot hinreichend sicher bekannt sind, Produktionsprogramme für alle Fertigungsstufen festgelegt.

Zum Zeitpunkt der Bestellauslösung ist daher die Datenbasis für die korrekt und programmorientiert errechneten Bedarfsmengen und -termine falsch.

Änderungen des Produktionsprogramms werden systemtechnisch in einer rollierenden Planung verarbeitet, die es erlaubt, eine mindestens tägliche Neuplanung der Bedarfs- und Kapazitätssituation durchzuführen. Die rollierende Planung verändert die Ecktermine der im letzten Planungslauf errechneten Betriebsauftragsvorschläge und Bestellvorschläge oder deren Losgrößen. Bei langen Durchlaufzeiten über alle Fertigungsstufen werden dabei häufig Start- oder sogar Endtermine in der Vergangenheit erzeugt, weil die Änderung zu spät erfolgt, aber systemtechnisch trotzdem verarbeitet wird. Besondere Verärgerung verursachen beim Einkäufer solche Engpassbestellaufträge, die mit besonderer Mühe und unter Inkaufnahme zusätzlicher Kosten beschafft wurden und anschließend nicht weiterverarbeitet werden können. Dieses Phänomen ist auf zu spät erkannte Material- und Kapazitätsengpässe zurückzuführen und darauf, dass die übrigen, von einem Engpass betroffenen Betriebsauftragsvorschläge nicht geändert wurden.

Belastungs-
anpassung

- Kurzfristige Belastungsanpassungen...
  Engpassbestellaufträge und sprunghafte Bedarfsänderungen werden in der Praxis häufig auch durch sog.
  Belastungsanpassungen verursacht. Diese werden in einer Kapazitätsüberschuss-Situation vorgenommen, um
  zusätzliche Auslastung zu erzeugen oder die Auslastung
  zu verstetigen. Wenn zu diesem Zwecke geplante Betriebsaufträge kurzfristig terminlich und/oder
  mengenmäßig verschoben werden (vor allem terminlich
  vorgezogen und mengenmäßig erhöht werden), besteht
  die Gefahr, dass die im Einkauf entstehenden Nachteile
  die beim Kapazitätsziel erreichten Vorteile kompensie-
  ren.

Stammdaten

- Änderungen der Artikelstammdaten...
  Die gleichen Probleme können durch Änderungen der
  dispositionsrelevanten Artikelstammdaten verursacht
  werden. Eine Korrektur der Soll-Durchlaufzeiten und der
  Kostensätze sollte daher auch auf ihre kurzfristigen Wirkungen im Einkauf geprüft werden.

Bestandsführung

- Bestandsdifferenzen, Zuverlässigkeit des geplanten Lagerzugangs...
  Die programmorientierte Nettobedarfsplanung basiert auf
  dem aktuellen Buchbestand der betrachteten Identnummer. Entspricht der Buchbestand nicht dem vorhandenen
  Bestand, wird der Nettobedarf falsch angegeben.
  Geplante Lagerzugänge werden als in der Zukunft verfügbarer Bestand bereits verplant, bevor sie eingetroffen
  sind. Sind die Lagerzugangstermine nicht richtig, wird
  damit auch ein falscher Nettobedarf errechnet.

Auch bei programmorientierter Bedarfsplanung ist demnach
mit Prognosefehlern zu rechnen und ein Sicherheitsbestand
zur Gewährleistung des geforderten Lieferbereitschaftsgrads
erforderlich. Die Überlegungen, die bei der Festlegung des
Sicherheitsbestands anzustellen sind, wurden unter 7.2.3.4
erläutert.

Abbildung 7-14: Fehlerquellen in der programmorientierten Disposition

7.2.5 Beispiel einer Materialdisposition

Das folgende Beispiel demonstriert die Vorgehensweise und das Ergebnis der verbrauchs- und programmorientierten Bedarfs- und Bestellplanung:

Betrachtet wird das Enderzeugnis „Sessel", der aus den Baugruppen „Rahmen", „Polster" und „Bezug" besteht, die wiederum aus den fremdbezogenen Komponenten „Leiste", „Schrauben", „Leim", „Feder", „Schaumstoff" und „Stoff" gefertigt werden. Die für 1 Stück der übergeordneten Fertigungsstufe benötigten Mengen und die Plan-Durchlaufzeiten sind in der Strukturstückliste angegeben. Aus den für jede Identnummer angelegten Stammdaten sind die Bereitstellungs- und Dispositionsarten, sowie die Kosten-sätze zu entnehmen, die für die Berechnung einer wirtschaftlichen Losgröße und Bestellmenge benötigt werden. Weiterhin ist ein Meldebestand und Sicherheitsbe-stand für jede Identnummer gepflegt, bei dessen Erreichen eine Bestellung ausgelöst werden soll bzw. ein Lagerzugang erfolgen soll. Als Bewegungsdatum benötigt die systemge-stützte Materialdisposition den physisch vorhandenen Buchbestand bzw. den (frei) verfügbaren Bestand:

Artikelstammdaten:

1. Strukturstückliste

Fertigungs-stufe	Artikel-nummer	Artikel-bezeichnung	Menge	Teile-art	Plan-Durchlaufzeit (in BKT)
.0	3000	Sessel	1	FE	4
.1	3001	Rahmen	1	E	3
.2	3010	Holzleiste	8	F	10
.2	3020	Schraube	20	F	10
.2	3030	Leim	1	F	5
.1	3002	Polster	1	E	5
.2	3040	Stahlfeder	6	F	5
.2	3050	Schaumstoff	4	F	5
.1	3003	Bezug	1	E	4
.2	3060	Stoff, blau	5	F	20

FE: Fertigerzeugnis
E: eigengefertigte Baugruppe
F: fremdbezogenes Teil

2. Dispositionsrelevante Artikelstammdaten

Artikel-nummer	Artikel-Bezeich-nung	Bereitstel-lungsart	Dispos.art	Los-/ Bestell-menge	Lager-kosten	Rüst-/ Bestell-kosten	Sicher-heits-/ Melde-bestand
3000	Sessel	auftragsor.	Auftr.	----	---	----	----
3001	Rahmen	auftragsor.	Progr.	---	---	----	----
3002	Polster	lageror.	Progr.	wirtsch.	0,10 € pro Tag u. Stck.	200	30
3003	Bezug	auftragsor.	Progr.	---	---		----
3010	Holzleiste	lageror.	Progr.	fest:1000			100
3020	Schraube	lageror.	Verbr.	wirtsch.	15% p.a. des Lagerwerts	50	400
3030	Leim	lageror.	Verbr.	fest: 2000			500
3040	Stahlfeder	lageror.	Progr.	wirtsch.	0,12 € pro Tag u. Stck.		100
3050	Schaumst.	lageror.	Verbr.	wirtsch.	15 % p.a. des Lagerwerts	50	500
3060	Stoff, blau	auftragsor.	Progr.	---	---		----

Bewegungsdaten zum Planungszeitpunkt BKT 130:

1. Bestandsdaten zum Planungszeitpunkt BKT 130

Artikel-nummer	Artikelbezeichnung	Buchbestand	Sicherheitsbestand	Meldebestand (verbrauchsor. Disp.)
3002	Polster	100	30	
3010	Holzleiste	500	100	
3020	Schraube	1.000	100	400
3030	Leim	2.000	100	500
3040	Stahlfeder	2.000	100	
3050	Schaumstoff	5.000	100	500

2. Geplantes Produktionsprogramm (Primärbedarf)

Artikel-nummer	Artikel-bezeichnung	Betriebsauftrag Nr.	Menge	Endtermin (Bkt)	Starttermin (Bkt)
3000	Sessel	1	10	152	148
3000	Sessel	2	20	158	154
3000	Sessel	3	50	160	156
3000	Sessel	4	20	165	161

**Ergebnis der Materialdisposition
Fertigungsstufe 1:**

Die Artikelnummern 3001(Rahmen) und 3003 (Bezug) werden auftragsorientiert bereitgestellt. Für jeden Primärbedarf wird daher ein Betriebsauftrag „Rahmen" bzw. „Bezug" erzeugt, dessen Menge dem Primärbedarf entspricht und dessen Endtermin dem Starttermin des zugehörigen Sessel-Auftrags entspricht. Für den „Stoff" werden analog Bestellaufträge erzeugt, deren Anlieferungstermin dem Starttermin des Betriebsauftrags „Bezug" entspricht.

Artikel-nummer	Artikel-bezeichnung	Betriebs-auftrag Nr.	Menge	Interner Kunde Betriebsauftrag Nr.	Endtermin (BKT)	Starttermin (BKT)
3001	Rahmen	5	10	1	148	145
3001	Rahmen	6	20	2	154	151
3001	Rahmen	7	50	3	156	153
3001	Rahmen	8	20	4	161	158
3003	Bezug	9	10	1	148	144
3003	Bezug	10	20	2	154	150
3003	Bezug	11	50	3	156	152
3003	Bezug	12	20	4	161	157

7.2   Materialdisposition

Artikelnummer 3002 „Polster" wird lagerorientiert bereitgestellt. Die Software errechnet daher zunächst den Bruttosekundärbedarf, vergleicht diesen mit dem disponierbaren Bestand, um den Nettobedarf zu bestimmen. Anschließend wird eine wirtschaftliche Losgröße errechnet.

Bestand und geplante Lagerbewegungen	Termin BKT	Dispon. Bestand bzw. Nettobedarf	Betriebsauftrag
Buchbestand 100	130		
- Sicherheitsbest. 30	130	70	
- Bruttobed./Res. 10 für Betriebsauftrag 1	148	60	
- Bruttobed./Res. 20 für Betriebsauftrag 2	154	40	
- Bruttobed./Res. 50 für Betriebsauftrag 3	156	-10	Betriebsauftrag 13 : 30 Stück Endtermin 156 Starttermin 151
- Bruttobed./Res. 20 für Betriebsauftrag 4	161	-20	

Die Losoptimierung errechnet eine Losgröße von 30 Polstern, fasst also die erkennbaren Nettobedarfe im Planungshorizont zu **einem** Los zusammen. Der Betriebsauftrag 13 löst Sekundärbedarf an Stahlfedern aus. Die Komponente Schaumstoff wird verbrauchsorientiert disponiert. Eine zukunftsorientierte Bedarfsplanung erfolgt nicht.

Artikelnummer 3010 Holzleiste

Bestand und geplante Lagerbewegungen	Termin BKT	Dispon. Bestand bzw. Nettobedarf	Bestellauftrag
Buchbestand 500	130		
- Sicherheitsbest. 100	130	400	
- Bruttobed./Res. 80 für Betriebsauftrag 5	145	320	
- Bruttob./Res. 160 für Betriebsauftrag 6	151	160	
- Bruttob./Res. 400 für Betriebsauftrag 7	153	-240	Bestellauftrag 1: 1000 Anlieferungstermin 153 Bestelltermin 143
- Bruttob./Res. 160 für Betriebsauftrag 8	158	-400	

Artikelnummer 3040 Stahlfeder

Bestand und geplante Lagerbewegungen	Termin BKT	Dispon. Bestand bzw. Nettobedarf	Bestellauftrag
Buchbestand 2.000	130		
- Sicherheitsbest. 100	130	1.900	
- Bruttobed./Res. 180 für Betriebsauftrag 13	151	1.720	

Artikelnummer 3060 Stoff

Artikel-nummer	Artikel-bezeichnung	Bestell-auftrag Nr.	Menge	Interner Kunde Betriebsauftrag Nr.	Anlieferungs-termin (BKT)	Bestell-termin (BKT)
3060	Stoff	2	50	9	144	124
3060	Stoff	3	100	10	150	130
3060	Stoff	4	250	11	152	132
3060	Stoff	5	100	12	157	137

Der Bestellauftrag 2 hat einen Bestelltermin in der Vergangenheit (der aktuelle Planungszeitpunkt ist BKT 130). Er hätte bereits am BKT 124 bestellt werden sollen. Der Einkauf muss versuchen, die Beschaffungszeit um 5 Tage zu verkürzen, um den Betriebsauftrag 9 termingerecht bedienen zu können.

Die Artikelnummern 3020 (Schraube), 3030 (Leim) und 3050 (Schaumstoff) werden verbrauchsorientiert disponiert. Ihr zukünftiger Bedarf ist zum Planungszeitpunkt BKT 130 noch nicht erkennbar.

Quellen und weiterführende Literatur zu 7.2:

Kernler (1995) S. 77ff; Mertens (2001) S. 144ff; Bichler/ Krohn (2001) S. 103 - 180; Zäpfel (1998); Schulte (2001) S. 112 - 205; Patig (2003) S. 46 - 54, S.117 - 128.

7.3 Bestellabwicklung

7.3.1 Bestellanforderungen prüfen und modifizieren

7.3.1.1 Anlässe für eine Modifikation der Bestellvorschläge

Angaben

Der Einkauf wird aufgrund von Bestellanforderungen tätig. Diese umfassen die gewünschte Materialidentnummer (codierte Produkte) oder eine Spezifikation bzw. ein Lastenheft (für nicht-kodierte Beschaffungsobjekte und Dienstleistungen), einen spätesten Anlieferungstermin/Bedarfstermin und eine Bedarfsmenge oder einen Bestellmengenvorschlag. Für indirekte Produkte sind darüber hinaus die Angabe der anfordernden Kostenstelle und die Genehmigung durch den Vorgesetzten erforderlich.

Absender

Bestellanforderungen für indirekte Produkte und Dienstleistungen gehen vom internen Kunden ein. Bestellanforderungen für direktes Material, das verbrauchsorientiert disponiert wird, werden im Lagerverwaltungssystem erzeugt, das die Unterschreitung des Meldebestands oder das Verstreichen des hinterlegten Bestellintervalls meldet. Bestellanforderungen für direktes Material, das programmorientiert disponiert wird, sind das Ergebnis der softwaregestützten Produktionsplanung und Materialdisposition, die von der Abteilung Arbeitsvorbereitung/Disposition verantwortet wird (vgl. die Ausführungen unter 7.2.4).

Prüfung

Der Einkauf muss die vorgeschlagene Bestellmenge und den vorgeschlagenen Anlieferungstermin auf Realisierbarkeit und Vorteilhaftigkeit prüfen und gegebenenfalls modifizieren oder verwerfen und in Abstimmung mit der Disposition einen eigenen Vorschlag entwickeln. Dass die Bestellanforderungen nicht ungeprüft in Bestellungen verwandelt werden können bzw. sollten, ist auf die Arbeitsweise der systemgestützten Bestelloptimierung zurückzuführen:

- Die systemgestützte Bestellmengenplanung berücksichtigt Restriktionen nicht. Anlässe die vorgeschlagene Bestellmenge zu modifizieren, können Engpässe beim Lieferanten sein, Transportmittelkapazitäten, Verpackungseinheiten, eigene Lagerkapazitäten, Engpässe bei finanziellen Mitteln und drohender Verderb.

- Die systemgestützte Bestellmengenplanung berücksichtigt mengenabhängige Preisnachlässe (Rabatt), die vom Lieferanten gewährt werden, nicht.

- Die systemgestützte Bestellmengenplanung unterstellt, dass die Preise für die Beschaffungsobjekte im Planungszeitraum unverändert bleiben. Erwartet der Einkauf Preissteigerungen oder beobachtet der Einkauf ein vorübergehendes Preistief, sollte der systemgestützte Bestellmengenvorschlag komplett verworfen werden und eine sog. spekulative Bestellmenge ermittelt werden (vgl. 7.3.1.3). Im Falle eines kontinuierlichen Preisverfalls sollte von dem Bestellvorschlag ebenfalls abgewichen werden. Die Bestellmenge sollte soweit dies im Hinblick auf Bestellabwicklungskosten tragbar ist, reduziert werden, um von den sinkenden Einstandskosten profitieren zu können.

- Die systemgestützte Materialdisposition errechnet für jede fremdbezogene Materialidentnummer eine kostengünstige Bestellmenge (Lagerkosten, Bestellkosten) und ermittelt auf der Grundlage der aus den Artikelstammdaten entnommenen Plan-Beschaffungszeit und dem spätesten Anlieferungstermin (Bedarfstermin) einen Bestelltermin. Diese Ergebnisse der Materialdisposition werden als Bestellvorschläge in den Einkauf weitergeleitet und dort nach Artikelnummer und Bestelltermin sortiert. Häufig werden in kurzen Zeiträumen mehrere Bestellanforderungen beim Einkauf eingehen, die beim gleichen Lieferanten bestellt werden (können). Für diese Materialidentnummern ist zu prüfen, ob eine Verbundbestellung (Sammelbestellung) möglich ist (vgl. 7.3.1.2).

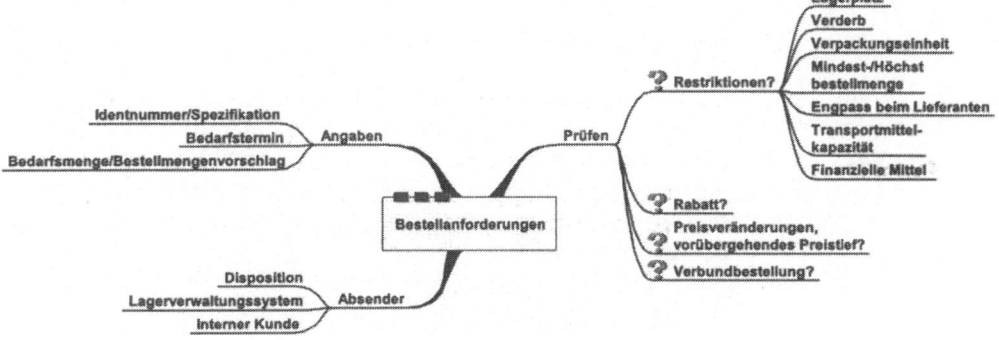

Abbildung 7-15 Bestellanforderungen

7.3.1.2 Verbundbestellung

**Verbund-
bestellung**

Eine Verbundbestellung kann gebildet werden, indem entweder die **Bestellmengen** der Systemvorschläge übernommen werden und die Bestellungen auf einen gemeinsamen Anlieferungstermin zusammengefasst werden oder indem Anlieferungstermine **und** Bestellmengen in Frage gestellt werden.

Ersparnisse

- Verbundbestellungen erlauben dem Abnehmer die Ausnutzung von auftragswertabhängigen Boni, die mit Einzelbestellungen nicht erreichbar wären,
- Verbundbestellungen senken eventuell die Bestellkosten des Abnehmers durch geringeren administrativen Aufwand für Bestellabwicklung, Wareneingang, Rechnungsprüfung,
- Verbundbestellungen verursachen zusätzlichen personellen Aufwand in der Materialdisposition des Abnehmers,
- Verbundbestellungen steigern die Lagerkosten beim Abnehmer, wenn Bestellungen terminlich vorgezogen werden und gleichzeitig die Bestellmengen unverändert bleiben,
- Verbundbestellungen reduzieren die Umweltbelastung durch Transporte,
- Verbundbestellungen senken beim Lieferanten die Kosten für die kaufmännische Auftragsabwicklung, die Kommissionierung, Verpackung und den Transport der Ware. Selbst wenn dem Abnehmer keine oder nur geringe Kostenvorteile entstehen, kann die gemeinsame Bestellung zeitnaher Materialbedarfe demnach ein Instrument unternehmensübergreifender Kostensenkung bilden.

Beispiel

Das nachfolgende Beispiel zeigt, wie bei der gemeinsamen Disposition von mehreren Identnummern vorzugehen ist. Das Beispiel macht auch deutlich, dass das gemeinsame Bestellen mehrerer Artikel für den Abnehmer nicht in jedem Falle kostengünstiger ist als die Einzelbestellung und verdeutlicht den nicht unerheblichen personellen Aufwand, der bei der Prüfung und Optimierung der Verbundbestellung aufzuwenden ist.

Betrachtet werden die Artikel 1,2,3, für die die folgenden Stammdaten hinterlegt sind:

Artikelstammdaten	Artikel 1	Artikel 2	Artikel 3
Einstandkosten/Stck. (€):	10	15	12
Lagerkostensatz (€/Stck./Tag):	0,0055	0,0082	0,0065
fixe Bestellkosten (€):	100	100	100

Ergebnis der systemgestützten Materialdisposition:

Für die folgende Bedarfssituation errechnet die Software auf Grundlage der angegebenen Stammdaten 3 Bestellvorschläge:

Bedarfs- termin	10.6.	10.7.	20.7.	30.7.	
Artikel 1: Nettobedarf	250	80	350	50	Bestellvorschlag: 730 Stck. zum 10.6.
Artikel 2: Nettobedarf		200	800	100	Bestellvorschlag: 1.100 Stück zum 10.7.
Artikel 3: Nettobedarf			10	150	Bestellvorschlag: 160 Stück zum 20.7.

Artikel 1,2,3 werden bei dem gleichen Lieferanten bestellt, eine Verbunddisposition und -bestellung verursacht 130 € fixe Bestellkosten. Der Lieferant gewährt einen Auftragswertbonus von 1% ab einem Bestellwert von 25.000 €.

Um die Vorteilhaftigkeit einer Verbundbestellung prüfen zu können, werden zunächst die Gesamtkosten der systemgestützten Bestellvorschläge errechnet. Sie dienen als Vergleichsmaßstab für alternative Verbundbestellungen.

Ergebnis der systemgestützten Bestelloptimierung:

	Artikel 1	Artikel 2	Artikel 3	Kosten für Artikel 1-3
Bestellmenge (Stück)	730	1100	160	
Anlieferungstermin	10.6.	10.7.	20.7.	
Lagerkosten der Bestellmenge (€)	103,95	82	9,75	195,70
Bestellkosten (€)	100	100	100	300
Einstandskosten (€)	7.300	16.500	1.920	25.720
Gesamtkosten				26.215,70

Bei Einzelbestellungen sind die Bestellwerte jeweils zu gering, um den Bonus zu erreichen.

Verbundbestellung Alternative 1 – Übernahme der Bestellmengen, Festlegung eines gemeinsamen Anliefertermins:

Artikel 1: 730 Stück, Artikel 2: 1100 Stück, Artikel 3: 160 Stück zum Anlieferungstermin 10.6. - der Bestellwert beträgt 25.720 €.

Wenn der Lieferant einen Auftragswertbonus von 1% ab einem Bestellwert von 25.000 € gewährt, entstehen Gesamtkosten in Höhe von:

	Artikel 1	Artikel 2	Artikel 3	Kosten für Artikel 1-3
Bestellmenge (Stück)	730	1100	160	
Anlieferungstermin	10.6.	10.6.	10.6.	
Lagerkosten der Bestellmenge (€)	103,95	352,60	51,35	507,90
Bestellkosten (€)				130
Einstandskosten (€) = Bestellwert - Bonus				25.720 .– - 257,20
Gesamtkosten				26.402,70

Eine Gegenüberstellung der Kosten zeigt, dass die Steigerung der Lagerkosten im Vergleich zu den erzielbaren Einsparungen bei den Einstandskosten und Bestellkosten zu hoch ist.

Verbundbestellung Alternative 2 - Die Steigerung der Lagerkosten ist in Alternative 1 auf Artikel 2 zurückzuführen. Eine Verbesserung der Lösung wird erreicht, wenn 2 Verbundbestellungen ausgelöst werden:

	Artikel 1	Artikel 2	Artikel 3	Kosten für Artikel 1-3
Verbundbestellung 1	330 Stck	200 Stck	-	
Anlieferungstermin	10.6.	10.6.	-	
Lagerkosten der Bestellmenge (€)	13,20	49,20	-	62,40
Bestellkosten (€)				130
Einstandskosten (€)				6.300
Verbundbestellung 2	400 Stck	900 Stck	160 Stck	
Anlieferungstermin	20.7.	20.7.	20.7.	
Lagerkosten der Bestellmenge (€)	2,75	8,20	9,75	20,70
Bestellkosten (€)				130
Einstandskosten (€)				19.420
Gesamtkosten Verbundbestellung 1+2				26.063,10

Obwohl bei der Bildung von 2 Verbundbestellungen kein Auftragswertbonus erreicht wird, sinken die Kosten im Vergleich zum Systemvorschlag, da die Lagerkosten **und** die Bestellkosten reduziert werden konnten.

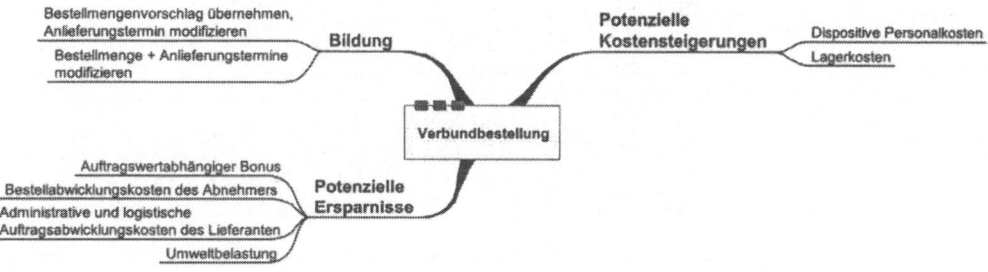

Abbildung 7-16: Verbundbestellung

7.3.1.3 Spekulative Bestellung

Steigende Preise

Von spekulativem Einkauf spricht man dann, wenn die Beschaffung auf steigende Preise in der Zukunft spekuliert und gezielt höhere Lagerkosten in Kauf nimmt als im Hinblick auf den wirtschaftlichen Ausgleichsbestand (die Einsparungen bei den Bestellkosten und den mengenabhängigen Einstandspreisen den Lagerkosten gegenüberstellt) optimal erscheint.

Spekulative Überlegungen im Einkauf sind in den folgenden **Entscheidungssituationen** angezeigt:

- für das betrachtete Material gilt für einen befristeten Zeitraum ein geringerer Einstandspreis (Sonderangebot, börsennotierte Rohstoffe),
- der Lieferant kündigt eine Preiserhöhung für die Zukunft an bzw. der Einkauf rechnet mit steigenden Preisen.

Gilt die Preisänderung nur vorübergehend, ist eine nachhaltige Änderung der Bestellpolitik nicht sinnvoll. Vielmehr ist zu prüfen, ob eine einmalige größere Bestellmenge zu dem derzeit gültigen Einstandspreis zu einer Senkung der Kosten führt und welche optimale Höhe diese einmalige Bestellmenge mit spekulativem Charakter hat.

Die Vorteilhaftigkeit und die optimale Höhe einer spekulativen Bestellmenge wird bestimmt durch das Verhältnis zwischen

- zusätzlich entstehenden Lagerkosten einerseits und den
- Ersparnissen bei den Bestellkosten und den
- Ersparnissen bei den Materialeinstandskosten andererseits.

Zu berücksichtigen sind Personalkosten für die Datenbeschaffung, die Suche nach sinnvollen spekulativen Bestellmengenalternativen und für deren Vergleich.

Ersparnisse durch eine spekulative Bestellmenge entstehen außerdem bei den Fehlmengenkosten: die einmalige hohe Bestellmenge reduziert die Bestellhäufigkeit in der Planungsperiode und damit die Fehlmengenwahrscheinlichkeit unter sonst gleichen Bedingungen.

Da die Wirkung auf die Fehlmengenkosten in der Regel nicht quantifizierbar ist, bleibt sie bei den nachfolgenden Überlegungen außer Betracht.

Zur Bestimmung der optimalen spekulativen Bestellmenge müssen die relevanten Gesamtkosten der Planungsperiode für die betrachteten Alternativen verglichen werden:

Gesamtkosten p.a. = Bestellkosten p.a. + Lagerkosten p.a. + Einstandskosten p.a.

Beispiel:

Von einem Rohstoff werden pro Monat regelmäßig 2000 Stück benötigt. Der Rohstoff wird in einem Bestellrhythmussystem disponiert.

Die Bestellkosten betragen 200 €. Die Lagerkosten betragen 20% p.a. des durchschnittlichen Lagerwerts. Der bisherige Einstandspreis betrug 50 €/Stück.

Der Bestellrhythmus wurde bisher mit 0,5 Monaten festgelegt, es wurde jeweils eine Bestellmenge von 1.000 Stück bestellt. Aufgrund einer vorübergehenden Senkung des Einstandspreises auf 48 € soll eine Abweichung von der normalen Bevorratungspolitik geprüft werden. Dabei wird davon ausgegangen, dass zu dem günstigeren Einstandspreis nur eine spekulative Bestellmenge möglich ist, anschließend gilt wieder der Normalpreis von 50 €/Stück.

7.3   Bestellabwicklung

Es werden 4 alternative spekulative Bestellmengen verglichen: 0 Stück, 2.000 Stück, 6.000 Stück und 12.000 Stück.

	Spekulative Bestellmenge: 0	Spekulative Bestellmenge: 2.000 (Reichweite 1 Monat)	Spekulative Bestellmenge: 6.000 (Reichweite: 3 Monate)	Spekulative Bestellmenge: 12.000 (Reichweite 6 Monate)
Einstandskosten p.a.:	$23 \cdot 50 \cdot 1.000 +$ $1 \cdot 48 \cdot 1.000 =$ 1.198.000	$22.000 \cdot 50 +$ $2.000 \cdot 48 =$ 1.196.000	$18.000 \cdot 50 +$ $6.000 \cdot 48 =$ 1.188.000	$12.000 \cdot 50 +$ $12.000 \cdot 48 =$ **1.176.000**
Bestellkosten p.a.:	$23 \cdot 200 +$ $1 \cdot 200 = 4.800$	$22 \cdot 200 +$ $1 \cdot 200 = 4.600$	$18 \cdot 200 +$ $1 \cdot 200 = 3.800$	$12 \cdot 200 +$ $1 \cdot 200 = 2.600$
Lagerkosten p.a.:	$1.000/2 \cdot 50 \cdot 0,2$ $\cdot 23/24 +$ $1.000/2 \cdot 48 \cdot 0,2$ $\cdot 1/24 =$ **4.991,67**	$2.000/2 \cdot 48 \cdot 0,2$ $\cdot 1/12 +$ $1.000/2 \cdot 50 \cdot 0,2$ $\cdot 11/12 =$ 5.383,33	$1.000/2 \cdot 50 \cdot$ $0,20 \cdot 9/12 +$ $6.000/2 \cdot 48 \cdot$ $0,2 \cdot 3/12 =$ 12.200	$1.000/2 \cdot 50 \cdot$ $0,2 \cdot 6/12 +$ $12.000/2 \cdot 48 \cdot$ $0,2 \cdot 6/12 =$ 33.800
Summe p.a.	1.207.791,67	1.205.983,33	**1.202.750**	1.209.900

Von den betrachteten Alternativen ist also offensichtlich die Alternative 6.000 ME die günstigste: die gestiegenen Lagerkosten werden durch die Ersparnisse bei den Einstandskosten und den Bestellkosten überkompensiert. Die Ersparnis gegenüber der normalen Bestellmenge ist hier am größten.

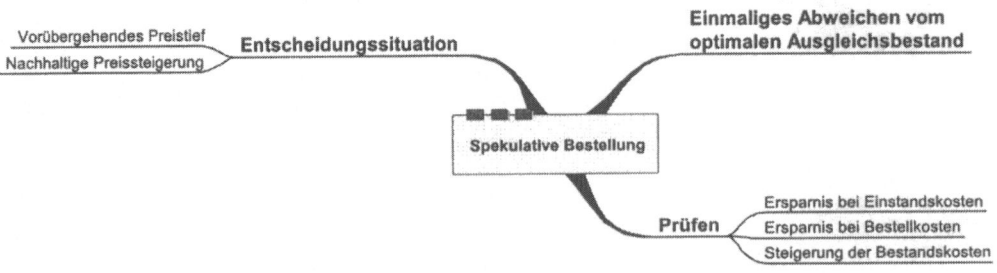

Abbildung 7-17: Spekulative Bestellung

7.3.2 Angebotsvergleich und Preisstruktur-analyse

Ein Angebotsvergleich wird im Rahmen der operativen Beschaffung durchgeführt, wenn der Lieferant nicht bereits durch strategische Vorgaben festgelegt ist, sondern multiple sourcing betrieben wird oder Einzelbestellungen getätigt werden. Die eingehenden Angebote sind nicht direkt vergleichbar, wenn sie auf unterschiedliche Lieferungs- und Zahlungsbedingungen basieren oder (bei Dienstleistungen) nicht die gleiche Basis für die Preisberechnung verwenden (Festpreise für die Leistung oder Abrechnung der geleisteten Arbeitsstunden). Wie bereits in Abschnitt 4.3 erläutert wurde, kann die Vergleichbarkeit der Angebote hergestellt werden durch die Berechnung der Einstandskosten, total cost of ownership oder life cycle cost. Sind Unterschiede in Qualität, Versorgungssicherheit, Flexibilität und Serviceleistungen nicht quantifizierbar, kann eine Nutzwertanalyse durchgeführt werden, die in 4.4 dargestellt wurde.

Preisstruktur-analyse

Die Preisstrukturanalyse zerlegt einen Angebotspreis in Kostenbestandteile und den Gewinnbestandteil des Lieferanten. Die Preisstruktur-Analyse ermittelt die kurz- und langfristige Preisuntergrenze des Lieferanten und damit seinen Verhandlungsspielraum. In Verbindung mit Analyse des Kostenänderungsrisikos bei Kostenelementen des Lieferanten könnten auch Aussagen gemacht werden, ob ein Angebotspreis aktuell und dauerhaft kostendeckend ist und lässt Rückschlüsse zu, ob ein aktuell ermittelter Kostenvorteil ein nachhaltiger Vorteil ist.

Die Kenntnis der Zusammensetzung der Stückkosten in Verbindung mit Informationen über Preisentwicklungen auf dem Beschaffungsmarkt des Lieferanten bildet die Grundlage für eine Verhandlung zur Abwehr von (ungerechtfertigten) Preiserhöhungen und begründet die Forderung nach Preissenkungen.

Eine Preisstruktur-Analyse ist auch ein wichtiges Instrument zur Unterstützung des Einkäufers bei Verhandlungen über Preisgleitklauseln, die Art und Umfang von Preisänderungen bei langfristigen Verträgen regeln.

7.3   Bestellabwicklung

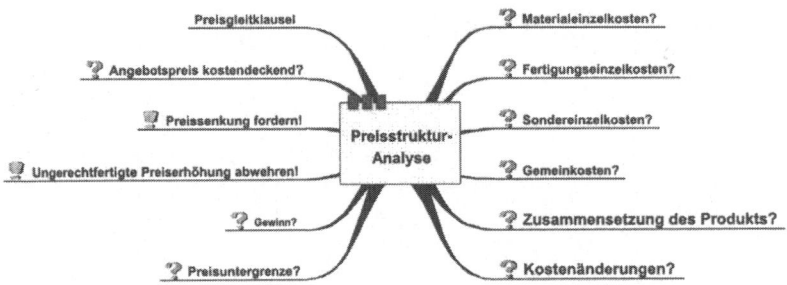

Abbildung 7-18: Preisstrukturanalyse

Durchführung

Bei der Durchführung der Preisstruktur-Analyse wird zunächst auf der Basis der Informationen über das Produkt (Fertigungsverfahren, Einsatzstoffe etc.) versucht, die Kostenarten zu ermitteln, die für das Produkt von Bedeutung sind. Hierbei kann von dem gebräuchlichen Kalkulationsschema ausgegangen werden:

> Einstandskosten für Material (Materialeinzelkosten)
> + Materialgemeinkosten
> > **= Materialkosten**
> + Fertigungslöhne (Fertigungseinzelkosten)
> + Fertigungsgemeinkosten
> + Sondereinzelkosten der Fertigung
> > **= Fertigungskosten**
> + Forschungs- und Entwicklungskosten
> + Verwaltungsgemeinkosten
> + Vertriebsgemeinkosten
> + Sondereinzelkosten des Vertriebs
> > **= Verwaltungs- und Vertriebskosten**
> > **+ Gewinnaufschlag**
> > **= Preis**

Bei der Preisstruktur-Analyse sollte versucht werden, Einzel- und Gemeinkosten getrennt anzugeben, um Informationen über die absolute (kurzfristige) Preisuntergrenze (diese liegt bei den variablen Einzelkosten) und die langfristige Preisuntergrenze (diese liegt bei den gesamten Selbstkosten, also der Summe aus Material-, Fertigungs-, Verwaltungs- und Vertriebskosten) zu erhalten.

Einzelkosten

Bei den Einzelkosten handelt es sich um die Kosten, die dem einzelnen Produkt direkt zurechenbar sind und unmittelbar von der Fertigungsmenge abhängig sind. Zu den Einzelkosten zählen insbesondere das Fertigungsmaterial und die Fertigungslöhne, darüber hinaus die Sondereinzelkosten der Fertigung und des Vertriebs.

Zur Bestimmung der Einzelkosten ist es jeweils erforderlich, die Mengen- und Wertkomponente der Kostenart zu ermitteln.

Für die Materialeinzelkosten bedeutet dies, dass eine "Stückliste" für das Produkt erstellt werden muss und die Preise für die Einsatzstoffe zu ermitteln sind. Hierzu sind detaillierte Informationen über die technischen Eigenarten des Beschaffungsobjektes und über die Beschaffungsmärkte des Lieferanten erforderlich.

Zur Bestimmung der Fertigungseinzelkosten muss der zur Herstellung einer Einheit des Beschaffungsobjektes erforderliche Zeitaufwand (Mengenkomponente) bestimmt werden und mit dem Stundenlohn in Abhängigkeit von der Qualifikation der Arbeiter und geltenden Lohnsätzen bewertet werden. Dabei bereitet vor allem die Schätzung der Fertigungszeiten Schwierigkeiten, denn Voraussetzung hierfür ist eine detaillierte Kenntnis des Produktionsprozesses und der Arbeitsabläufe beim Lieferanten.

Zu den Sondereinzelkosten der Fertigung zählen Kosten für Spezialwerkzeuge, Modelle, Schnitte und Spezialvorrichtungen, die nur der Herstellung bestimmter Erzeugnisse dienen. Als Sondereinzelkosten des Vertriebs treten vor allem Kosten für Verpackungsmaterial, Frachtkosten und Transportversicherung auf. Da einige Sondereinzelkosten in den Angeboten der Lieferanten getrennt ausgewiesen werden, bereitet ihre Ermittlung keine großen Schwierigkeiten. Bei der Ermittlung der Forschungskosten ist man dagegen fast ausschließlich auf Angaben des Lieferanten angewiesen.

Gemeinkosten   Die Ermittlung der Gemeinkosten, die dem Produkt nicht zurechenbar sind und mehr oder weniger willkürlich über Verrechnungssätze und Bezugsgrößen auf die Kostenträger verteilt werden, bereitet bei der Preisstrukturanalyse erheblich größere Probleme als die Ermittlung der Einzelkosten. Zu den Gemeinkosten zählen die Materialgemeinkosten, die Fertigungsgemeinkosten, die Verwaltungs- und die Vertriebsgemeinkosten.

Die Materialgemeinkosten werden meist als prozentualer Aufschlag auf die Materialeinzelkosten angesetzt. Damit sollen alle Kosten der Bestellung, Eingangskontrolle, Lagerung und des innerbetrieblichen Transports erfasst werden. Dabei machen die Lagerkosten in der Regel den größten Teil der Materialgemeinkosten aus. Aussagen über die Materialgemeinkosten sind nur möglich, wenn die Größe, technische Ausstattung und Organisation des Lagers beim Lieferanten bekannt sind. Eine präzise Angabe der Materialgemeinkosten ist jedoch in den meisten Fällen von nicht allzu großer Bedeutung, da die Materialgemeinkosten mit ca. 5-6% der Materialeinzelkosten einen vergleichsweise unbedeutenden Kosten- und Preisbestandteil darstellen. Vielfach genügen Erfahrungswerte für bestimmte Branchen oder Schätzungen auf der Grundlage der eigenen Kalkulation unter Berücksichtigung der Besonderheiten des Materiallagers des Lieferanten.

Als Kosten- und Preisbestandteil von erheblich größerer Bedeutung sind die Fertigungsgemeinkosten. Zu den wichtigsten Fertigungsgemeinkostenarten gehören die Kosten für Hilfs- und Betriebsstoffe, für Hilfslöhne, für Abschreibungen und Zinsen, die Instandhaltungs-, Raum- und Werkzeugkosten und die Gehälter in der Fertigung. Für die Fertigungsgemeinkosten werden aufgrund der Vielzahl der Bestimmungsfaktoren ihrer Höhe in der Regel allenfalls grobe Schätzungen möglich sein. Das gleiche gilt für die Verwaltungs- und Vertriebsgemeinkosten.

Beispiel:
Lieferant X fordert für Lieferungen der Zukunft eine 12 %ige Preiserhöhung, die er mit Steigerungen der Material- und Fertigungskosten begründet.
Die Beschaffungsmarktforschung führt daraufhin eine Preisstrukturanalyse durch und untersucht die Kostenänderungen der Vergangenheit und prognostiziert deren Entwicklungen in der Zukunft: Die Analyse ermittelt Kostensteigerungen, die von den Angaben des Lieferanten abweichen und darüber hinaus Senkungen bei den Verpackungskosten, die die Kostensteigerungen bei den Material- und Fertigungskosten teilweise ausgleichen. Nach den Ergebnissen der Preisstrukturanalyse ist eine Preisanhebung um maximal 5,5% gerechtfertigt:

	Anteil in %	Änderung in %	Auswirkung in %
Materialkosten			
Baumwollmull	40	+ 12	+ 4,80
Gips	8	+ 4	+ 0,32
Lösungsmittel	8	+ 5	+ 0,40
Fertigungskosten			
Löhne	20	+ 4	+ 0,80
Energie	9	+ 6	+ 0,54
Verpackung			
Versandkarton	6	- 10	- 0,60
Kunststoffkern	6	- 12	- 0,72
sonstige Kosten	3	0	0
	100		5,54

7.3.3 Terminverfolgung

Die Terminverfolgung ist Verantwortung des Einkaufs oder der Disposition (für laufend benötigtes direktes Material). Sie hat die Aufgabe, die termingerechte Lieferung sicherzustellen oder wenigstens möglichst frühzeitig auf drohende Verzögerungen aufmerksam zu werden und stellt - soweit möglich - die juristischen Voraussetzungen für Schadenersatzforderungen her.

Kontrolle der Auftrags-bestätigung

Die Terminverfolgung beginnt nicht erst nach Verstreichen des im Bestellauftrag genannten Wunsch-Anlieferungstermins. Vielmehr ist es Aufgabe des Einkaufs, die vom Lieferanten gesendete Auftragsbestätigung mit dem Bestellauftrag zu vergleichen, um frühzeitig drohende Fehlmengensituationen zu erkennen und zur Beschleunigung der Auftragsabwicklung erneut mit dem Lieferanten Kontakt aufzunehmen. Ist eine Lieferung zum Bedarfstermin nicht möglich, muss die Disposition dies möglichst frühzeitig erfahren, damit diese noch vorhandene Bestände entsprechend der Bedeutung der Produktionsaufträge zuteilt und ihre Produktionsplanung anpasst.

Meilensteine

Bei kundenspezifischen komplexen Projekten mit langer Lieferzeit definiert der Einkauf Meilensteine im Projektverlauf und kontrolliert, ob die vereinbarte Lieferzeit voraussichtlich eingehalten werden kann.

Sendungsavis

Teilweise informiert der Lieferant seinen Kunden, wenn er die Lieferung an den logistischen Dienstleister übergeben hat. Dieser übermittelt - nachdem er seine Tourenplanung gemacht hat - den Anlieferungstermin (Sendungsavis).

7.3.4 Eingangsprüfung und Reklamationsabwicklung

Identitätsprüfung

Die meisten Lieferungen (Ausnahme just-in-time- und KANBAN-Bereitstellung) werden im zentralen Wareneingang angeliefert. Der zuständige Mitarbeiter nimmt den Lieferschein entgegen und kann im ERP-System mit der Bestellauftragsnummer, die auf dem Lieferschein angegeben ist, eine „Kopie" des Bestellauftrags aufrufen. Die Angaben des Bestellauftrags (Beschaffungsobjekt, Menge, vereinbarter Liefertermin) werden zunächst mit den Angaben auf dem Lieferschein verglichen, um Auftragserfassungsfehler des Lieferanten zu erkennen. Die gelieferten Artikel und Liefermengen werden mit den Angaben auf dem Lieferschein verglichen, um Kommissionierfehler des Lieferanten, Unter- und Überlieferungen zu dokumentieren. Transportschäden sind meist durch eine einfache Sichtkontrolle erkennbar.

Diese Identitätsprüfung wird auch dann durchgeführt, wenn vereinbart ist, dass der Lieferant seine Ausgangsprüfung nach Vorgaben des Abnehmers durchführt und die Prüfergebnisse in einem Prüfzertifikat dokumentiert. In diesem Falle wird die Lieferung „für die Fertigung freigegeben", wenn die Prüfergebnisse des Lieferanten mit den Anforderungen der Spezifikation übereinstimmen.

Qualitätsprüfung

Direktes Produktionsmaterial, für das keine Prüfvereinbarung vorliegt und das im Falle einer Abweichung von der Spezifikation hohe Fehlerkosten verursacht, wird einer Qualitätsprüfung beim Abnehmer unterzogen, bevor es für die Fertigung freigegeben wird. Der Mitarbeiter in der Qualitätsprüfungsabteilung findet im ERP-System einen Prüfplan, der das Prüfverfahren, die Prüfkriterien und den Stichprobenumfang enthält. Auf der Grundlage der Anzahl fehlerhafter Produkte in der Stichprobe ist zu entscheiden, ob die Lieferung (eventuell mit Auflagen) für die Fertigung freigegeben wird und die identifizierten fehlerhaften Produkte reklamiert werden oder ob die gesamte Lieferung zurückgewiesen wird. Dabei sind die drohenden Fehlerkosten und Fehlmengenkosten abzuwägen.

Die Ergebnisse der Identitäts- und Qualitätsprüfung werden im ERP-System vermerkt und stehen der Rechnungsprüfung und dem Einkauf zur Verfügung. Sie bilden dort die Grundlage für die Freigabe der Zahlung an den Lieferanten und für die Lieferantenbewertung.

Reklamations-abwicklung

Im Falle einer Reklamation ist es Aufgabe des Einkaufs, mit dem Lieferanten Kontakt aufzunehmen und Gewährleistungsansprüche geltend zu machen. Zunächst hat der Lieferant – soweit nichts Anderes vereinbart wurde - das Recht der „Nacherfüllung". Das Recht auf Preisminderung oder auf Rücktritt vom Vertrag kann der Abnehmer erst geltend machen, wenn die Nachlieferung fehlgeschlagen ist. Aufgabe des Einkäufers ist es zunächst, das Interesse des Lieferanten an einer Nacherfüllung festzustellen (dieses kann beispielsweise bei kundenspezifischen Produkten und hohen Transportkosten gering sein) und dem Lieferanten eine (angemessene) Frist für die Nacherfüllung zu setzen. Eine Rücksprache mit der Disposition ergibt Informationen über die Dringlichkeit des Bedarfs. Eigene Recherchen über alternative Lieferanten und ihre Konditionen geben Aufschluss, ob es im Interesse des Abnehmers ist, eine Preisminderung zu verlangen, auf die Nacherfüllung zu warten oder vom Vertrag zurückzutreten und bei einem Alternativlieferanten zu bestellen. Parallel ist zu prüfen, ob die Voraussetzungen für die Durchsetzung von Schadenersatzansprüchen vorliegen.

7.3.5 Rechnungsprüfung, Lieferantenbewertung und Einlagerung

Die Ergebnisse der Identitäts- und Qualitätsprüfung werden im ERP-System erfasst und stehen damit der Verwaltung für die Rechnungsprüfung und –freigabe zur Verfügung. Erkennt die Verwaltung, dass die Lieferung angenommen und für die Fertigung freigegeben wurde, werden die Daten des zugehörigen Bestellauftrags, die die Verwaltung ebenfalls im ERP-System findet, mit der Rechnung verglichen. Dabei ist zu prüfen, ob die vereinbarten Preise, Lieferungs- und Zahlungsbedingungen übereinstimmen. Ist dies der Fall, wird die Rechnung zur Zahlung freigegeben. Gleichzeitig wird im Einkauf oder automatisch durch das ERP-System erfasst, ob der Bestellauftrag termin-, mengen- und qualitätsgerecht abgewickelt wurde (vgl. die Ausführungen zur Lieferantenbewertung in 6.2.2.5). Die freigegebene Ware wird direkt dem internen Kunden zur Verfügung gestellt oder ins zentrale Materiallager transportiert. Der Lagerzugang wird im

Lagerverwaltungssystem erfasst, der Buchbestand aktualisiert und ein Lagerplatz zugewiesen. Der operative Beschaffungsprozess ist damit abgeschlossen.

Quellen und weiterführende Literatur zu 7.3:

Eschenbach (1998) S. 203-221; Schulte (2001) S. 208ff; Bichler/Krohn (2001) S. 76-86; Mertens (2001) S. 78-115; Patig (2003) S139-152.

8 Das Management-Konzept Supply chain management

Aufgabe

Supply chain management hat die Aufgabe, den Material-fluss in, durch und aus dem Unternehmen und die zugehörigen administrativen Informations- und Koordina-tionsprozesse so zu gestalten und zu betreiben, dass eine fehlerfreie, störungsrobuste, schnelle und effiziente Versor-gung des Endkunden gewährleistet ist.

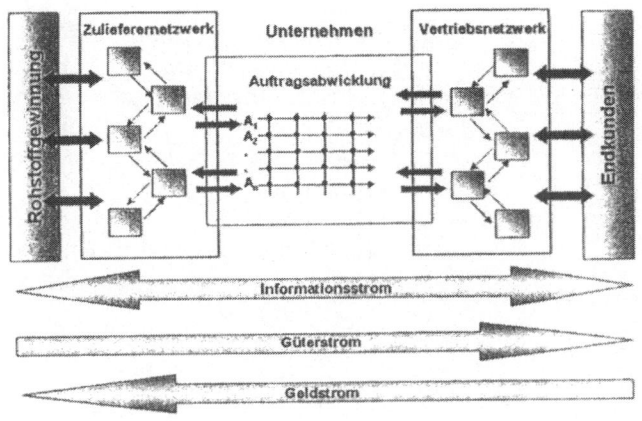

Abbildung 8-1: supply chain

Abhängigkeiten und Konflikte

Bis ein Erzeugnis und die zughörige Dienstleistung den Kunden erreicht, hat es häufig eine Vielzahl von Bearbei-tungsstufen durchlaufen und wurde über große Distanzen transportiert. Es wurde mehrfach (zwischen-)gelagert, geprüft und umgeschlagen. Die Produktions-, Prüf-, Beschaf-fungs- und Warenverteilprozesse müssen geplant und administrativ durch Bestell-, Produktions- und Transportauf-träge angestoßen werden. Da die einzelnen Vorgänge Zeit benötigen und die internen und externen Aufträge auf knappe Ressourcen zugreifen, entstehen Abhängigkeiten und Zielkonflikte. An den Produktions-, Logistik- und administrativen Prozessen sind eine Vielzahl von Unternehmen und Mitarbeitern beteiligt. Es ist daher eine Koordination erforderlich, die die Abhängigkeiten offen legt, Vorgänge zeitlich aufeinander abstimmt und Prioritäten festlegt.

Ganzheitliches Denken

Supply chain management als Managementkonzept fordert ein ganzheitliches (systemisches, integriertes, koordiniertes) Denken und Handeln der Entscheidungsträger, die an der Gestaltung und Lenkung des Material- und Informationsflusses beteiligt sind. Dieses Denken zeichnet sich dadurch aus, dass es Abhängigkeiten - insbesondere Konflikte - wahrnimmt und in der Entscheidungsfindung berücksichtigt. Die ganzheitliche Sichtweise kann auf die Produkte, Prozesse, Geschäftsbereiche und Standorte innerhalb eines Unternehmens angewendet werden (**unternehmensinternes supply chain management**) oder auf die gesamte unternehmensübergreifende Wertschöpfungskette, die idealtypisch vom ersten Vorlieferanten bis zum Finalkunden reicht (**unternehmensübergreifendes supply chain management**).

Supply chain management bietet Ansätze, Leistungsverbesserungen und Kostensenkungen **gleichzeitig** zu erreichen (vgl. Abbildung 8-2):

Erwartungen an supply chain management

- Verbesserung der Termintreue und des Lieferbereitschaftsgrades
- Verkürzung der Produktentwicklungszeit (time-to-market)
- Verkürzung der Auftragsdurchlaufzeit (time-to-customer)
- Reduzierung der Bestände entlang der supply chain
- Verbesserung der Reaktionsfähigkeit und Anpassungsfähigkeit der supply chain
- Nutzung von Synergieeffekten durch Bündelung und verbesserte Abstimmung von Produktions-, Bestell- und Transportaufträgen
- Steigerung des Kapazitätsnutzungsgrades
- Verbesserung der Prognosegenauigkeit

Abbildung 8-2: Erwartungen an supply chain management

Funktions-orientierung

Koordiniertes Denken und Handeln innerhalb des Unternehmens soll funktionsorientiertes Denken und Handeln ablösen, das dadurch gekennzeichnet ist, dass der Entscheidungsträger nur die Vor- und Nachteile wahrnimmt und bei seiner Entscheidung berücksichtigt, für die er unmittelbar zur Verantwortung gezogen wird. Die konventionelle Abstimmung der betrieblichen logistischen Kette betrachtet die Absatzprognose bzw. den Kundenauftrag als Auslöser des order-to-payment-prozesses. Dass Prognosen aus verschiedenen Gründen falsch und der Kundenauftrag Terminengpässe in der Fertigung oder im Einkauf verursacht, wird in den herrschenden Denk- und Machtstrukturen als unveränderlich hingenommen. Dass knappe Kapazität und Engpassmaterial für C-Kunden und –Produkte verwendet wird, ist an der Tagesordnung. Dass der Einkauf Bestellaufträge beschleunigen muss, um Belastungsanpassungen möglich zu machen, die von der Produktionsplanung kurzfristig entschieden werden, darf vom Einkauf nicht in Frage gestellt werden (vgl. Abbildung 8-3).

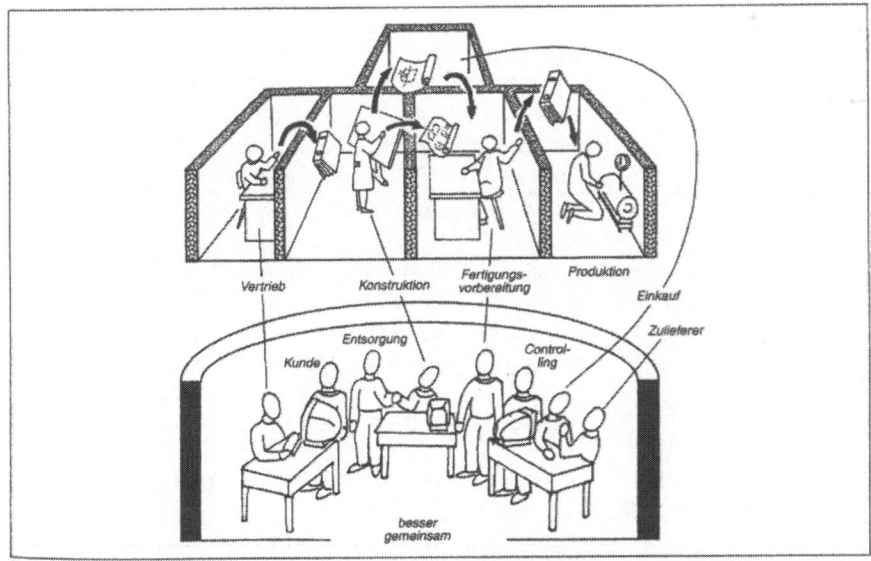

Abbildung 8-3: Von der Funktionsorientierung zum unternehmensinternen supply chain management (Quelle: HWP Sp. 918)

Die optimale Gestaltung des betrieblichen Material- und Informationsflusses reicht nicht aus, wenn ehrgeizige Ziele wie die Verkürzung der time-to-market um 30 % und der time-to-customer um 40% erreicht werden sollen, wie sie beispielsweise in der Automobilindustrie angestrebt werden und um auf Märkten bestehen zu können, auf denen Lieferservice und Kosten gleichermaßen die Wettbewerbsfähigkeit bestimmen.

Unternehmens-übergreifendes supply chain management

Das ganzheitliche Denken muss hier auf die gesamte logistische Kette ausgedehnt werden (unternehmensübergreifendes supply chain management), um gegenüber dem Endkunden einen Lieferservice zu Kosten anbieten zu können, die hinsichtlich der Gesamtkosten aller Mitglieder des logistischen Kanals minimal sind. Statt Lösungen zu suchen und umzusetzen, die nur aus der Sicht des einzelnen Mitglieds der supply chain optimal sind, müssen Lösungen gefunden werden, die aus Sicht der gesamten überbetrieblichen Wertschöpfungskette optimal sind.

Win-Win-Spiel

Statt die Beziehung zum Lieferanten als Nullsummen-Spiel aufzufassen und die Beziehung nach dem Konfrontationsmodell zu gestalten und mit dem Partner in der supply chain fortwährend um kurzfristige Vorteile zu ringen, soll die Zusammenarbeit als Win-Win-Spiel verstanden und in Kooperation mit dem Lieferanten Lösungen gesucht werden, die nicht beabsichtigen, Kosten auf den schwächeren Partner zu überwälzen, sondern Aufgaben und Kosten auf die Stufe der logistischen Kette zu verlagern, die das optimale Kosten-Leistungsverhältnis aufweist.

In der konventionellen Zusammenarbeit erfährt die liefernde Stufe von dem Bedarf des (internen oder externen) Kunden erst durch einen Auftrag. Jedes Mitglied der betrieblichen und unternehmensübergreifenden Prozesskette hat nur Kontakt zu seinen direkten Prozessnachbarn. Der Kunde erwartet eine kurzfristige Belieferung, die der Lieferant nur durch eine Push-Fertigung erreichen kann. Auch wenn der Bedarf auf der Ebene des Endkunden gleichmäßig ist, verzeichnet der Lieferant auf vorgelagerten Stufen der supply chain einen stark schwankenden Auftragseingang. Nachhaltige Veränderungen der Nachfrage auf der Ebene des Endkunden erreichen den Lieferanten nur verzögert und verzerrt, weil die zwischen dem Lieferanten und dem Endkunden geschalteten Distributionsstufen eine eigene Lager-

und Bestellpolitik betreiben.

Staffellauf

Supply chain management wird in der Literatur mit einem Staffellauf verglichen. Die Läufer der Staffelmannschaft bilden die Fertigungsstufen bzw. Lieferanten, das Staffelholz ist der Kundenauftrag, der ins Ziel, zum Kunden, zu bringen ist. Der Trainer der Staffelmannschaft erzielt zunächst Erfolge dadurch, dass schnelle Läufer ausgesucht werden und jeder Läufer durch Einzeltraining seine individuelle Leistung steigert. Im Wettbewerb der Staffelmannschaften ist jedoch nicht nur die Leistung der einzelnen Läufer von Bedeutung. Weitere Leistungssteigerungen der Mannschaft sind erzielbar, wenn die Übergabe des Staffelholzes perfektioniert wird. Der Trainer der Staffelmannschaft hat die Aufgabe zu untersuchen, welche Probleme bei der Übergabe des Staffelholzes auftreten können und wie diese Probleme vermieden werden können (der Läufer verliert bei der Übergabe das Holz, der Läufer läuft zu schnell oder zu langsam, der Läufer ist nicht bereit zur Übergabe...).

Schnittstellen

Wie der Trainer der Staffelmannschaft fokussiert supply chain management nicht die Einzelleistungen und die dort zu erzielenden Verbesserungspotenziale. Es sucht Schwächen an den Schnittstellen zwischen Funktionsträgern, Fertigungsstufen und Unternehmen. In der Zusammenarbeit zwischen Unternehmen, Fertigungsstufen und Mitarbeitern der Prozessketten werden Ausprägungen und Ursachen für Verschwendung und für Verzögerungen und Fehler in der Auftragsabwicklung gesucht. Dabei stößt das supply chain management auf Verschwendung

- durch doppelte Prüfungen und Bestände,
- durch Puffer in Kapazitäten, Durchlaufzeiten und Beständen wegen Informationsdefiziten und Misstrauen,
- durch unausgelastete Transportkapazitäten wegen fehlender Abstimmung zwischen Produktionsplanung und Versanddisposition u.a..

Supply chain management fordert eine veränderte Problemwahrnehmung: supply chain management nimmt Lieferverzögerungen, nicht-spezfikationsgerechtes Material, hohe Rüstkosten, Schwankungen und Ungewissheit der Nachfrage nicht schicksalsergeben als Datum hin und stellt sich durch Puffer in den Beständen,

Instrumente   Durchlaufzeiten und Kapazitäten auf diese Unwägbarkeiten und Rahmenbedingungen ein, sondern sucht nach Möglichkeiten, diese Puffer zu vermeiden.

Während der Trainer die Übergabe des Staffelholzes als zentrales Problem und Handlungsfeld einer Leistungssteigerung erkennt, erzielen supply chain manager durch vorauseilende Information und Koordination, durch Geschäftsprozessmanagement und Beziehungsmanagement beträchtliche Leistungssteigerungen und Kostensenkungen.

Supply chain management wird nur für ausgewählte Erzeugnisse und mit ausgewählten Partnern in der betrieblichen und unternehmensübergreifenden Prozesskette betrieben. Nicht für alle Partner und Erzeugnisse sind die Voraussetzungen für supply chain management gegeben und nicht in jedem Falle sind die erreichbaren Verbesserungen groß genug, um den Aufwand für supply chain management zu rechtfertigen. Die Auswahl der Erzeugnisse und Partner, für die supply chain management realisierbar und lohnenswert ist, zählt zu den strategischen Gestaltungsaufgaben des supply chain management. Durch die Zuordnung von Aufgaben und Kompetenzen wird die betriebliche und unternehmensübergreifende Arbeitsteilung (neu) gestaltet.

Quellen und weiterführende Literatur zu 8:

Melzer-Ridinger, R.: 2003

II Lernziele und Kontrollfragen

1. Die Beschaffung beschäftigt sich mit den unternehmensinternen und beschaffungsmarktseitigen Aufgaben, die erfüllt werden müssen, um Produktionsmaterial, Anlagegüter und Dienstleistungen für den internen Bedarfsträger verfügbar zu machen. Erläutern Sie diese Aufgaben und nennen Sie die Abteilungen, in denen diese Aufgaben bei funktionaler Arbeitsteilung erbracht werden.

2. Professioneller Einkauf arbeitet strategisch, aktiv und differenziert und zeichnet sich durch analytisches und methodisches Arbeiten aus. Erläutern Sie diese Merkmale.

3. Die Leistungsfähigkeit der Beschaffung wird an der Erreichung der Ziele Versorgungssicherheit, Qualität und Kostenminimierung gemessen. Welche Erhebungen und Kennzahlen sind geeignet, die Ziele zu operationalisieren und ihre Erreichung zu messen?

4. Erläutern Sie den Begriff der „entscheidungsrelevanten Kosten". Erläutern Sie hierzu die Kostenabgrenzungen total cost of ownership, Einstandskosten, Angebotspreise und life cycle cost und nennen Sie Situationen ihrer sinnvollen Anwendung.

5. Bei Vorliegen von Kostenkonflikten fordert der total cost approach, die entscheidungsrelevanten Kosten ganzheitlich, umfassend zu minimieren. Warum ist die Umsetzung dieser Forderung nicht immer möglich?

6. Nennen Sie charakteristische Merkmale strategischer Entscheidungen und geben Sie Beispiele für strategische Beschaffungsentscheidungen.

7. Erläutern Sie die Vorgehensweise und die Funktion eines Punktbewertungsverfahrens.

8. Erläutern Sie die Merkmale eines Beschaffungsobjekts, das hohe Fehlmengenkosten (eine hohe Anfälligkeit gegenüber Versorgungsstörungen) aufweist.

9. Welche Instrumente stehen dem Einkauf zur Verfügung, die Qualität fremdbezogener Produkte zu sichern, wenn eine Qualitätsprüfung im Wareneingang nicht wirksam oder nicht wirtschaftlich ist?

10. Welche Instrumente stehen der Beschaffung alternativ zu Sicherheitsbeständen zur Verfügung, um die termin- und mengengerechte Bereitstellung fremdbezogener Materialien zu gewährleisten?

11. Welche Überlegungen und Berechnungen sind anzustellen, um zu prüfen, ob bisher selbst erstellte Dienstleistungen von externen Lieferanten bezogen werden sollen? Legen Sie Ihren Ausführungen das outsourcing von Bügelarbeiten im privaten Haushalt und das outsourcing von Einkaufsleistungen in der Industrie zugrunde.

12. Ein potentieller Lieferant von Material, das regelmäßig in der Fertigung eingesetzt wird, wird einer systematischen Lieferantenauditierung unterzogen. Welche Untersuchungen sind dabei durchzuführen, um die Mengen- und Terminzuverlässigkeit beurteilen zu können?

13. Welche Vorteile verspricht eine enge und langfristige Bindung an wenige Lieferanten? Welche Gefahren/Nachteile sind zu beachten? Welche Maßnahmen sind geeignet, diese Gefahren/Nachteile zu beschränken?

14. Die Entscheidung für global sourcing sollte nicht auf der Basis eines Vergleichs der Einstandskosten getroffen werden. Welche Überlegungen und Berechnungen sollten darüber hinaus angestellt werden? Die Quantifizierung und ökonomische Bewertung der Nachteile des global sourcing ist schwieriger als die Ermittlung der Kostenvorteile. Begründen Sie!

15. Welche Vereinbarungen werden in Rahmenverträgen getroffen? Ist eine langfristige Preisfestlegung vorteilhaft für den Abnehmer / für den Lieferanten? Welche Alternativen gibt es zur Preisfestlegung?

16. Einzelbeschaffung im Bedarfsfall und einsatzsynchrone Beschaffung sind Varianten der auftragsorientierten Bereitstellung. Wodurch unterscheiden sie sich?

17. Welche Bedingungen müssen beim Produkt, beim Lieferanten und beim Abnehmer erfüllt sein oder geschaffen werden, damit einsatzsynchrone Beschaffung wirtschaftlich und realisierbar ist?

18. Unterscheiden Sie zwischen Bedarfsplanung und Bestellplanung. Welche Datenbasis verwenden stochastische Prognoseverfahren? Stehen diese Daten immer zur Verfügung? Worin besteht die für alle Verfahren gleiche Vorgehensweise der stochastischen Prognose?

19. Welche Prognosequalität kann man mit stochastischen Verfahren erwarten? Unter welchen Voraussetzungen erhält man mit dem Verfahren des gleitenden arithmetischen Mittels gute Prognoseergebnisse?

20. Die Qualität der Prognose kann durch die Festlegung des Prognoseparameters beeinflusst werden. Erläutern Sie diese Aussage!

21. Die programmorientierte Bedarfsprognose plant Bedarfsmengen und -termine. Erläutern Sie Datenbasis und Vorgehen!

22. Die verbrauchsgesteuerte Disposition legt Regeln fest, nach denen die Bestelltermine materialspezifisch aber nicht bedarfsspezifisch festgelegt werden. Welche Regeln werden hier unterschieden? Welche Überlegungen sind bei der Festlegung des Meldebestands und des Bestellrhythmus' anzustellen?

23. Ist bei der programmorientierten Bestellterminplanung ein Sicherheitsbestand oder eine Sicherheitszeit erforderlich?

24. Zur Errechnung der kostenoptimalen Bestellmenge kann der Disponent auf die ANDLER-Formel zurückgreifen. Unter welchen Voraussetzungen liefert diese Formel ein optimales Ergebnis? Welche Berechnungen sind zusätzlich anzustellen, wenn die Modellprämissen im betrachteten Falle nicht erfüllt sind?

III Vorbereitung auf mündliche Prüfungen Glossar

Das folgende Glossar (– was versteht man unter........... -) soll Ihnen helfen, Begriffe sicher zu verwenden und Prüfungen gezielt vorzubereiten.

Mündliche Prüfungen werden häufig nach dem folgenden Muster gestaltet:

Was versteht man unter...? In welchem Zusammenhang spielt dieser Begriff eine Rolle? Welche Möglichkeiten gibt es außerdem? Welche Vor- und Nachteile hat.../ Welches Ziel wird mit dem Einsatz des Instruments verfolgt?

Beispiel:

1. Was versteht man unter Allgemeinen Einkaufsbedingungen? **Allgemeine Einkaufsbedingungen sind kaufmännische Lieferungs- und Zahlungsbedingungen, die auf möglichst viele Lieferanten und Beschaffungsobjekte identisch angewendet werden.**

2. In welchem Zusammenhang spielen Allgemeine Einkaufsbedingungen eine Rolle? Was wäre die Alternative zu Allgemeinen Einkaufsbedingungen? **Allgemeine Einkaufsbedingungen sind der Kontraktpolitik zuzuordnen. Sie ersetzen individuelle Vereinbarungen, die auf den Lieferanten und das Beschaffungsobjekt zugeschnitten sind.**

3. Welche Ziele werden mit dem Einsatz Allgemeiner Einkaufsbedingungen verfolgt? Welche Nachteile haben Allgemeine Einkaufsbedingungen? **Sie dienen der Vermeidung von Transaktionskosten (Verhandlung). Vertragsbedingungen, die den Lieferanten unangemessen benachteiligen könnten (umfassende Garantieerklärung, Abbedingen der Prüf- und Rügepflicht) sind in Allgemeinen Einkaufsbedingungen, die den Charakter von Formularverträgen haben, unwirksam.**

ABC-Analyse	Instrument zur Klassifizierung des Beschaffungsprogramms oder der aktuellen Bestände. Identifiziert die Identnummern, die hohen Anteil am Einkaufsvolumen in € bzw. am Bestandswert verursachen.
Adversative Beziehung	Lieferant und Abnehmer nehmen sich als Gegner, weniger als Partner wahr. Verhandlungssituationen werden als → Nullsummenspiel betrachtet; Erfolge werden zu Lasten des Verhandlungspartners gesucht.
Allgemeine Einkaufsbedingungen AEB	Kaufmännische Lieferungs- und Zahlungsbedingungen, die auf möglichst viele Lieferanten

	und Beschaffungs-objekte identisch angewendet werden.
Audit	Eine systematische und unabhängige Untersuchung, um festzustellen, ob die qualitätsbezogenen Tätigkeiten und damit zusammenhängende Ergebnisse den Anordnungen entsprechen, ob diese tatsächlich verwirklicht werden und geeignet sind, die Ziele zu erreichen.
Ausgleichsbestand	Bestand, der durch → Vorratsbeschaffung verursacht wird. Gleicht zwischen Beschaffung in großen Mengen und Lagerentnahme in kleinen Mengen aus. Der durchschnittliche Ausgleichsbestand entspricht Bestellmenge ÷ 2.
Bedarfsarten	In der Materialdisposition werden unterschieden: → Bruttobedarf, → Nettobedarf; Primärbedarf (Enderzeugnisse), Sekundärbedarf (in der Stückliste aufgeführte Komponenten) und Tertiärbedarf (Kleinteile und indirektes Material, das verbrauchsorientiert disponiert wird).
Bedarfssplitting	(Ungleichmäßige) Verteilung der jährlichen Bedarfsmenge auf mehrere Lieferanten entsprechend ihrer Leistungsfähigkeit und ihren Preisen. Die Lieferanten können Stammlieferanten sein.
benchmarking	Benchmarking ist eine Methode, mit der ein Unternehmen best practices identifizieren, verstehen, auf die eigene Situation anpassen und implementieren kann. Best practices existieren auf der Ebene der Konzepte (z.B. Lieferantenpolitik), auf der Ebene von Methoden und Instrumenten (z.B. Prognoseverfahren, Lieferantenbewertung) und auf der Ebene von Detailprozessen (ablauforganisatorische Fragen der Bestellerfassung, der Wareneingangsprüfung). Benchmarking beschränkt sich nicht auf öffentlich zugängliche Informationen (Prospekte, Geschäftsberichte, Pressemitteilungen, Artikel in Fachzeitschrif-

	ten). Das Ziel von benchmarking ist es, Informationen über das wie und warum zu gewinnen und für das eigene Unternehmen zu verwenden
Bereitstellungsart	Mit der Bereitstellungsart wird festgelegt, ob für die betrachtete Materialidentnummer grundsätzlich ein Beschaffungslager gehalten werden soll, ob eine Bestandsverwaltung durchgeführt werden soll, wie der physische Materialfluss und der administrative Beschaffungsprozess gestaltet werden sollen. Lagerlos arbeiten die Bereitstellungsarten → just-in-time-Beschaffung und → Einzelbeschaffung. Lagerorientierte Varianten der Bereitstellung sind die → Vorratsbeschaffung, die → KANBAN-Beschaffung, → vendor managed inventory und das → Konsignationslager.
Beschaffung + Beschaffungsaufgaben	Die Beschaffung ist eine betriebswirtschaftliche Disziplin, die einerseits die beschaffungsmarktseitigen Aufgaben beschreibt, die erfüllt werden müssen, um Produktionsmaterial, Anlagegüter und Dienstleistungen für den internen Bedarfsträger verfügbar zu machen. Sie stellt systematisch Instrumente und Gestaltungsmöglichkeiten der Bedarfsanalyse und Bedarfsspezifikation, der Suche nach potentiellen Lieferanten und ihrer Beurteilung sowie der Zusammenarbeit mit Lieferanten dar. Darüber hinaus bezieht eine Untersuchung der Aufgaben und Gestaltungsmöglichkeiten der Beschaffung auch Aufgaben mit ein, die unternehmensintern erfüllt werden müssen, um die beschafften Güter für den internen Kunden (Fertigung oder andere Bedarfsträger) verfügbar zu machen und „freizugeben": die Termin- und Mengenplanung des Materialbedarfs, die Materialbestandsverwaltung, die Bestimmung und Optimierung von Bestellmengen und -terminen (Materialdisposition), die Wareneingangsprüfung und die Materiallagerung
Beschaffungsmarketing	Im Gegensatz zu den Routineaufgaben der Abwicklung von Bestellaufträgen bezeichnet

	Beschaffungsmarketing die Ausarbeitung und Durchsetzung von Beschaffungsstrategien, nämlich der sourcing-Strategie, der Kontraktpolitik, der Lagerpolitik und der Gestaltung der Fertigungs- und Leistungstiefe.
Beschaffungsmarktforschung	Systematische Sammlung, Aufbereitung und Analyse von Informationen über die Märkte, auf denen Beschaffungsobjekte bezogen werden (können). Beschaffungsobjekte, Informationsinhalte, Informationsquellen und die Methoden der Beschaffungsmarktforschung werden systematisch ausgewählt.
Bestandsarten	→Ausgleichs-, →Sicherheits-, →Spekulationsbestand.
Bestandsmanagement	Wird meist in der Materialdisposition verantwortet. Entscheidet über →Bereitstellungs- und Dispositionsart, wirtschaftliche Bestellmenge (→Ausgleichsbestand), →Bestellregel, →Sicherheits- und →Spekulationsbestand. Verfolgt die konfliktären Ziele Lieferbereitschaft und Kostenminimierung.
Bestellregel	Legt bei → verbrauchsorientierter Disposition Menge und Termin der Vorratsergänzung fest. Bestellpunktsysteme machen den Zeitpunkt der Bestellung vom Erreichen eines vorgegeben Meldebestands abhängig. Bestellrhythmussysteme legen ein Bestellintervall fest. Optionalsysteme führen eine periodische Bestandskontrolle durch.
Betriebskalender	Wird in der programmorientierten Disposition zur Bedarfsterminplanung verwendet. Der Betriebskalender zählt die Arbeitstage des Jahres. Er erleichtert die Rückwärtsterminierung um Plan-Durchlaufzeiten, die ebenfalls in Arbeitstagen gemessen werden.
Bruttobedarf	Zwischen Brutto- und → Nettobedarf wird bei → programmorientierter Disposition unterschieden. Der Bruttobedarf wird durch Stücklistenauflösung auf der Grundlage des aktuellen Produktionsprogramms berechnet.

Chaotische Bestandsführung	Gegensatz: feste Lagerplätze. Bei Wareneingang wird unter Berücksichtigung der Zugriffshäufigkeit, dem benötigten Lagerplatz und anderen Produktmerkmalen fallweise ein freier und geeigneter Lagerplatz zugewiesen. Spart Lagerplatz.
commodities	Produkte, die mit der gleichen Spezifikation in vielerlei Verwendung eingehen. Beispiele: Kabel, Mehl der Type 405, Verbindungselemente. Der Lieferant muss keine kundenspezifischen Investitionen tätigen. Gegensatz → specialities.
Direktes Produktionsmaterial	Geht als Rohstoff, Bauteil oder Verpackung ins Erzeugnis ein. Kann in der Stückliste des Erzeugnisses aufgenommen werden und programmorientiert disponiert werden.
Dispositionsart	Methode und Datenbasis für die Bedarfs- und Bestellplanung – → programmorientierte, → verbrauchsorientierte Disposition.
Divergierende Fertigung	Aus wenigen fremdbezogenen Rohstoffen, Komponenten wird eine Vielzahl von Enderzeugnissen hergestellt (Beispiele Bäcker, chemische Industrie)
economies of scale	Größenersparnisse durch große Fertigungs-, Beschaffungs- oder Transportmengen. In der Fertigung durch die Einsparung von Rüstkosten, durch die Möglichkeit, kostengünstige Fertigungsverfahren einzusetzen, in der Beschaffung durch die Erzielung von mengenabhängigen Preisnachlässen, im Transport durch hohe Auslastung und Einsatz von günstigen Transportmitteln.
Einsatzsynchrone Beschaffung	→ just-in-time-Beschaffung
Einstandskosten	Korrigierter Angebotspreis: Kosten des Abnehmers bis das Beschaffungsobjekt im Wareneingang des Abnehmers verfügbar ist. Werden ermittelt, um Angebote, die sich in den Lieferungs- und Zahlungsbedingungen unterscheiden, vergleichbar zu machen.

Einzelbeschaffung	Die Einzelbeschaffung wählt grundsätzlich eine Bestellmenge, die der aktuellen Bedarfsmenge entspricht. Eine Bestandsführung erübrigt sich. Wie bei der → Vorratsbeschaffung wird die Bestellung an den zentralen Wareneingang geliefert und durchläuft eine Qualitätsprüfung.
ERP-System	Abkürzung für Enterprise Resource Planning System. ERP-Systeme sind integrierte betriebliche Informationssysteme, die es mehreren Benutzern in verschiedenen Abteilungen erlauben, auf einen einheitlichen Datenbestand zuzugreifen. ERP-Systeme beinhalten unter anderem Module für die Produktionsplanung, Materialdisposition und den Einkauf.
Fehlerkosten	Auch als Fehlleistungsaufwand bezeichnet. Entstehen, wenn die gelieferten Produkte nicht der geforderten Spezifikation entsprechen. Sie können vielerlei Ausprägungen annehmen: administrativer Aufwand für die Reklamationsabwicklung, Ausschuss in der Fertigung, Produktionsstillstand in der Fertigung, wenn die Lieferung abgelehnt wird, fehlerhafte Enderzeugnisse.
Fehlmengenkosten	Entstehen als Folge einer Fehlmenge (Material ist zum Bedarfstermin nicht oder nicht in ausreichender Menge verfügbar) oder zur Vermeidung einer drohenden Fehlmenge. Beispiele: Kosten für die Beschleunigung des Beschaffungstransports, Überstunden in der Fertigung, um die Lieferverzögerung des Materials aufzuholen, Produktionsstillstand, Personalkosten für Umplanung der Auftragsreihenfolge, beschleunigte Warenverteilung zum externen Kunden, verärgerte Kunden auf dem Absatzmarkt wegen Lieferverzögerung (teilweise → Opportunitätskosten).
Fertigungstiefe	Gibt das Ausmaß an, in dem die Fertigungsleistungen und Dienstleistungen innerhalb des eigenen Unternehmens erstellt werden.
forecast, rollierender	Ein forecast ist eine Bedarfsvorhersage, die ein produzierender Abnehmer aus dessen Produk-

	tions- und Materialbedarfsplanung ableitet. Die Bedarfsvorhersage wird verbindlich durch die Angabe von Bandbreiten, die der spätere Abruf nicht überschreiten oder unterschreiten wird. Der forecast wird rollierend überarbeitet und präzisiert.
frozen period	Wegen der Unsicherheit des Bedarfs auf dem Absatzmarkt und der Rahmenbedingungen in der eigenen Fertigung werden die Absatzprognose und die Produktionsplanung rollierend überarbeitet. Um wenigstens für die nahe Zukunft eine verlässliche Datenbasis für die Bestell- und Produktionsplanung zu schaffen, wird ein Zeitraum vereinbart, für den die geplanten Produktionsaufträge und Bestellaufträge nicht mehr ohne persönliche Rücksprache mit dem Einkauf geändert werden.
Generische Geschäftsprozesse	Die Beschaffung zählt wie die Herstellung der Kaufbereitschaft, die Sicherstellung der Betriebsbereitschaft und das Rechnungswesen zu den generischen (generisch = grundlegend) Geschäftsprozessen, die in jedem Unternehmen gleich welcher Branche und Unternehmensgröße zu finden sind.
global sourcing	Systematische Ausdehnung der Lieferantenpolitik auf internationale Beschaffungsquellen zur Erschließung von Kostensenkungspotenzialen und zur Erfüllung von → local content Vereinbarungen. Vor allem technisch ausgereifte Standardprodukte von geringer technologischer Komplexität werden in vorgegebener Spezifikation nach dem Kriterium „günstigste → total cost of ownership" weltweit eingekauft.
Incoterms	Im internationalen Handel häufig verwendete (13) Lieferbedingungen, die die Übernahme der Transportkosten und den Gefahrenübergang regeln. Z.B.: EXW – ex works: der Käufer trägt alle Kosten und das Risiko, DDP – delivered duty paid: Verkäufer trägt Transport-, Versicherungs- und Zollkosten, trägt das Risiko, FOB – free on board: Verkäufer übernimmt

	Kosten und Risiko inklusive Schiffsverladung.
Indirektes Produktionsmaterial	Auch MRO-Produkte (Maintenance-Repair-Operating-Products, also Instandhaltungsmaterial, Reparaturmaterial, Betriebsstoffe), die in der Fertigung und fertigungsnahen Bereichen (Labor, Werkstatt) als Verbrauchsmaterial eingesetzt werden. Das Material wird nicht Bestandteil des Enderzeugnisses.
just-in-time-Beschaffung	Verzichtet auf Bestände im Materiallager. Der Lieferant liefert die täglich benötigte Materialmenge artikel- und mengengenau direkt an die Stelle in der Fertigung, die das Material verarbeiten wird. Der Abnehmer nimmt keine Identitäts- und Qualitätsprüfung vor, innerbetrieblicher Transport, Ein- und Auslagerungsvorgänge, Bestandsführung und Kommissionierung entfallen. Die Anwendung des Bereitstellungsprinzips einsatzsynchrone Beschaffung birgt daher für den Abnehmer ein hohes Fehler- und Fehlmengenkostenrisiko und kann nur mit Lieferanten erfolgreich praktiziert werden, die sich durch hohe Qualitätszuverlässigkeit und logistische Kompetenz auszeichnen.
KANBAN	Das KANBAN-Prinzip ist ursprünglich ein in Japan entwickeltes System der Produktionssteuerung nach dem Holprinzip, das permanente Eingriffe einer zentralen Steuerung in den Produktionsablauf überflüssig macht. Eine KANBAN-Steuerung arbeitet zwar nicht bestandslos wie die einsatzsynchrone Beschaffung, der physische Materialfluss ist jedoch identisch wie bei der einsatzsynchronen Beschaffung: Die KANBAN-Teile werden direkt an den Ort der Verarbeitung (ohne Qualitätsprüfung und ohne Umweg über das Materiallager) in standardisierten Behältern geliefert und dort bevorratet.
Kapitalbindungskosten	(kalkulatorische) Zinsen auf den Bestandswert. Fremdbezogene Produkte müssen in der Regel kurz nach der Lieferung bezahlt werden (mit Ausnahme von Konsignationslagerbestän-

	den) und binden finanzielle Mittel, bis das entsprechende Enderzeugnis hergestellt und verkauft ist. Das in Beständen gebundene Kapital fehlt, um es anderweitig gewinnbringend anzulegen (→ Opportunitätskosten der entgangenen Zinsen) oder verursacht Fremdkapitalzinsen.
Kennzahlen	Grundlage einer gezielten und übersichtlichen Berichterstattung (Beschaffungscontrolling) über die große Zahl an Lieferanten und Beschaffungsobjekten. Kennzahlen sind Zahlen, die in konzentrierter Form wesentliche Aussagen über zahlenmäßig erfassbare, interessierende Sachverhalte enthalten und rückblickend darüber informieren oder vorausschauend diese festlegen. Beispiele: Lieferbereitschaftsgrad, Liefertreue, Preisentwicklung.
Konsignationslager	Ein Lager, das der Lieferant beim Kunden (oder dessen logistischem Dienstleister) einrichtet. Der Kunde stellt dem Lieferanten die Lagerfläche kostenlos zur Verfügung. Die Lagerfläche muss getrennt vom bestehenden Lager eingerichtet und als Konsignationslager gekennzeichnet werden (consignare: mit Zeichen versehen). Der Kunde erhält vom Lieferanten das alleinige Verfügungsrecht und zahlt die Produkte erst bei Entnahme/Verwendung. Der Lieferant bleibt Eigentümer der Produkte.
Lagerfixkosten	Vom aktuellen Bestandswert und der aktuellen Bestandsmenge unabhängige Kosten für Lagerfläche, -personal, -ausstattung und –betriebskosten.
Lagerrisiko	Gefahr von Schwund, Verderb und Überalterung von Beständen (verderblichen Produkte und Produkten mit einem kurzen Produktlebenszyklus).
Lagerumschlagshäufigkeit	Ist wie die Lagerreichweite eine Kennzahl zur Identifikation von sog. Ladenhütern, Identnummern mit Überbeständen. Als Quotient aus

	mengenmäßigem Verbrauch/Verkauf im Berichtszeitraum und mittlerem Bestand misst sie die Verweilzeit von Material oder Erzeugnissen im Lager. Eine Lagerumschlagsgeschwindigkeit von 3 bedeutet, dass der durchschnittliche Bestand im Laufe des Berichtszeitraums (i.d.R. ein Jahr) 3 mal komplett verbraucht/verkauft wurde.
Lieferantenbewertung	Laufende Beobachtung der Lieferleistung durch Erhebung von Kennzahlen (Liefertreue, Qualitätszuverlässigkeit).
Lieferantentreues Verhalten	Zeigt der Abnehmer, wenn er Beschaffungsobjekte von einem stabilen Kreis an Lieferanten bezieht, deren Leistungsfähigkeit und Leistungswille bekannt ist, deren Ansprechpartner bekannt und die Abläufe eingespielt sind. Dieses Verhalten reduziert das subjektiv wahrgenommene Beschaffungsrisiko und senkt die Bestellabwicklungskosten, allerdings muss damit gerechnet werden, dass nicht zum günstigsten Preis eingekauft wird. Lieferantentreues Verhalten ist erforderlich, wenn der Lieferant kundenspezifische Produkte oder Dienstleistungen erstellen soll.
Lieferantenzulassung	Auch Lieferantenqualifizierung - bezeichnet die Beurteilung des Lieferanten vor der ersten Auftragserteilung durch Selbstauskunft, Nachweis eines → Zertifikats oder → Audit.
Lieferbereitschaftsgrad	Kennzahl zur Messung der Verfügbarkeit von lagerhaltig geführtem Material. Setzt ab Lager erfüllbare Bedarfsanforderungen ins Verhältnis zur Gesamtzahl der Bedarfsanforderungen in der Betrachtungsperiode. Misst die Häufigkeit, mit der Bedarfsanforderungen erfüllt bzw. nicht erfüllt werden konnten. Bestimmt die Höhe des erforderlichen → Sicherheitsbestands mit.
Liefertreue	Kennzahl zur Messung der Fähigkeit eines Lieferanten, vereinbarte Liefertermine einzuhalten. Anzahl der Bestellaufträge, die termingerecht geliefert wurde ÷ Gesamtzahl der

	Bestellaufträge der Periode x 100
life cycle cost	Eine Konkretisierung des total cost approach. Die life cycle cost vergleichen die Kosten eines Beschaffungsobjekts oder eines Konzepts nicht nur aufgrund der Kosten in der Kaufphase, sondern beziehen Kosten(unterschiede) in der Nutzungs- und Entsorgungsphase mit ein. Typische Anwendungen sind der Vergleich eines Einweg- mit einem Mehrwegsystem, umweltschädliche und umweltneutrale Betriebsstoffe, Gebrauchsgüter mit hohen Anschaffungs-, aber geringen Instandhaltungs- und Ersatzteilkosten.
life-cycle Vertrag	Zur Amortisation von Entwicklungsaufwand praktizierter Vertrag, in dem sich ein Abnehmer für das Leben eines Erzeugnisses an einen bestimmten Lieferanten bindet.
local-content-Vereinbarungen	Local-content-Vereinbarungen verpflichten den Lieferanten eines Erzeugnisses, in einem vertraglich festgelegten Umfang Beschaffungsobjekte im Land des Kunden zu beziehen. Diese Vereinbarungen werden im Vertrieb mit Kunden abgeschlossen und müssen vom Einkauf umgesetzt werden. Sie schränken die Freiheitsgrade des Einkaufs bei der Lieferantenauswahl ein.
Logistischer Kanal	An der Herstellung und physischen Verteilung eines Enderzeugnisses beteiligte Vorlieferanten, Lieferanten, Hersteller, Auslieferungslager, Absatzmittler und logistische Dienstleister.
Make or buy	Eigenfertigung oder Fremdbezug
Materialdisposition	Bedarfsplanung und Bestellmengen- und –terminplanung, → programm- oder → verbrauchsorientiert.
maverick buying	(„Abtrünnige") – der zentrale Einkauf steht häufig vor dem Problem, dass die dezentralen Einkaufsverantwortlichen nicht bei den vom Zentraleinkauf bevorzugten Lieferanten kaufen (abtrünnig sind) und die möglichen und dem Lieferanten avisierten Abnahmemengen nicht

	erreicht werden.
Modullieferant	Übernimmt die Montage einer Vielzahl von Teilen und Baugruppen zu kompletten funktionsfähigen Modulen, die häufig → just-in-time geliefert werden.
MRO-products	Maintenance-Repair-Operating products: Indirektes Verbrauchsmaterial für die Fertigung.
multiple sourcing	Der Einkauf schließt Rahmenvereinbarungen mit mehreren Lieferanten. Der Gesamtbedarf wird mit dem Ziel einer hohen Versorgungssicherheit oder um Preisdruck auszuüben, gezielt auf mehrere Lieferanten verteilt (Bedarfssplitting). Aus der Liste der zugelassenen Lieferanten wird fallweise ein Lieferant ausgewählt, der lieferfähig ist und den günstigsten Preis anbietet.
Nettobedarf	Wird ausgehend vom Bruttobedarf durch Bestandsabgleich errechnet, um die Bedarfsmengen und –termine zu bestimmen, die durch Eigenfertigung oder Fremdbezug zusätzlich zu bereits verfügbaren und bereits bestellten Komponenten hergestellt bzw. beschafft werden müssen. Nettobedarf entsteht, wenn der sog. disponierbare Bestand nicht ausreicht, den Bruttobedarf zu decken. Der disponierbare wird bestimmt als aktuell physisch vorhandener Bestand abzüglich Sicherheitsbestand und vorliegende Reservierungen zuzüglich ausstehender Bestellungen und Betriebsaufträge.
Nullsummenspiel	Begriff aus der Spieltheorie (Entscheidungstheorie). Beschreibt die Verhandlungssituation bei →adversativer Beziehung zwischen Lieferant und Abnehmer. Beide Kontrahenten gehen davon aus, dass eigene Verhandlungserfolge nur zu Lasten des Anderen erreichbar sind. Handlungsmöglichkeiten, die beiden Seiten Kostensenkungspotenziale oder Leistungsverbesserungen erschließen, werden nicht wahrgenommen.
OEM	Original Equipment Manufacturer. In der Auto-

	mobilindustrie gebräuchlicher Begriff für den „Erstausrüster", den Hersteller des Enderzeugnisses.
Opportunistische Beziehung	Beziehung zum Lieferanten, die sich der Macht des Lieferanten beugt bzw. die eigene Marktmacht ausnutzt.
Opportunitätskosten	„Kosten der entgangenen Gelegenheit" – monetäre Bewertung versäumter Gelegenheiten, z.B. die Gelegenheit, finanzielle Mittel am Kapitalmarkt anzulegen (Kapitalbindung durch Bestände), Produktionskapazitäten auszulasten, Kundenbedarf zu bedienen (Fehlmengen).
outsourcing	Fremdvergabe von Fertigungsleistungen und Dienstleistungen, die bisher selbst erstellt wurden.
Pönale	Verschuldensunabhängige Konventionalstrafe in % des Auftragswerts je Tag Lieferverzögerung.
Portfolio	Instrument zur Klassifizierung des Beschaffungsprogramms nach Risiko und Anfälligkeit; Angebots- und Nachfragemacht, Anteil am Einkaufsvolumen und Bedarfsschwankungen.
Preisstrukturanalyse	Aufspaltung eines Angebotspreises in Kostenbestandteile und Gewinnbestandteil. Prüft, ob Angebotspreis kostendeckend ist und bereitet Preisverhandlungen vor.
Produktionsprogramm	Grundlage der programmorientierten Bedarfs- und Bestellplanung. Es legt fest, welche Enderzeugnisse bis wann und in welchen Mengen fertig gestellt werden sollen (Primärbedarf).
Programmorientierte Disposition	Zukunftsorientierte Bedarfs- und Bestellplanung. Auf der Grundlage des geplanten Produktionsprogramms, Stücklisten, Plan-Durchlaufzeiten und verfügbaren Beständen wird der zukünftige Materialbedarf tages- und mengengenau geplant und zu wirtschaftlichen Bestellmengen zusammengefasst.

Qualitätsmanagementvereinbarung (QMV)	Die Inhalte entsprechen dem → supplier manual. Durch Unterschrift geht der Lieferant eine vertragliche Nebenpflicht ein, die Forderungen zu erfüllen. Unterstützt die Durchsetzung von Schadenersatzansprüchen und hat qualitätslenkende Funktion. Wird gleichlautend mit möglichst vielen Lieferanten vereinbart.
Qualitätszuverlässigkeit	Kennzahl zur laufenden, nachträglichen Lieferantenbewertung. Misst den Anteil der Lieferungen, die ohne Beanstandung für die Fertigung freigegeben wurden bzw. verarbeitet wurden.
Rückwärtsterminierung	Methode für die Bedarfsterminplanung in der → programmorientierten Disposition, bei der ausgehend vom gewünschten Endtermin für das Enderzeugnis auf Grundlage von Plan-Durchlaufzeiten der Bedarfstermin der Komponenten errechnet wird. Dabei wird von der Zukunft in Richtung Gegenwart „zurück gerechnet".
scoring-Modell	Auch Nutzwert-Analyse, Punktbewertungsverfahren - eine Methode, die es erlaubt, Alternativen zu vergleichen, deren Vor- und Nachteile in unterschiedlichen Dimensionen gemessen werden und die von unterschiedlicher Bedeutung sind. Die Vor- und Nachteile werden in dimensionslose Nutzenkennziffern (Punktwerte) umgerechnet und mit einem Gewichtungsfaktor belegt, die gewichteten Punktwerte werden je Alternative addiert. Die Ergebnisse zeigen die Rangfolge der Alternativen und Unterschiede zwischen den Alternativen.
single sourcing	Der Einkauf legt strategisch einen Vorzugslieferanten, bei dem in einer festgelegten Periode bestellt wird, fest und vereinbart einen Rahmenvertrag, der auf Basis einer geplanten Abnahmemenge Preise, Lieferungs- und Zahlungskonditionen festlegt.
sourcing-Strategie	Legt Art und Intensität der Zusammenarbeit

	mit Lieferanten fest. Die Geschäftsbeziehungen bewegen sich auf einem Kontinuum zwischen Einzelbestellungen auf dem spot Market und unternehmensübergreifendem → supply chain management.
Sporadischer Bedarf	Bedarfsverlauf, der keine statistischen Gesetzmäßigkeiten zeigt und häufig Perioden ohne Bedarf verzeichnet. Mit statistischen Prognoseverfahren ist keine befriedigende Prognosequalität erreichbar.
specialities	→ zeichnungsgebundene Teile
Spekulationsbestand	Spekulationsbestand wird aufgebaut, wenn für einen befristeten Zeitraum ein geringerer Einstandspreis (Sonderangebot, börsennotierte Rohstoffe) gilt und wenn der Einkauf mit steigenden Preisen rechnet. Es werden gezielt höhere Lagerkosten in Kauf genommen als im Hinblick auf den wirtschaftlichen → Ausgleichsbestand optimal wäre.
Spezifikation	Beschreibt und quantifiziert die Anforderungen an die funktionalen Eigenschaften, Abmessungen, Form, Werkstoffeigenschaften eines Produkts (bei Dienstleistungen spricht man vom Lastenheft). Spezifikationen sollen den Lieferanten möglichst unmissverständlich und vollständig über die Anforderungen an das Beschaffungsobjekt informieren.
spot market	Beschaffung ohne Bindung an einen Lieferanten. Kaufentscheidung vom aktuellen Angebot abhängig.
supply chain management	Supply chain management als Managementkonzept fordert ein ganzheitliches Denken und Handeln der Entscheidungsträger, die an der Gestaltung und Lenkung des Material- und Informationsflusses beteiligt sind. Die Zusammenarbeit mit Schlüssellieferanten soll als Win-Win-Spiel verstanden werden. In Kooperation mit dem Lieferanten sollen Lösungen gesucht werden, die die Gesamtkosten der logistischen Kette reduzieren und dabei den

	Lieferservice gegenüber dem Finalkunden verbessern. Supply chain management nimmt Lieferverzögerungen, fehlerhaftes Material, Schwankungen und Ungewissheit der Nachfrage nicht schicksalsergeben als Datum hin und stellt sich durch Puffer in den Beständen, Durchlaufzeiten und Kapazitäten auf diese Unwägbarkeiten und Rahmenbedingungen ein, sondern sucht nach Möglichkeiten, diese Puffer zu vermeiden.
supplier manual	Der Abnehmer formuliert hier seine Erwartungen, Empfehlungen und Forderungen an das Qualitätsmanagement des Lieferanten und verteilt diese gleichlautend an die Lieferanten.
Technische Liefer- und Abnahmebedingungen (tLAB)	Ergänzen die kaufmännischen Vertragsinhalte des Bestellauftrags oder die → AEB um Vereinbarungen, die die Qualitätsprüfung des Abnehmers und Qualitätsmanagementmaßnahmen des Lieferanten betreffen.
total cost approach	Fordert wegen drohender Kostenkonflikte, Kostensenkungserfolge nicht isoliert zu betrachten. Die Beurteilung der Eignung einer Handlungsmöglichkeit sollte vielmehr auf Basis der gesamten von der Handlungsmöglichkeit beeinflussten Kosten erfolgen. Je nach Fragestellung und Handlungsalternativen sind unterschiedliche Abgrenzungen der entscheidungsrelevanten Kosten von Bedeutung.
total cost of ownership	Die Kostenabgrenzung total cost of ownership erweitert die Perspektive der → Einstandskosten um die Kosten, die unternehmensintern bis zur Freigabe des Beschaffungsobjekts für die Fertigung anfallen, also Transaktionskosten (für Information und Abstimmung mit dem Lieferanten, für Lieferantenauswahl und Verhandlungen, administrativer Aufwand im Rahmen der Bestellabwicklung), Prüfkosten und Bestandskosten für Sicherheitsbestände und Ausgleichsbestände. Eine Erweiterung der Perspektive auf total cost of ownership ist erforderlich, wenn die zum Vergleich anstehenden Handlungsmöglichkei-

	ten Unterschiede aufweisen, auf die beim Abnehmer kostenwirksam reagiert wird.
Transaktionskosten	Gesamtkosten für die Zusammenarbeit mit Lieferanten. Umfasst neben den Bestellabwicklungskosten, die einmalig oder gelegentlich anfallenden Anbahnungskosten (Suche nach Lieferanten), Vereinbarungskosten (Vertragsverhandlungen), Kontrollkosten (Überwachung der Vertragserfüllung) und Anpassungskosten (Vertragsänderungen und Auflösung der Beziehung).
Verbrauchsorientierte Disposition	Die verbrauchsorientierte Disposition basiert auf Aufschreibungen über den Bedarf in der Vergangenheit. Die Bedarfsplanung verzichtet auf eine tages- und mengengenaue Bedarfsplanung und ist nur mit dem Bereitstellungsprinzip Vorratsbeschaffung zu vereinbaren. Für jede Identnummern wird eine → Bestellregeln vorgegeben, die für längere Zeit gültige Vorgaben über die Bestellmenge und den Bestelltermin enthält.
VMI	Vendor Managed Inventory – Verlagerung der Verantwortung für Bestands und Verfügbarkeit vom Abnehmer hin zum Lieferanten. Der Lieferant hat von seinem Lagerverwaltungssystem aus Zugriff auf die Bestandsdaten seiner Kunden und vergibt die Bestellaufträge an sein eignes Unternehmen. Nicht mehr der Einkäufer des Handels- oder industriellen Kunden, sondern der Disponent des Lieferanten bestimmt Liefermengen und Lieferrhythmus.
Vorratsbeschaffung	→ Ausgleichs-, → spekulative und → Sicherheitsbestände werden gehalten. Die Bestellmengen sind regelmäßig höher als der aktuelle Bedarf, der Lagerbestand wird über einen Zeitraum durch Entnahmen entsprechend dem Bedarf der Fertigung abgebaut, um anschließend durch eine - relativ zur aktuellen Bedarfsmenge große - Bestellmenge wieder aufgebaut zu werden. Häufig wird eine Bestellung ausgelöst, bevor die Produktion endgültig geplant ist oder ein Kundenauftrag vorliegt. Die

	Lieferung wird im zentralen Wareneingang entgegengenommen, dort auf Übereinstimmung mit der Bestellung kontrolliert und nach einer Qualitätsprüfung „für die Fertigung freigegeben". Anschließend wird das Material ins Materiallager transportiert, dort als Lagerzugang verbucht, ein Lagerplatz zugewiesen und bis zur Verwendung eingelagert. Soll das Material in der Fertigung eingesetzt werden, wird auf der Grundlage eines Materialentnahmescheins die benötigte Menge kommissioniert und zur Fertigungsstelle transportiert.
Zeichnungsgebundene Teile	Auch Zeichungsteile, specialities. Beschaffungsobjekte, die nach Vorgaben des Abnehmers hergestellt und eventuell entwickelt werden.
Zertifikat nach DIN EN ISO 9001:2000	Wird häufig von Lieferanten vor der ersten Auftragserteilung verlangt. Ein Zertifikat nach DIN EN ISO 9001:2000 bescheinigt das Vorhandensein und die Wirksamkeit eines Qualitätsmanagement-Systems, d.h. dass der Lieferant Geschäftsprozesse entwickelt hat und beständig weiterentwickelt, die sicherstellen, dass Produktmerkmale und Dienstleistungen nicht „zufällig" entstehen, sondern mit großer Zuverlässigkeit erzeugt werden. Das Zertifikat nach ISO 9001 bescheinigt nicht, dass der Lieferant Qualität im Sinne des Kunden herstellt. Letzteres muss durch Musterprüfungen, Probekäufe und Vergleich der eigenen Spezifikation mit den Produktmerkmalen festgestellt werden.

IV Klausuraufgaben

Abschnitt 4: key performance indicators für die Beschaffung und ihre Beeinflussung

Aufgabe 1: Qualitätsmanagement

a) Welche Instrumente stehen der Beschaffung zur Verfügung, um die Fertigung mit fehlerfreiem Material zu versorgen?

b) Bei der Qualitätsprüfung im Wareneingang wird festgestellt, dass ein Teil einer Lieferung nicht-spezifikationsgerecht ist. Stellen Sie dar, welche Entscheidungen zu treffen sind und welche Überlegungen anzustellen sind, um situationsgerecht zu reagieren.

c) Durch die fehlerhafte Lieferung sind dem Abnehmer interne Fehlerkosten entstanden: es entstand administrativer Aufwand zur Abwicklung der Reklamation, der Produktionsplan musste umgestellt werden und es entstand erhöhter Ausschuss in der Fertigung. Muss der Lieferant für diese Fehlerkosten aufkommen?

Lösung:

a)
➤ Vollständige, unmissverständliche Spezifikation
➤ Enge Zusammenarbeit mit Lieferanten (Verbesserungsvorschläge, Interesse an Geschäftsbeziehung, Vermeidung von Fehlern durch Engpassaufträge)
➤ Preisvereinbarungen (Vermeidung verdeckter Leistungsminderung)
➤ Vertragliche Vereinbarungen über Qualitätsmanagement-Maßnahmen beim Lieferanten
➤ Garantie
➤ Qualitätsorientierte Lieferantenzulassung und –bewertung
➤ Qualitätsprüfung.

b)
Lieferung komplett zurückweisen? Freigabe mit Auflagen?
Zu prüfen ist, wie groß die fehlerhafte Menge im Vergleich zur Liefermenge ist, ob der Fehler wesentlich ist, ob eine Nachbearbeitung oder eine verstärkte Prüfung bei der Weiterverarbeitung möglich ist. Die Höhe der bei Freigabe entstehenden Fehlerkosten ist den Fehlmengenkosten gegenüberzustellen, die bei Rückweisung der Lieferung entstehen würden. Um letztere zu bestimmen sind die noch vorhandenen Bestände und die Bedarfsmengen und –termine zu bestimmen. Von Bedeutung ist auch der Zeitraum, der für eine Ersatzlieferung des Lieferanten kalkuliert werden muss.

c)

Interne Fehlerkosten haben überwiegend Opportunitätskostencharakter. Ihre Durchsetzung ist daher selbst dann schwierig, wenn der Lieferant in vollem Umfange schadenersatzpflichtig ist. Dieses ist er nur, wenn er den Fehler grob fahrlässig oder vorsätzlich verursacht hat, wenn er eine umfassende Garantie übernommen hat oder gegen vereinbarte Pflichten verstoßen hat.

Aufgabe 2: Minimale Einstandskosten als Aufgabe der Beschaffung

Welche Instrumente stehen der Beschaffung grundsätzlich zur Verfügung, die Einstandskosten für eine Material-Identnummer zu reduzieren? Welche Nachteile sind mit dem Einsatz dieser Instrumente verbunden?

Lösung:

> Umfangreiche Beschaffungsmarktforschung und Angebotsvergleich
> Bedarfsbündelung durch Standardisierung, Zentraleinkauf und Verbundbestellung
> Steigerung des Wettbewerbs durch multiple sourcing
> Steigerung des Interesses an der Geschäftsbeziehung durch langfristige Vereinbarungen und single sourcing
> Große Bestellmengen und hohe Bestellwerte durch seltenes Bestellen in großen Mengen
> Einflussnahme auf Transport- und Verpackungskosten oder Eigenerstellung.

Nachteile bestehen in Steigerungen bei anderen Kostenarten oder anderen Identnummern und in der Gefahr von Einbußen bei den Leistungszielen.

Aufgabe 3: total cost approach

Der total cost approach fordert, Kosten nicht isoliert zu minimieren, sondern Entscheidungen auf die Summe der relevanten Kosten zu stützen.

a) Begründen Sie diese Forderung am Beispiel des Vergleichs von Angebotspreisen eines regionalen Stammlieferanten und eines Anbieters in Südamerika, mit dem noch keine Kontakte bestehen. Welche Kosten sind in den Vergleich einzubeziehen, welche Informationen werden benötigt?

b) Welche Probleme treten bei der Berechnung der total cost auf?

Lösung:

a)

Der Vergleich muss auf einen Vergleich der Einstandskosten und total cost of ownership ausgedehnt werden. Dazu sind die Angebotspreise zu korrigieren um Transport-, Verpackungs-, Zoll- und Versicherungskosten, falls der Angebotspreis nicht „frei Haus" gilt. Dieser Vergleich reicht noch nicht aus. Die räumliche und kulturelle Distanz verursacht höhere laufende Transaktionskosten (erschwerte

Kommunikation, Reklamationsabwicklung). Der lange Transportweg verursacht eine eingeschränkte Flexibilität und höhere Transportrisiken, denen durch höhere Sicherheitsbestände Rechnung zu tragen ist. Hohe Bestellabwicklungskosten treiben den optimalen Ausgleichsbestand nach oben. Misstrauen gegenüber dem noch unbekannten Lieferanten und eventuell unterschiedliche Prüfverfahren erzwingen eine intensivere Qualitätsprüfung mit steigenden Qualitätsprüfungskosten. Zu berücksichtigen sind auch die Einmalkosten der Lieferantenzulassung.

b)
Die in die total cost of ownership einzubeziehenden Kosten sind ungewiss und haben teilweise Opportunitätskostencharakter. Neben dem Problem der Quantifizierbarkeit ist der Tatsache Rechnung zu tragen, dass sicheren Kostenvorteilen unsichere Kostennachteile oder unsicheren Vorteilen ungewisse Nachteile gegenüberstehen. Die Kostenvor- und –nachteile fallen zudem zu unterschiedlichen Zeitpunkten und in unterschiedlichen Verantwortungsbereichen an. Teilweise haben die Kosten den Charakter auszahlungswirksamer Kosten, andere sind nur Opportunitätskosten und deshalb nicht direkt vergleichbar. Die einmalig anfallenden Kosten müssen anteilig berücksichtigt werden.

Aufgabe 4: Entscheidungsrelevante Kosten

Erläutern Sie den Begriff der „entscheidungsrelevanten Kosten". Erläutern Sie hierzu die Kostenabgrenzungen total cost of ownership, Einstandskosten, Angebotspreise und life cycle cost und nennen Sie Situationen ihrer sinnvollen Anwendung.

Lösung:

Entscheidungsrelevant sind jeweils die Kostenarten, die beim Vergleich von Handlungsalternativen unterschiedlich hoch sind.
Total cost of ownership: Der Begriff wurde erstmals 1986 in Zusammenhang mit der Beurteilung von EDV-Systemen bekannt. Die Kosten, die bei der Beschaffung eines IT-Systems entstehen, sind im Vergleich zu den Kosten für Support, Administration und Betriebskosten eher gering. Aus dieser Erkenntnis heraus wurde die Forderung nach einem Vergleich der Gesamtkosten (total cost approach) laut. Der Vergleich von Handlungsmöglichkeiten auf der Basis von Gesamtkosten soll verhindern, dass Einsparungen bei einzelnen Kostenarten durch Steigerungen bei anderen Kostenarten überkompensiert werden.

Beim Vergleich von Handlungsmöglichkeiten im Einkauf (Auswahl eines Lieferanten, Anzahl und Bindung an Lieferanten, Auswahl zwischen Werkstoffalternativen u.a.) sind Angebotspreise des Lieferanten als Vergleichsmaßstab nicht ausreichend: Die Anbieter arbeiten in der Regel mit unterschiedlichen Preisnebenbedingungen. Diese unterscheiden sich durch die Verantwortung für Transport, Versicherung, Verpackung und Zoll, durch Zahlungsfristen und Skontobedingungen, durch Rabatte (von der Bestellmenge einer Artikelnummer abhängig) und durch Boni (vom Umsatz/ Auftragswert über eine Periode und für mehrere Artikelnummern abhängig). Darüber hinaus ist es in vielen Beschaffungssituationen nicht ausreichend, auf der Grundlage der Kosten bis zur Übergabe des Beschaffungsobjekts an den Abnehmer eine Vergabeentscheidung zu treffen, Werkstoffe miteinander zu vergleichen oder strategische Entscheidung im Bereich der Beschaffungsprogrammpolitik und Lieferantenpolitik zu begründen.

Je nach Fragestellung sind im Sinne eines total cost approach unterschiedliche Kostenarten in den Vergleich einzubeziehen. In der Literatur haben sich verschiedene Kostenabgrenzungen herausgebildet, die unterschiedliche Kostenwirkungen erfassen:
Die Einstandskosten umfassen die Gesamtkosten für die rechtliche und physische Verfügbarmachung des Beschaffungsobjekts bis an den Wareneingang des abnehmenden Unternehmens. Zur Berechnung der Einstandskosten wird der Angebotspreis des Lieferanten um kostenrelevante Lieferungs- und Zahlungsbedingungen bereinigt.

Angebotspreis
- Rabatt
- Skonto
- Bonus
+ Verpackungskosten
+ Versicherungskosten
+ Transportkosten, Porto
+ Zoll
= Einstandskosten

Eine Erweiterung der Analyse ist dann erforderlich, wenn die zum Vergleich anstehenden Handlungsmöglichkeiten Unterschiede aufweisen, auf die beim Abnehmer kostenwirksam reagiert wird. So ist ein Vergleich der Einstandskosten zweier Anbieter nicht sinnvoll, wenn sie unterschiedlichen Aufwand für die Bestellabwicklung verursachen (local gegenüber global sourcing, neuer gegenüber vertrautem Lieferanten), wenn sie Unterschiede in der Qualitätszuverlässigkeit oder Lieferzuverlässigkeit aufweisen, auf die mit verstärkten Prüfungen oder Materialbeständen reagiert wird. Beim Vergleich strategischer Handlungsmöglichkeiten im Rahmen der Beschaffungsprogrammpolitik (Eigenerstellung oder Fremdbezug einer Leistung oder eines Produkts) und Lieferantenpolitik (global sourcing, single sourcing) sowie bei erheblichen Unterschieden der alternativen Anbieter im Hinblick auf Qualität, Versorgungssicherheiten und Bestellvorgaben sollte daher versucht werden, die total cost of ownership zu quantifizieren.
Die Kostenabgrenzung total cost of ownership erweitert die Perspektive der Einstandskosten um die Kosten, die unternehmensintern bis zur Freigabe des Beschaffungsobjekts für die Fertigung anfallen, also Transaktionskosten (für Information und Abstimmung mit dem Lieferanten, für Lieferantenauswahl und Verhandlungen, administrativer Aufwand im Rahmen der Bestellabwicklung),

Prüfkosten und Bestandskosten für Sicherheitsbestände und höhere Ausgleichsbestände.

Die life cycle cost beziehen etwaige Unterschiede in der Nutzungs- und Entsorgungsphase mit ein, wie sie beim Vergleich von Gebrauchsgütern anfallen oder bei Produkten, die am Ende ihres Lebens Entsorgungskosten verursachen.

Aufgabe 5: Qualitätsprüfungen

Viele Unternehmen haben das Ziel, Qualitätsprüfungen für fremdbezogenes Material im Wareneingang zu vermeiden.

a) Welche Argumente sprechen gegen eine Qualitätsprüfung beim Abnehmer?

b) Welche Risiken werden mit der Abschaffung der Qualitätsprüfung beim Abnehmer eingegangen?

c) Welche Voraussetzungen müssen vorliegen oder geschaffen werden, um die in b) genannten Risiken zu begrenzen oder zu vermeiden?

Lösung:

a)
➢ Kosten
➢ Zeit
➢ Fehlerdurchschlupf
➢ Doppelaufwand in der logistischen Kette, wenn Lieferant nach gleichen Kriterien und mit gleichen Verfahren prüft
➢ fehlende Prüfkompetenz
➢ just-in-time- und KANBAN-Bereitstellung nicht möglich.

b)
➢ Interne und externe Fehlerkosten (inkl. Fehlmengenkosten)
➢ Verletzung der unternehmerischen Sorgfaltspflicht
➢ Verlust von Gewährleistungsansprüchen
➢ Fehler nach der Endprüfung des Lieferanten (Lager, Umschlag, Transport)
➢ Fehlerfolgekosten höher als maximale Gewährleistungs- und Schadenersatzansprüche.

c)
➢ Qualitätsmanagementvereinbarungen
➢ Spezifikation
➢ Abbedingen der Prüf- und Rügepflicht
➢ Garantieerklärung
➢ Prüfzertifikat
➢ Stammlieferantenpolitik
➢ zuverlässige Lieferanten.

Abschnitt 5: Systematisches und differenziertes Beschaffungsmanagement + Abschnitt 6.4 Lagerpolitik

Aufgabe 1: ABC-Analyse

Begründen bzw. widersprechen Sie den folgenden Aussagen:

a) A-Artikel sollten im Vergleich zu C-Artikeln einen höheren Lieferbereitschaftsgrad aufweisen.
b) C-Artikel sollten eine vergleichsweise lange Lagerreichweite aufweisen.
c) C-Artikel haben ein geringeres Kostensenkungspotenzial.

Lösung:

a)
Die Aussage ist in der Literatur häufig zu finden. Sie ist jedoch nicht unbedingt richtig:
Der Lieferbereitschaftsgrad misst als Zielvorgabe für Material, das lagerorientiert bereitgestellt wird, die Fähigkeit, die Bedarfsmenge termingerecht zur Verfügung zu stellen. Der Soll-Lieferbereitschaftsgrad steuert die Höhe des Sicherheitsbestands. Der optimale Lieferbereitschaftsgrad und damit Sicherheitsbestand ist gefunden, wenn die Summe aus Lager- und Fehlmengenkosten minimal ist. Im Vergleich von A- und C-Produkten ist zunächst anzunehmen, dass A-Material die höheren Kapitalbindungskosten verursacht, weil in dieser Materialklasse oft hochwertige Identnummern zu finden sind. Argumentiert man mit den Kapitalbindungskosten, ist es für A-Produkte eher sinnvoll, hohe Kosten für die Bewältigung von Terminengpässen zu akzeptieren, als für C-Material, d.h. für A-Produkte sollte ein niedrigerer Soll-Lieferbereitschaftsgrad angestrebt werden. Der optimale Lieferbereitschaftsgrad und Sicherheitsbestand ist nicht nur von den Kapitalbindungskosten, sondern auch von der Höhe der Fehlmengenkosten abhängig. Über die Höhe der Fehlmengenkosten lässt die ABC-Analyse keine Rückschlüsse zu.

A-Material wird wegen der Kapitalbindungskosten in geringen Mengen bestellt und gelagert oder sogar lagerlos bereitgestellt. Eine stockout-Situation kann daher wesentlich häufiger in der Planperiode auftreten als bei C-Material. Von daher ist der Aussage zuzustimmen, es ist ein höherer Lieferbereitschaftsgrad erforderlich.

b)
Die Argumentation ist für geringwertige C-Artikel, die keine Probleme bezüglich der erforderlichen Lagerkonditionen (Gefahrgüter), der Verderblichkeit oder des Volumens aufwerfen, richtig. Diese Materialgruppe sollte mit dem vorrangigen Ziel bewirtschaftet werden, die gesamten Bestellabwicklungskosten zu minimieren. Eine lange Reichweite resultiert aus hohen Bestellmengen. Diese haben den Vorteil, dass

die Bestellhäufigkeit im Planungszeitraum gering ist und dass die Lieferbereitschaft auch ohne aufwändige Bedarfsplanung und bei Bedarfsschwankungen sichergestellt werden kann. Hohe Bestände verursachen in der Materialgruppe der geringwertigen C-Artikel geringe Kapitalbindungskosten.

c)
Diese Aussage ist nur für die Einstandskosten richtig und nur für die Gruppe der geringwertigen C-Produkte. Das Einsparungspotenzial der C-Produkte liegt bei den Prozesskosten. Bei C-Produkten ist häufig ein Missverhältnis zwischen Kosten der Bestellabwicklung und Einstandskosten zu beobachten, weil die Einkaufsvorbereitung (Bedarfsklärung, Genehmigung, Lieferantensuche, Anfragetätigkeit, Angebotsvergleich) sehr aufwändig ist. Im Rahmen des C-Teile-Managements versuchen Unternehmen, ihre Geschäftsprozesse zu vereinfachen, zu standardisieren und zu automatisieren.

Aufgabe 2: Portfolio-Analyse

Die Ergebnisse einer Materialklassifizierung nach der ABC- und XYZ-Analyse für fremdbezogene Komponenten wurden in einem Portfolio wie unten dargestellt visualisiert:

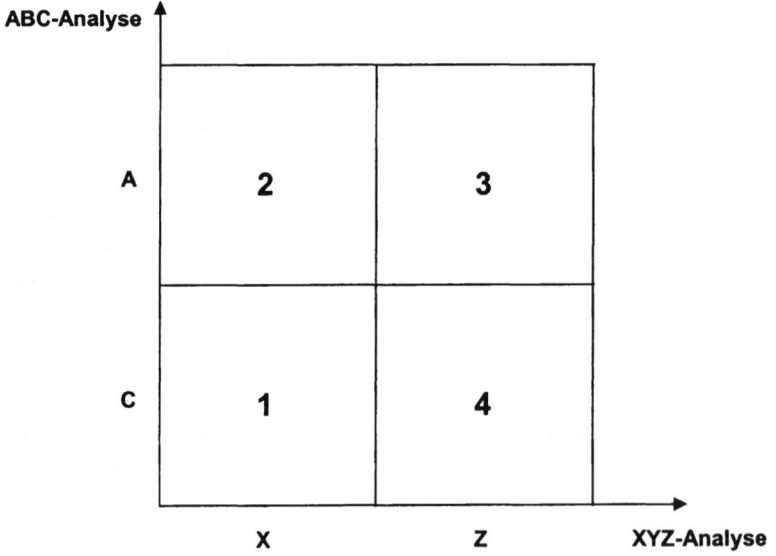

Ordnen Sie die folgenden Empfehlungen den Klassen 1-4 zu und begründen Sie kurz Ihre Einschätzung!

a) Hohen Aufwand für präzise Bestandsführung und Bedarfsplanung treiben.
b) Frühzeitig verbindliche Bedarfsvorhersagen an den Lieferanten übermitteln

c) Bestellmengen und Sicherheitsbestand erhöhen
d) KANBAN-System praktizieren
e) Vorratsbeschaffung praktizieren
f) Just-in-time-Beschaffung praktizieren

Lösung:

a) Hohen Aufwand für präzise Bestandsführung und Bedarfsplanung treiben:
Identnummern in Klasse 3 weisen starke Bedarfsschwankungen auf. Gleichzeitig verursachen sie hohe Kapitalbindung durch hohe Einstandskosten. Um hohe Sicherheitsbestände zu vermeiden ohne Einbußen bei der Lieferbereitschaft in Kauf nehmen zu müssen, ist eine präzise Bestandsführung und möglichst programmorientierte Bedarfsplanung empfehlenswert.
b) Frühzeitig verbindliche Bedarfsvorhersagen an den Lieferanten übermitteln:
Auch diese Maßnahme ist für Identnummern geeignet, die der Klasse 3 zugeordnet werden. Bedarfsvorhersagen verbessern die Termin- und Mengen-zuverlässigkeit des Lieferanten und erlauben, den Sicherheitsbestand zu senken, ohne Einbußen bei der Lieferbereitschaft hinnehmen zu müssen.
c) Bestellmengen und Sicherheitsbestand erhöhen:
Hohe Bestellmengen sind für Identnummern geeignet, die der Klasse 1 und 4 zugeordnet werden, um den administrativen Bestellaufwand zu reduzieren. Für C-Produkte, die in Klasse 4 eingeordnet werden, kann die Bedarfsunsicherheit durch erhöhten Sicherheitsbestand aufgefangen werden, weil dieser keine hohen Kapitalbindungskosten verursacht.
d) KANBAN-System praktizieren:
Das KANBAN-System ist besonders für CX-Produkte (Klasse 1) geeignet. Gerin-ge Bedarfsschwankungen können durch den Behälterinhalt abgefangen werden, das System verursacht geringstmöglichen administrativen Aufwand.
e) Vorratsbeschaffung praktizieren:
Konventionelle Vorratsbeschaffung ist für CZ- Produkte (Klasse 4) sinnvoll, die häufig geringen und sporadischen Bedarf haben und deshalb für (nahezu) bestandslose Bereitstellung nicht geeignet sind.
f) Just-in-time-Beschaffung praktizieren:
Identnummern die in großen Mengen benötigt werden, hohe Kapitalbindung verursachen und geringe Bedarfsschwankungen aufweisen (Klasse 2, AX-Produkte), sind für eine bestandslose Bereitstellung geeignet. Der hohe Planungsaufwand für die programmorientierte Disposition und die Übermittlung der forecasts lohnt sich für diese Materialien.

Aufgabe 3: Differenzierte Festlegung der Soll-Lieferbereitschaft

Die Fähigkeit ab Lager liefern zu können, wird mit dem Lieferbereitschaftsgrad bestimmt und gemessen. Mit der Kennzahl in Prozent werden die sofort bedienten Positionen nach Anzahl oder Wert im Verhältnis zu den angeforderten Positionen beschrieben.

In dem nachfolgenden Portfolio sind Soll-Lieferbereitschaftsgrade angegeben, die für ein Handelsunternehmen festgelegt wurden:

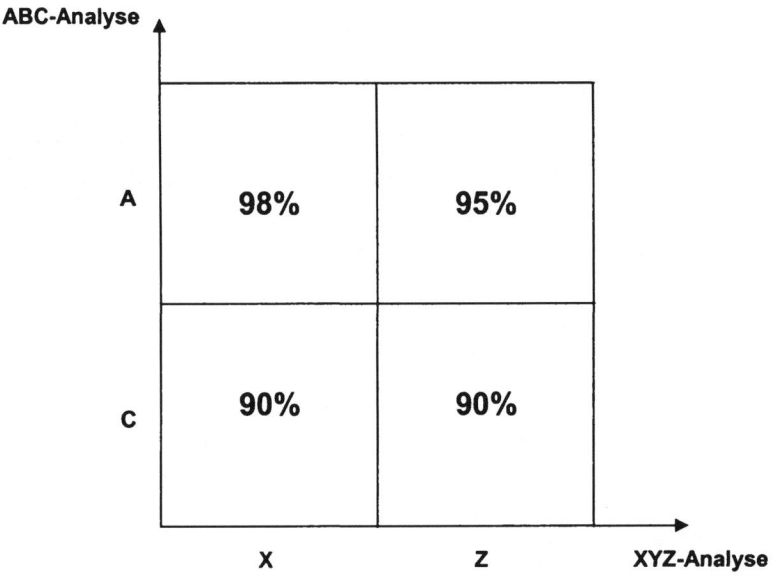

Abbildung: Strategische Festlegung des Lieferbereitschaftsgrades anhand der ABC- und XYZ-Analyse

Ist diese Einteilung auf direktes Produktionsmaterial übertragbar?

Lösung:

Im Handelsunternehmen handelt es sich bei den C-Produkten um Verkaufprodukte, die selten nachgefragt werden. Bestandslücken verursachen daher auch geringeren Umsatz- und Imageverlust (Fehlmengenkosten), während Bestandslücken bei A-Produkten, die einen hohen Anteil am Umsatz des Handelsunternehmens haben, hohe Opportunitätskosten verursachen. Deshalb ist es sinnvoll, im Handelsunternehmen hohe Lieferbereitschaft für A-Produkte und geringere Lieferbereitschaft für C-Produkte anzustreben. Der Sicherheitsbestand, der für ein Produkt notwendig ist, wird vom geforderten Lieferbereitschaftsgrad und von den Bedarfsschwankungen bestimmt. Daher werden die geforderten Lieferbereitschaftsgrade für AZ-Produkte geringer festgelegt als für AX-Produkte, um zu hohe Sicherheitsbestände zu vermeiden.

Eine direkte Übertragung der Empfehlungen auf direktes Produktionsmaterial ist nicht sinnvoll. Ein hoher Lieferbereitschaftsgrad ist für Material zu fordern, das hohe Fehlmengenkosten verursacht. Deren Höhe ist jedoch unabhängig von der Höhe der Einstandskosten! Für direktes Material ist die ABC-Analyse ungeeignet, um Empfehlungen für die Lieferbereitschaft abzuleiten.

C-Material ist häufig durch große Bedarfsmengen bei geringen Einstandskosten gekennzeichnet. Für diese Beschaffungsobjekte sollte eine hohe Lieferbereitschaft durch hohe Sicherheitsbestände vorgegeben werden, um zu vermeiden, dass die Versorgung der Fertigung gefährdet oder gestört wird und Fehlmengenkosten auftreten.

Direktes A-Material sollte seine Lieferbereitschaft möglichst nicht durch hohen Sicherheitsbestand, sondern durch präzise Bedarfsplanung, Bestandsführung, Zusammenarbeit mit dem Lieferanten und effektives Engpassmanagement sichern. Soweit der Lieferbereitschaftsgrad den Sicherheitsbestand steuert, ist für A-Material also eher ein geringerer Lieferbereitschaftsgrad empfehlenswert.

Aufgabe 4: Empfehlungen für Disposition und Lagerpolitik aus dem Versorgungsrisiko-ABC-Portfolio

Im folgenden Portfolio wird das Risiko der Materialbereitstellung mit den Ergebnissen der ABC-Analyse kombiniert. Welche Dispositionsart und Bereitstellungsart empfehlen Sie für die 4 Klassen?

	ABC-Ausprägung	
	A-Produkte	C-Produkte
Versorgungsrisiko hoch	Schlüssel-Produkte	Engpass-Produkte
gering	Hebel-produkte	Unproblematische Produkte

Abbildung: Versorgungsrisiko-ABC-Portfolio (Quelle: Heege, F. (1987) S. 83)

Lösung:

Bei den Schlüsselprodukten steht das Ziel der Versorgungssicherheit gekoppelt mit dem Ziel der Wirtschaftlichkeit im Mittelpunkt. Eine genaue Bedarfsvorhersage, exakte Bestandskontrolle und -analyse ist bei solchen teuren Produkten unbedingt notwendig. Statt eines hohen Sicherheitsbestands ist es ratsam, gute Beziehungen mit den Lieferanten zu pflegen.

Bei den Hebelprodukten ist die Lieferbereitschaft nicht gefährdet, da sie jedoch teure A-Artikel sind, sollte gezielt versucht werden, die Lagerbestände und Sicherheitsbestände möglichst gering zu halten und bestmögliche Preise zu erlangen. Dies wird beispielsweise durch kontinuierliche Marktforschung und sorgfältige Auswahl von Lieferanten sowie durch kurze Lieferzeiten und programmorientierte Bedarfsermittlung erreicht.

Vorrangiges Ziel des Bestandsmanagements für Engpassprodukte ist die notwendige Absicherung der Materialversorgung. Vorratsbeschaffung und hohe Sicherheitsbestände sind zwingend.

Bei den unproblematischen Produkten ist das Hauptziel die Reduzierung der Bestellabwicklungskosten. Ein Sicherheitsbestand sollte gehalten werden, denn trotz eines geringen Versorgungsrisikos besteht ein Fehlmengenrisiko, weil für Bedarfsplanung und Bestandskontrolle nur geringer Aufwand getrieben werden sollte.

Aufgabe 5: Bestandskennzahlen

Materialnummer 4711 hat einen kontinuierlichen Monatsbedarf von 300 Stück.
Die Bestellmenge (Q) beträgt 1.200 Stück.

a) Zeichnen Sie den Bestandsverlauf.
   Berechnen und interpretieren Sie die maximale und die durchschnittliche Reichweite, den durchschnittlichen Bestand und die Lagerumschlagshäufigkeit pro Jahr.
b) Errechnen Sie die Ersparnis bei den entscheidungsrelevanten Kosten, wenn die Umschlagshäufigkeit von 6 auf 8 gesteigert wird. Gehen Sie dabei von Einstandskosten/Stück 3 €, Lagerkostensatz 10% p.a. des durchschnittlichen Lagerwerts und Bestellkosten 70 € je Bestellung aus.

Lösung:

a)
Durchschnittlicher Bestand: $Q \div 2 = 600$
Durchschnittliche Reichweite in Monaten = durchschnittlicher Bestand/Bedarf je Monat : $600 \div 300 = 2$ Monate
Lagerumschlagshäufigkeit: Jahresbedarf $\div$ durchschnittlicher Bestand: $3.600 \div 600 = 6$

Der Höchstbestand wird kontinuierlich abgebaut. Der durchschnittliche Bestand ist daher $1.200 \div 2$. Die durchschnittliche Reichweite gibt den Zeitraum an, den der durchschnittliche Bestand am Lager liegt. Die Bestellmenge liegt bei kontinuierlichem Bedarf maximal 4 Monate im Lager, im Durchschnitt befindet sich jedes Stück der Bestellmenge 2 Monate im Lager.

Die Lagerumschlagshäufigkeit misst die Häufigkeit, mit der der Bestand im Jahr auf- und wieder abgebaut wird. Bei 3 Bestellintervallen pro Jahr wird der Bestand 6 Mal im Jahr auf- und wieder abgebaut.

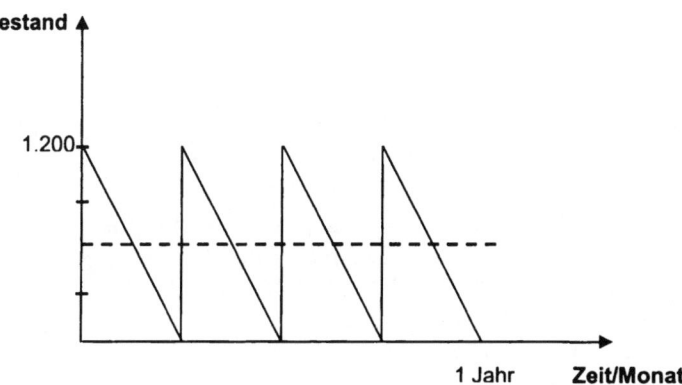

b)
Die Bestellkosten p.a. betragen bei Q = 1.200: 3 · 70 € = 210 € p.a.,
die Lagerkosten p.a. betragen bei   Q = 1.200: 1.200 ÷ 2· 3 · 0,10 = 180 € p.a., d.h.
Gesamtkosten p.a (Q = 1.200) = 390 € p.a.

Um die Umschlagshäufigkeit p.a. auf 8 zu erhöhen, müssten 4 Bestellungen p.a. getätigt werden, die Bestellmenge auf 900 Stück reduziert werden:

3.600 ÷ Q ÷ 2 = 8, Q = 900

Die Bestellkosten (Q = 900) = 4 · 70 € = 280 € p.a.
Lagerkosten p.a. 900 ÷ 2 · 3 · 0,10 = 135 € p.a.
Gesamtkosten p.a. = 415 €

Eine Steigerung der Lagerumschlagshäufigkeit ist in diesem Falle nicht empfehlenswert.

Aufgabe 6: ABC-Analyse

a) Mit welcher Absicht wird eine ABC-Analyse durchgeführt?
b) Erläutern Sie die Vorgehensweise und das Ergebnis einer ABC-Analyse.
c) Welche Schlussfolgerungen sind auf der Grundlage der ABC-Klassifizierung möglich?

Lösung

a)

Die Beschaffung hat in der Praxis oft mehrere Tausend verschiedene Materialident-nummern zu beschaffen. Ausgangspunkt der ABC-Analyse ist die Überlegung, dass die Beschaffungsobjekte nicht gleich behandelt werden können und sollen. Eine indi-viduelle Detailplanung und –optimierung der Beschaffung verbietet sich jedoch angesichts des durch die Vielfalt entstehenden Planungsaufwands. Die ABC-Analyse ist ein Instrument zur Klassifizierung von Beschaffungsobjekten. Für die einer Klasse zugeordneten Beschaffungsobjekte wird unterstellt, dass sie im Wesentlichen homogene Eigenschaften aufweisen und deshalb strategisch gleich behandelt werden können.

Die klassische ABC-Analyse klassifiziert das Beschaffungsprogramm nach dem Kriterium „Anteil des Beschaffungsobjekts am gesamten Einkaufswert einer Periode". Als A-Artikel werden diejenigen bezeichnet, die einen besonders hohen Anteil am Einkaufswert haben. In der Praxis wird die Erfahrung gemacht, dass ein erheblicher Teil des jährlichen Einkaufswerts von einer geringen Anzahl von Beschaffungsobjek-ten verursacht wird.

Die ABC-Analyse kann grundsätzliche Empfehlungen geben, welche Kostenarten mit besonderer Aufmerksamkeit zu beachten sind. Sie kann Hinweise geben auf die rich-tige sourcing-Strategie und wie Bereitstellungs- und Dispositionsart festgelegt werden sollten.

b)

In der Regel werden die Materialien in 3 Gruppen eingeteilt, wobei die Klassifizierung zum Ziel hat,

- wenige A-Materialien mit großer wirtschaftlicher Bedeutung
- einige B-Materialien mit mittlerer wirtschaftlicher Bedeutung
- viele C-Materialien mit geringer wirtschaftlicher Bedeutung

zu identifizieren.

Eine ABC-Analyse auf der Basis des Mengen-Wert-Verhältnisses kann auf Statisti-ken über Bedarfsmengen und Einstandspreisen beruhen oder sich auf Prognosewerte stützen. Die Durchführung erfolgt in 4 Schritten:
(1) Berechnung des Einkaufsvolumens in € aus dem Produkt von Jahresbedarfs-menge und Einstandspreis je Materialidentnummer
(2) Festlegung der Rangfolge entsprechend des Einkaufsvolumens
(3) Sortieren der Materialidentnummern nach Rang und Berechnung der kumulierten Jahresbedarfsmengen und Einkaufsvolumina
(4) Klassifizierung der Materialarten

c)
Die Ergebnisse der ABC-Analyse können einen ersten Anhaltspunkt für die Vorgehensweise bzw. Methodenwahl bei der Bedarfsprognose, Bestellmengen- und
Bestellsystementscheidung, bei der sourcing-Strategie und anderen Beschaffungsentscheidungen bilden.
Eine möglichst exakte Planung und Überwachung von Bedarfsmengen, Bestellmengen und Bestellterminen mit dem Ziel der Senkung der Lagerbestände verspricht für
Materialien mit hohem wertmäßigem Einkaufsvolumen ein großes Einsparungspotenzial, während für Materialien mit geringem wertmäßigem Anteil am Einkaufsvolumen möglichst wenig-aufwändige Verfahren angewendet werden sollten.

Aus der Empfehlung, von den bezüglich des Mengen-Wert-Verhältnisses als
A-Materialien eingestuften Gütern möglichst wenig zu lagern, ergibt sich:
- A-Material sollte tendenziell häufig, C-Material eher selten bestellt werden
- die Bedarfsprognose sollte für A-Material möglichst exakt sein, für C-Güter
  reichen einfache Verfahren aus
- der Sicherheitsbestand sollte bei A-Material möglichst gering sein, während ein
  hoher Lieferbereitschaftsgrad für C-Güter durch einen hohen Sicherheitsbestand
  gesichert werden kann.
- Darüber hinaus sollten beim Einkauf von A-Material jeweils mehrere Angebote
  eingeholt werden und intensive Preisverhandlungen durchgeführt werden. Beim
  Einkauf von C-Material sollte der Bestellabwicklungsaufwand durch Abschlüsse
  langfristiger Verträge minimiert werden.

Detaillierte Vorschläge zu einer unterschiedlichen Behandlung der Materialien können aus den Ergebnissen einer ABC-Analyse auf Basis des Mengen-Wert-
Verhältnisses nicht abgeleitet werden: hierzu sind detaillierte Analysen über Kostenwirkungen, Risiken und Lieferanten notwendig.

Abschnitt 6: Strategische Gestaltung der Beschaffung - Beschaffungs-marketing

Aufgabe 1: Lieferantenpolitik

Welche Vorteile verspricht eine enge, langfristige vertrauensvolle und partnerschaftliche Zusammenarbeit mit einem Lieferanten (single sourcing) für die key
performance indicators Kosten, Qualität, Versorgung und Umweltschutz?

Lösung:

Die Lieferantenauswahl erfolgt als strategische Entscheidung (langfristige vertragliche Verpflichtungen). Dabei kann der Bedarf geschäftsbereichs- und
standortübergreifend gebündelt werden und so die Verhandlungsmacht gegenüber
dem Lieferanten gestärkt werden, um Preisnachlässe zu erreichen (**Einstands-
kostenersparnisse**).

Die operative Bestellabwicklung wird häufig auf die Disposition (direktes Produktionsmaterial, Vorratsbeschaffung oder just-in-time-Beschaffung), den Mitarbeiter in der Fertigung (direktes Produktionsmaterial, KANBAN-System) bzw. den internen Kunden (indirekte Produkte, DTP) übertragen. Der **Aufwand für Anfragetätigkeit, Angebotsvergleich und Verhandlungen** wird reduziert. Dies ist von besonderer Bedeutung für Beschaffungsobjekte, bei denen der Bestellauftragswert geringer ist als die Kosten einer Bestellabwicklung. Der single source Lieferant für indirekte Produkte übernimmt häufig die Aufgabe, kostenstellenspezifische Rechnungen zu stellen und die interne Verteilung zum internen Kunden. Er erstellt Sammelrechnungen oder bucht die Rechnung vom Konto des Abnehmers ab (**Ersparnisse bei den Bestellabwicklungskosten**).

Single Sourcing wird für A-Material praktiziert, das kundenspezifische Investitionen des Lieferanten erfordert (Forschung und Entwicklung oder Fertigungsanlagen/Werkzeuge für Zeichnungsteile) oder das individuelle Absprachen über Qualitätsmanagement (Vermeidung der Qualitätsprüfung beim Abnehmer soll durch Prüfvereinbarung ersetzt werden, Vormaterial oder Vorlieferanten sollen durch den Abnehmer festgelegt werden) erfordert (**Ersparnisse bei den Prüfkosten, Verbesserung der Qualitätszuverlässigkeit**). Langfristige Abnahmeverpflichtungen geben dem Lieferanten die Sicherheit, dass er seine Investitionen amortisiert.

Single Sourcing wird für Material praktiziert, das nicht bevorratet werden soll (Gefahrgüter, hochwertiges Material, sperrige Güter). Hier ist intensive Information und Abstimmung zwischen Lieferant und Kunde erforderlich (rollierende forecasts), um trotz niedriger Bestände die **Versorgung** zu sichern.

Single Sourcing ist Voraussetzung, um **umweltgerechte** Mehrwegverpackungssysteme zu praktizieren.

Aufgabe 2: Lieferantenpolitik

Gibt es Beschaffungsobjekte und Situationen auf dem Beschaffungsmarkt, für die single sourcing nicht empfehlenswert ist? Erläutern Sie diese gegebenenfalls.

Lösung:

Für Beschaffungsobjekte, die den Charakter von commodities haben oder genormt sind (Metalllegierungen, Benzin, chemische Grundstoffe) und in identischer Qualität von mehreren Lieferanten angeboten werden, kann eine multiple source Politik geprüft werden. Diese ist vorteilhaft, wenn eine konventionelle Vorratsbeschaffung praktiziert werden soll und das Beschaffungsobjekt einen hohen Anteil am Einkaufsvolumen in € verursacht. Wenn eine multiple source Politik einen starken Preiswettbewerb unter den Lieferanten auslöst (dies ist auch von der Attraktivität der Bedarfsmenge für den Lieferanten abhängig), sind eventuell Preiseinsparungen erzielbar, die den erhöhten Abwicklungsaufwand im Einkauf rechtfertigen. Stark schwankender Bedarf oder starkes Wachstum des Bedarfs kann eventuell nicht von einem single source Lieferanten bedient werden. Um Versorgungsprobleme zu vermeiden, kann hier ein multiple sourcing angezeigt sein. Produkte, die nur saisonal angeboten werden und deren Angebotsmenge starken Schwankungen unterliegen, werden zur Sicherung der Versorgung ebenfalls nicht im single sourcing beschafft.

Aufgabe 3: Lieferantenpolitik

Welche Vorteile verspricht lieferantentreues Verhalten?

Lösung:

1. Lieferantentreue als Instrument der Risikobegrenzung

Koordinationserleichterung durch integrierte Softwaresysteme, durch Kenntnis der Entscheidungsträger, durch eingespielte Verfahrensweisen bei Reklamationen, Terminengpässen und Sonderwünschen.

Erleichterung der eigenen Planung durch Kenntnis des Partners, seines Verhaltens, seines Verhandlungs- und Arbeitsstils, Erfahrungen über Leistungsfähigkeit und insbesondere den schwieriger zu erkennenden Leistungswillen können erworben werden, d.h. Lieferantentreue reduziert das wahrgenommene Risiko der Auswahlentscheidung; vor allem für wechselnde Anforderungen und Dienstleistungen spielt der Aspekt des Leistungswillens eine besondere Bedeutung. Durch mehrfache Interaktion entstehen persönliche Beziehungen zwischen den Abwicklern, die bei Störungen und Problemen einen erhöhten Einsatz und ein verstärktes Bemühen bewirken können.

2. Lieferantentreue als Instrument zur Prozesskostensenkung

Beziehungsspezifische Investitionen und Anpassungsmaßnahmen sind rentabel. Lern- und Anpassungsprozesse finden statt, die die Effizienz der Transaktionsprozesse steigern. Problemadäquate Lösungen werden vorgeschlagen, weil Anbieter detaillierte Kenntnisse über den Kunden hat. Abwicklungsaufgaben sind auf niedrigere Hierarchiestufen delegierbar. Vereinfachung der Geschäftsprozesse ist möglich (DTP).

Aufgabe 4: Lieferantenpolitik

Falsch/richtig?

a) Single sourcing reduziert den Wettbewerb unter den Lieferanten.

b) Single sourcing ist für zeichnungsgebundenene Teile (specialities) geeignet, nicht jedoch für commodities.

c) Multiple sourcing ist für Komponenten sinnvoll, bei denen der Anteil der Einstandskosten an den total cost of ownership hoch ist.

d) Multiple sourcing ist auf Beschaffungsmärkten sinnvoll, auf denen ein Kapazitätsüberschuss und harter Preiskampf zu beobachten ist.

Lösung:

a)

Bezogen auf den einzelnen Bestellauftrag ist diese Aussage richtig. Allerdings steigt der wahrgenommene Wettbewerbsdruck zum Zeitpunkt der jährlichen Verhandlung des Rahmenvertrags. Der Lieferant hat ein hohes Interesse, den Abnehmer nicht als Kunden zu verlieren, um Anfangsinvestitionen in den Aufbau der Kundenbeziehungen amortisieren zu können. Der Einkauf wird vor Abschluss von Rahmenverträgen mit Preisvereinbarungen und Abnahmeverpflichtungen Vergleichsangebote einholen, um die Transparenz über die Leistungsfähigkeit der Anbieter nicht zu verlieren. Langfristige Vereinbarungen werden nicht ohne Kündigungsmöglichkeit geschlossen.

b) falsch

Zeichnungsgebundene Teile erfordern seitens des Lieferanten kundenspezifische Investitionen in Forschung und Entwicklung, Anlagen oder Werkzeuge oder verursachen Rüstaufwand in der Fertigung. Um diesen Aufwand auf eine möglichst große Fertigungsmenge zu verteilen, konzentriert der Abnehmer seinen Bedarf auf einen Lieferanten und schließt Verträge mit langfristigen Abnahmeverpflichtungen ab, um dem Lieferanten die Möglichkeit zu geben, seine Anfangsinvestitionen zu amortisieren.

Für commodities ist die Motivation für single sourcing eine andere: Für commodities wird single sourcing praktiziert, um durch eine enge Zusammenarbeit mit dem Lieferanten die Voraussetzung für aufwandsarme physische und administrative Abwicklung zu schaffen. Konzepte wie just-in-time, KANBAN, Desktop Purchasing und Vendor Managed Inventory sind nur in single source Beziehungen umsetzbar.

c)

Diese Aussage ist richtig. Multiple sourcing verursacht einen hohen Aufwand, eine Liste zugelassener Lieferanten aufzubauen und die regelmäßigen Anfrageaktionen und Angebotsvergleiche durchzuführen. Dieser Aufwand ist nur gerechtfertigt, wenn das Hauptziel der Beschaffung die Minimierung der Einstandskosten ist und sein darf. Dies wird der Fall sein bei Material, das geringe Risiken bei der Versorgung und der Qualität aufweist, sodass drohende Fehlerkosten und Fehlmengenkosten, Prüf- und Bestandskosten als Komponenten der total cost of ownership eine untergeordnete Rolle spielen.

d)

Diese Aussage ist richtig. Sie beschreibt die Bedingungen auf dem Beschaffungsmarkt, unter denen nennenswerte Preiserfolge durch multiple sourcing zu erwarten sind.

Aufgabe 5: Lagerpolitik

Die konventionelle Zusammenarbeit in der logistischen Kette sieht beim Lieferanten „Fertigung-Prüfung-Lagerung" und beim Abnehmer „Prüfung-Lagerung-Fertigung" vor.

Bei enger Zusammenarbeit mit dem Lieferanten kann untersucht werden, ob die konventionelle Zusammenarbeit dahingehend geändert werden kann, dass Doppelaufwand in der logistischen Kette vermieden wird und die Mitglieder der logistischen Kette ihre Beschaffungs- und Fertigungsprozesse besser aufeinander abstimmen.

a) Welche Anlieferkonzepte sind eventuell geeignet, diese Ziele zu erreichen?
b) Welche Bedingungen müssen beim Lieferanten und Abnehmer jeweils vorliegen, dass diese Alternativen zur konventionellen Anlieferung realisierbar und wirtschaftlich sind?

Lösung:

a)
Das Anlieferkonzept „stock-to-stock" (Fertigung-Prüfung-Lager--------Lager-Fertigung) verzichtet auf eine Wareneingangsprüfung.

Beim Anlieferkonzept „stock-to-line" (Fertigung-Prüfung-Lager-----Fertigung), auch als einsatzsynchrone Beschaffung bezeichnet, verzichtet der Abnehmer zusätzlich auf ein Materiallager. Der Lieferant liefert einmal pro Tag oder Schicht (blockgerechte Anlieferung) oder sequenzgerecht (entsprechend der geplanten Verarbeitung der Teile).

b)
Das Anlieferkonzept „stock-to-stock" wird nur dann praktiziert, wenn der Abnehmer Vertrauen in die Qualitätszuverlässigkeit des Lieferanten hat und wenn er Fehlerfolgekosten in großem Umfange auf den Lieferanten überwälzen kann. Zu diesem Zweck vereinbart er Qualitätsmanagement-Maßnahmen beim Lieferanten (Verwendung bestimmter Materialien, Fertigungsverfahren, Vorlieferanten, Prüfvereinbarung) und/ oder eine Garantieerklärung (Schadenersatzansprüche).

Das Anlieferkonzept „stock-to-line" erfordert eine enge Abstimmung über aktuelle Bedarfe zwischen Lieferant und Abnehmer (rollierende Bedarfsinformationssysteme). Der Verzicht auf ein Materiallager beim Abnehmer ist dann realisierbar und wirtschaftlich, wenn

- der Lieferant eine hohe Terminzuverlässigkeit verspricht (räumliche Nähe, Versorgung mit Vormaterial, Prozessfähigkeit, Kapazitätspuffer, Sicherheitsbestände),
- der Abnehmer seinen Bedarf frühzeitig und präzise planen kann,
- der Bedarf gleichmäßig und hoch ist,
- die Einsparungen bei den Lagerkosten die Kostensteigerungen für Bedarfsplanung, Abstimmung und Transport übersteigen.

Aufgabe 6: Lieferantenpolitik + Lagerpolitik

Können Vendor Managed Inventory und Konsignationslager als Instrumente einer partnerschaftlichen unternehmensübergreifenden Zusammenarbeit (supply chain management) eingeordnet werden? Erläutern Sie etwaige Vorteile für Lieferant und Abnehmer.

Lösung:

Die Instrumente dienen unternehmensübergreifenden Verbesserungszielen, wenn Lieferant und Abnehmer Kostenvorteile erzielen oder wenn der Nutzen durch Leistungsverbesserung beim Abnehmer größer ist als die zusätzlichen Kosten beim Lieferanten und eventuell Abnehmer (total systems approach).

Vendor Managed Inventory weist für den Lieferanten die folgenden Vorteile auf:
Der Lieferant erhält Einblick in die Bestandsdaten und/oder Abgangsdaten des Kunden. Er kann daher seine Produktions- und Materialplanung auf präzisere Angaben stützen als wenn er prognoseorientiert disponiert. Trends und Strukturbrüche des Bedarfs werden ohne Verzögerung und Verzerrung durch die Bestelloptimierung des Kunden erkennbar (Vermeidung des bullwhip-Effekts). Der Lieferant erhält die Möglichkeit, seine Liefermengen und –zeitpunkte unabhängig von der Bestellplanung seines Kunden zu optimieren. Er erhält die Möglichkeit, seine Transportkapazitäten optimal zu nutzen, kann bei vorübergehenden Engpässen die Liefermengen auf Kunden zuteilen, ohne dass der Kunde Mindermengenlieferungen registriert und er kann Transporte zeitlich und räumlich bündeln.

Ein Konsignationslager kann grundsätzlich die gleichen Vorteile für den Lieferanten aufweisen wie Vendor Managed Inventory: Kann der Lieferant auf ein eigenes Lager verzichten und den Bestand auf dem Gelände des Abnehmers bevorraten (kunden-spezifische Produkte), hat er zusätzlich zu den oben genannten Vorteilen des VMI Einsparungen bei den Lagerplatzkosten. Handelt es sich bei dem Produkt um ein commodity, das in gleicher Spezifikation für viele Kunden hergestellt wird, muss der Lieferant insgesamt einen höheren Bestand finanzieren als bei konventioneller Zusammenarbeit.

Die Kostenvorteile des Lieferanten reduzieren sich um die Kosten für die Disposition im Auftrag des Kunden und etwaige Strafkosten für nicht erreichte Leistungsziele.

Der Abnehmer hat in beiden Fällen eine Entlastung von der Disposition, bei der Konsignationslagerbeziehung zusätzlich eine Einsparung bei den Kapitalbindungs-kosten, da die Ware erst berechnet wird, wenn sie aus dem Lager entnommen wird. Der Abnehmer sollte bei der Beurteilung von VMI und Konsignationslager berück-sichtigen, dass der Lieferantenwechsel schwieriger wird und der Lieferant seine Dienstleistung in den Preisen kalkulieren wird.

Aufgabe 7: Lieferantenpolitik

Was ist mit einer umfassenden, selektiven und differenzierten (laufenden) Lieferantenbewertung gemeint?

Lösung:

Die Lieferantenbewertung erfasst, vergleicht und interpretiert regelmäßig Kennzahlen über Lieferanten, mit denen bereits Geschäftsbeziehungen bestehen. Als Instrument des Qualitätsmanagements ist sie gefordert, wenn das Unternehmen nach DIN EN ISO 9001:2000 zertifiziert werden will. Eine **umfassende** Bewertung beschränkt sich nicht auf die Kontrolle der Qualitätszuverlässigkeit, sondern bezieht Kriterien mit ein, die die Lieferzuverlässigkeit (Termin- und Mengentreue) und Dienstleistungen (Investitionsbereitschaft, Interesse an gemeinsamer Entwicklung und Wertanalyse) des Lieferanten betreffen.

Eine **selektive** Bewertung beschränkt den Kreis der Lieferanten, für die überhaupt eine regelmäßige und systematische Erfassung und Auswertung von Kennzahlen gewünscht/angestrebt wird. Häufig werden nur Lieferanten direkter Produkte bewertet und C-Material bei der Bewertung ignoriert.

Eine **differenzierte** Lieferantenbewertung trägt den unterschiedlichen Anforderungen an Lieferanten und den unterschiedlichen Merkmalen der Beschaffungsobjekte Rechnung durch unterschiedliche Kriterien, unterschiedliche Gewichtung der Kriterien, durch unterschiedliche Ziele, die mit der Bewertung verfolgt werden und durch Konsequenzen aus den Bewertungsergebnissen.

Aufgabe 8 : Lieferantenpolitik

Welche Funktionen kann eine Lieferantenbewertung erfüllen?

Lösung:

➤ Unterstützung der Lieferantenauswahl und der systematischen Lieferantenreduzierung bei multiple sourcing
➤ Nachweis eines systematischen Qualitätsmanagement für Zwecke der Zertifizierung nach DIN EN ISO 9001: 2000
➤ Aufdecken von Schwachstellen zum Zwecke der Lieferantenentwicklung
➤ Grundlage für die Gestaltung der weiteren Zusammenarbeit
➤ Kontrolle des Erfolgs von Verbesserungsprojekten
➤ Nachweis und interne Vermarktung des Einkaufserfolgs
➤ Datenbasis für die Planung des Prüfumfangs und der erforderlichen Sicherheitsbestände
➤ Grundlage für leistungsabhängige Preise
➤ Austausch von Erfahrungen unter Einkäufern, die in anderen Geschäftsbereichen oder an anderen Standorten auf gleiche Lieferanten zugreifen können oder sollen
➤ Unternehmerische Sorgfaltspflicht bei Lieferanten, die sicherheitskritische Komponenten oder Dienstleistungen liefern

Aufgabe 9: Lieferantenpolitik

Wie kann einer ausufernden Vielfalt von Lieferantenbewertungsverfahren, die durch eine differenzierte Bewertung entsteht, entgegengewirkt werden?

Lösung:

Die Differenzierung der Lieferantenbewertung kann so weit gehen, dass für jedes Beschaffungsobjekt und jeden Lieferanten ein individuelles Bewertungsverfahren entwickelt wird. Dies hätte zwar den Vorteil, dass die spezielle Beschaffungssituation mit allen Besonderheiten abgebildet würde, jedoch zöge diese Differenzierung auch erhebliche Nachteile nach sich. So würde der Bewertungsprozess durch die Vielzahl an unterschiedlichen Kriterien und Gewichtungen intransparent und würde eine geringe Akzeptanz bei Einkaufskollegen in anderen Geschäftsbereichen oder Standorten und Kollegen in anderen Funktionen finden. Der Bewertungsprozess wäre aufwändig und die Ergebnisse nur eingeschränkt vergleichbar.

Der Vielfalt kann entgegengewirkt werden, indem für alle Beschaffungsobjekte und Lieferanten die gleichen Kriterien zugrunde gelegt werden, diese aber individuell gewichtet werden. Eine weitere Möglichkeit besteht darin, die Lieferanten zu klassifizieren und Bewertungsverfahren zu entwickeln, die Unterschiede zwischen den Klassen machen, aber die Lieferanten innerhalb einer Klasse nach identischen Kriterien und Gewichtungen bewerten.

Aufgabe 10: Lieferantenpolitik

Die Beziehung zu Lieferanten kann als „verlängerte Werkbank", als „Teilelieferant", als „Modullieferant" und als „Systemlieferant" gestaltet werden. Erläutern Sie die charakteristischen Merkmale dieser Beziehungen am Beispiel „Ausrichtung einer Party".

Lösung:

Die Unterschiede und charakteristischen Merkmale der verlängerten Werkbank, des Teilelieferanten, des Modullieferanten und des Systemlieferanten können anhand der Dienstleistungen verdeutlicht werden, die der Lieferant für den Abnehmer übernimmt.

Der Lieferant als verlängerte Werkbank stellt sein Fertigungs-Know-how zur Verfügung. Er hat niedrigere Fertigungskosten als der Abnehmer (z.B. weil er nach anderen Tarifen zahlt) oder er übernimmt kurzfristig Belastungsspitzen des Abnehmers. Häufig ist die verlängerte Werkbank mit Materialbeistellung und der Finanzierung von Werkzeugen oder Anlagen durch den Abnehmer verbunden. Ein Lieferant ist als verlängerte Werkbank zu betrachten, wenn er nach detaillierten Vorgaben (Werkstoffvorgaben, Stücklisten, Arbeitspläne, Prüfvorschriften) des

Abnehmers arbeitet. Im Beispiel Ausrichten einer Party wäre die Beschäftigung einer Küchenhilfe, die in der Küche des Kunden nach dessen Rezepten und Mengenvorgaben arbeitet, als verlängerte Werkbank anzusehen.

Der Lieferant als Teilefertiger übernimmt die Materialbedarfsplanung und die Versorgung seiner Fertigung mit Material selbst. Er übernimmt den Einkauf von Vormaterial und die Verantwortung für die Qualität der gelieferten Produkte. Die Spezifikation der Produkte ist Aufgabe und Verantwortung des Abnehmers. Im Beispiel Ausrichten einer Party läge die Auswahl der Speisen, die Lieferantenwahl, die Planung der Mengen und die terminliche und räumliche Koordination der Lieferanten und Dienstleister in den Händen des Gastgebers.

Der Modullieferant übernimmt die Montage von Baugruppen, die der Abnehmer bisher selbst durchgeführt hat. Er übernimmt die logistische und Qualitätsverantwortung für Komponenten, die er nicht selbst hergestellt hat und verantwortet die Eignung und Funktionsfähigkeit komplexerer Baugruppen. Im Beispiel Ausrichten der Party gäbe es einen Modullieferanten für Essen, einen für Musik und einen Lieferanten für das Bereitstellen der Räume und der Dekoration.

Der Systemlieferant übernimmt Entwicklungsaufgaben des Abnehmers. Er arbeitet auf Basis einer funktionalen Ausschreibung und entwickelt eigenständig eigene Problemlösungen. Im Beispiel Ausrichten einer Party wird dem Systemlieferant der Anlass für die Party, Zahl und Durchschnittsalter der Gäste genannt. Der Systemlieferant fungiert als event manager.

Aufgabe 11: Kontraktpolitik

In Rahmenverträgen, die für mehrere Bestellaufträge gültig sein sollen, werden teilweise feste Preise vereinbart.
Was versteht man unter einer Festpreisvereinbarung im Einzelnen? Welche Vorteile und Risiken bergen diese Festpreisvereinbarungen?

Lösung:

Zum Zeitpunkt des Vertragsabschlusses wird ein Preis, eventuell auch mehrere Preise für eine oder mehrere Lieferungen in der Vertragslaufzeit vereinbart. Der/die Preis/e ist/sind fest vereinbart, jedoch nicht immer konstant.

Vorteile:

Sichere Datenbasis für die Preiskalkulation, die Finanz- und Erfolgsplanung beider Vertragsparteien.
Vereinfachung der Bestellabwicklung, da Verhandlungen entfallen.
Die Planungssicherheit bewegt den Lieferanten eventuell zu Preiszugeständnissen.

Risiken:

Lieferant kalkuliert einen erwarteten Kostenanstieg in den konstanten Festpreis ein und Abnehmer zahlt zu Beginn der Vertragslaufzeit zu viel.

Lieferant unterschätzt den Kostenanstieg, der vereinbarte Preis ist nicht kostende-ckend, Lieferant reduziert den Lieferservice, verliert Interesse an der Geschäftsbeziehung oder praktiziert verdeckte Leistungsminderung.

Marktpreis fällt unter vereinbarten Festpreis – bei Abnahmepflichten entsteht ein Wettbewerbsnachteil für den Abnehmer.

Aufgabe 12: Kontraktpolitik

Worin liegen Unterschiede und mögliche Vor- und Nachteile einer Preisgleitklausel gegenüber der unbestimmten Preisvorbehaltsklausel und der Festpreisverein-barung?

Lösung:

Unbestimmte Preisvorbehaltsklauseln wie "freibleibend", "bestens", "gültig ist der am Tag der Lieferung gültige Listenpreis" nehmen dem Einkäufer die Möglichkeit, auf den Preis Einfluss zu nehmen, wenn gleichzeitig eine Abnahmeverpflichtung des beschaffenden Unternehmens besteht. Wird multiple sourcing praktiziert und besteht ein starker Wettbewerb unter den Lieferanten, kann mit einer unbestimmten Preis-vorbehaltsklausel ein günstiger Einstandspreis erzielt werden. Beschaffungs-marktforschung und Anfrageaktionen und Angebotsvergleiche verursachen hohen administrativen Aufwand.

Der Abschluss eines oder mehrerer (steigender, fallender) Festpreise für lange Zeit-räume hat den Vorteil, dass das abnehmende Unternehmen eine sichere Kalkulationsbasis hat, insbesondere wenn der Abnehmer Kostensteigerungen auf seinen Beschaffungsmärkten auf seinen Absatzmärkten nicht überwälzen kann. Bei der Verhandlung über den Festpreis wird der Lieferant versuchen, einen Preis zu vereinbaren, der die obere Grenze zu erwartender Kostensteigerungen (insbesonde-re bei Löhnen und Material) auffängt. Bei einer Überschätzung zukünftiger Kostensteigerungen kann dabei der Abnehmer übervorteilt werden, ohne dass dies in der Absicht des Lieferanten lag. Werden die Lohn- und/oder Materialkostensteige-rungen unterschätzt, können diese (bei gegebenem Mengengerüst) für den Lieferanten existenzbedrohende Verluste verursachen, die insbesondere dann, wenn eine langfristige partnerschaftliche Zusammenarbeit mit dem Lieferanten gewünscht wird, nicht im Interesse der beschaffenden Unternehmung liegen können. Bei der Preisgleitklausel wird die Fixierung des endgültig relevanten Preises von der Preis-entwicklung bestimmter Elemente, wie z.B. Löhnen oder Materialpreisen, abhängig gemacht. Die Wirkungsstärke der einzelnen Elemente (Kostenbestandteile) wird ex ante in einer Berechnungsformel festgelegt. Ob und in welchem Umfange der Liefe-rant Kostensteigerungen auf den Abnehmer abwälzen kann und der Abnehmer an Kostensenkungen des Lieferanten teilhaben kann, ist abhängig von der Gestaltung der Preisgleitklausel, d.h. von der Festlegung der Anzahl Gleitgrößen, der die Gleitung bestimmenden Materialart(en) und Lohnart(en) und von deren Gewichtung in der Preisformel im Vergleich zum tatsächlichen Anteil an den Kosten des Lieferan-ten.

Aufgabe 13: Kontraktpolitik

Langfristige Vereinbarungen (Rahmenverträge), die über einen Bestellauftrag hinaus Gültigkeit haben, werden als Instrument des C-Teile-Managements, als Instrument des Qualitätsmanagements und als Instrument der Versorgungssicherung eingesetzt.

Erläutern Sie, welchen Beitrag die folgenden Vereinbarungen zur Erreichung der oben genannten Ziele leisten:
a) Vereinbarung einer Spezifikation bzw. eines Lastenhefts
b) Vereinbarung der Lieferungs- und Zahlungskonditionen
c) Vereinbarung einer Abnahmeverpflichtung
d) Vereinbarung von Prüfverfahren und Prüfumfang.

Lösung:

a)
Die Vereinbarung einer Spezifikation bzw. eines Lastenhefts leistet einen Beitrag zur Erreichung der Qualitätsziele: Sie dient dazu, Missverständnisse und Unklarheiten über den Bedarf des Abnehmers zu vermeiden. Erhält der Lieferant detaillierte Informationen über die Verarbeitungs- und Verwendungsabsichten der benötigten Komponente bzw. des Materials kann der Lieferant eventuell Vorschläge unterbreiten, die eine bessere Funktionalität des Produkts oder geringere Kosten versprechen.

b)
Eine für mehrere Bestellaufträge gültige Vereinbarung von Lieferungs- und Zahlungskonditionen spart administrativen Aufwand im Rahmen der Bestellabwicklung des Abnehmers und ist (nicht nur im C-Teile-Management) ein Instrument des Kostenmanagements.

c)
Eine Abnahmeverpflichtung für einen festgelegten Zeitraum bildet für den Lieferanten eine solide Grundlage für seine Kapazitäts- und Materialbedarfsplanung und gewährleistet für den Abnehmer eine bessere Versorgung. Der Lieferant kann darüber hinaus langfristige Rahmenverträge auf seinen Vormärkten abschließen und erreicht so eine günstigere Kostensituation. Abnahmeverpflichtungen bilden daher für den Lieferanten einen Anreiz, seine Leistungsbereitschaft zu verbessern und sollen ihn zu Preiszugeständnissen veranlassen.

d)
Prüfverfahren und –umfang werden für die Wareneingangsprüfung beim Abnehmer und für die Inprozess- und Endprüfungen beim Lieferanten vereinbart. Hält sich der Abnehmer an die Prüfvereinbarung kann er nachweisen, dass er seine Obliegenheit der Prüfpflicht erfüllt und kann im Falle fehlerhafter Lieferungen Gewährleistungsansprüche erheben. Eine Vereinbarung von Prüfungen beim Lieferanten stärkt das Vertrauen des Abnehmers in die Qualitätszuverlässigkeit des Lieferanten. Darüber

hinaus entstehen Schadenersatzansprüche für den Abnehmer bei fehlerhaften Lieferungen, wenn der Lieferant die Prüfvereinbarung nicht erfüllt und deshalb fehlerhaft
liefert.

Aufgabe 14: Beschaffungsmarktforschung

a) Um das Kosten-Nutzen-Verhältnis der Beschaffungsmarktforschung zu optimieren, müssen die Beschaffungsobjekte, für die Beschaffungsmarktforschung
   betrieben werden soll, systematisch ausgewählt werden. Welche Überlegungen
   sind dabei anzustellen?

b) Eine typische Anwendung der Beschaffungsmarktforschung ist die Preisstruktur-
   Analyse. Welche Informationen will die Preisstruktur-Analyse gewinnen?

Lösung:

a) Der Aufwand für Beschaffungsmarktforschung muss durch Kosteneinsparungen,
   Verbesserungen bei der Versorgungssicherheit oder der Qualität gerechtfertigt
   sein. Kriterien, um Beschaffungsobjekte auszuwählen, für die ein günstiges
   Kosten-Nutzen-Verhältnis zu erwarten ist, sind:
   * die Bedarfsstruktur (kontinuierlich, erstmalig),
   * der Anteil des Beschaffungswerts am gesamten Einkaufsvolumen p.a.
     (A-Güter),
   * Die Anfälligkeit für Versorgungsstörungen (Fehlmengenkosten) und Quali-
     tätsmängel (Fehlerkosten),
   * Beschaffungsrisiko (Preis, Versorgung, Qualität).

b) Die Preisstrukturanalyse versucht den Angebotspreis in Kostenbestandteile
   (Material-, Fertigungs-, Verwaltungs- und Vertriebskosten) und einen Gewinn-
   anteil zu zerlegen und dabei variable und fixe Kosten zu unterscheiden. Damit
   sollen Erkenntnisse gewonnen werden über die lang- und kurzfristige Preisuntergrenze, um den Verhandlungsspielraum des Lieferanten abzuschätzen, es soll
   geprüft werden, ob Preiserhöhungen durch Kostensteigerungen gerechtfertigt
   sind, es soll Kostensenkungspotential offen gelegt werden und geprüft werden,
   ob ein Angebotspreis kostendeckend ist (Gefahr von späteren Preissteigerungen).

Aufgabe 15: Lagerpolitik

„Der beste Bestand ist selbstverständlich kein Bestand!" Ist diese Aussage richtig?

Lösung:

Für einzelne Beschaffungsobjekte wird diese Aussage richtig sein, für das gesamte
Unternehmen ist diese Aussage sicher nicht richtig:

Bestand verursacht ohne Zweifel eine Reihe von Nachteilen (Kapitalbindung, Risiko der Obsoleszenz und des Verderbs, Fixkosten für Lagerraum und –austattung, für Personal und Betriebskosten des Lagers). Jedoch ist ein bestandsloses Unternehmen nicht realisierbar (man denke an das innerbetriebliche Verkehrsaufkommen, wenn alle Beschaffungsobjekte bedarfssynchron angeliefert würden) und auch nicht wirtschaftlich. Ausgleichs-, Sicherheits- und Spekulationsbestand versprechen Kosteneinsparungen bei den Einstands-, Bestellabwicklungs- und Fehlmengenkosten, die den Nachteilen des Bestands gegenüberzustellen sind. Diese Gegenüberstellung findet objektspezifisch den optimalen Bestand.

Abschnitt 7: Operatives Beschaffungsmanagement

Aufgabe 1: Materialdisposition

Falsch/richtig?

a) Indirektes Produktionsmaterial kann nicht programmorientiert disponiert werden.
b) Programmorientiert disponiertes Material benötigt keine Sicherheitsbestände.
c) Programmorientiert disponiertes Material wird grundsätzlich just-in-time beschafft.
d) Der disponierbare Bestand ist immer kleiner als der physisch vorhandene Bestand.
e) Die ANDLER'sche Losgrößenformel zur Berechnung kostenoptimaler Bestellmengen ist unbrauchbar, weil sie keine Bestellmengenrabatte berücksichtigt.
f) Verbrauchsorientiert disponierte Komponenten haben einen schlechteren Lieferbereitschaftsgrad als programmorientiert disponierte Komponenten.

Lösung:

a)
richtig
Indirektes Produktionsmaterial wird in der Fertigung benötigt, weist aber keinen (bekannten) Zusammenhang zum Produktionsprogramm - zur Fertigungsmenge eines Enderzeugnisses - auf. Typische Beispiele sind Betriebsstoffe, Reparaturmaterial, Arbeitsschutzkleidung. Diese Beschaffungsobjekte müssen verbrauchsorientiert disponiert werden.

b)
falsch
Die programmorientierte Bedarfsplanung plant Bedarfsmengen und –zeitpunkte präziser als die verbrauchsorientierte Disposition. Auf einen Sicherheitsbestand kann jedoch häufig nicht verzichtet werden wegen kurzfristiger Änderungen des Produktionsprogramms, kurzfristigen Belastungsanpassungen, Abweichungen des Ist-Bestands vom Buchbestand und wegen drohender Versorgungsstörungen.

c)
falsch
Programmorientierte Disposition ist eine Voraussetzung für just-in-time-Beschaffung. Sie kann jedoch (und wird häufig) auch mit konventioneller Vorratsbeschaffung praktiziert. In diesem Falle schlägt die Software wirtschaftliche Zusammenfassungen zeitnaher Nettobedarfe zu Bestellmengen vor.

d)
falsch
Der disponierbare Bestand ist der Teil des physisch vorhandenen (Buch-)Bestands, der für neuen Bedarf frei verfügbar ist. Um den disponierbaren Bestand zu bestimmen, werden vom physisch vorhandenen Buchbestand der Sicherheitsbestand und Reservierungen für geplante Bedarfe subtrahiert, sodass der disponierbare Bestand kleiner sein müsste als der physische Buchbestand. Die programmorientierte Disposition betrachtet jedoch nicht nur den aktuellen Buchbestand als disponierbar, sondern behandelt zukünftige Plan-Lagerzugänge aus Fertigungaufträgen oder Bestellaufträgen ebenfalls als disponierbaren Bestand, sodass der disponierbare Bestand (inklusive diesen offenen Aufträgen) auch höher sein kann als der physische Buchbestand.

e)
falsch
Die ANDLER-Formel berücksichtigt zwar keine Rabatte, ist dennoch aber nicht unbrauchbar. Sie bestimmt die Bestellmenge, für die die Bestandskosten durch Ersparnisse bei den Bestellabwicklungskosten gerechtfertigt sind. Auch wenn in der betrachteten Entscheidungssituation Rabatt gewährt wird, unterstützt die Anwendung der ANDLER-Formel die Bestellmengenentscheidung:
- Ist die errechnete Bestellmenge größer als die Rabattmindestmenge, ist die errechnete ANDLER'sche Menge wirtschaftlich.
- Ist die Rabattmindestmenge größer als die von ANDLER vorgeschlagene Menge, muss ein Vergleich der Gesamtkosten aus Bestellabwicklungs-, Lager- und Einstandskosten durchgeführt werden. In jedem Falle ist eine Bestellmenge, die größer ist als die Rabattmindestmenge, unwirtschaftlich. Diese Überlegungen ergeben sich aus dem Verlauf der von der Bestellmenge abhängigen Kostenfunktionen.

f)
falsch
Verbrauchsorientiert disponierte Identnummern weisen eine höhere Abweichung zwischen Bedarfsprognose und tatsächlichem Bedarf auf. Deshalb wird häufig ein relativ hoher Sicherheitsbestand gehalten, der vor Prognosefehlern und Versorgungsstörungen schützen soll.

Aufgabe 2: Materialdisposition

Für das Material X soll die optimale Bestellmenge bestimmt werden:

Jahresbedarf:	6000 ME, der Bedarf ist gleichmäßig
Einstandspreis:	20 €
Lagerkostensatz:	15 % p.a. des durchschnittlichen Lagerwerts
Bestellkosten:	120 € je Bestellung
Verpackungseinheit:	Der Lieferant liefert in Kartons von je 500 Stück
Haltbarkeit:	Das Material ist 3 Monate haltbar

a) Errechnen Sie die kostenminimale Bestellmenge mit dem ANDLER-Modell
b) Für dieses Material X sind nicht alle Prämissen des ANDLER-Modells erfüllt. Schlagen Sie eine realisierbare und kostengünstige Bestellmenge vor. Erläutern Sie Ihre Vorgehensweise.

Lösung:

a) $\sqrt{\dfrac{2 \cdot 6.000 \cdot 120}{20 \cdot 15}} = 692$

Die Anwendung der ANDLER-Formel ergibt eine Bestellmenge von 692 Stück

b)
Die kostenminimale Bestellmenge muss an die Verpackungseinheiten (500 Stück) des Lieferanten angepasst werden und die Frage der Haltbarkeit geprüft werden.

Jede Abweichung von der errechneten Bestellmenge verursacht eine Kostensteigerung. Daher ist die Bestellmenge von 1.500 Stück oder mehr nicht vorteilhaft. Die Bestellmenge von 5oo Stück verursacht im Vergleich zur vorgeschlagenen Bestellmenge höhere Bestellkosten p.a., jedoch geringere Lagerkosten p.a.. Die Bestellmenge von 1.000 Stück verursacht umgekehrt höhere Lagerkosten als die kostenminimale Bestellmenge, aber geringere Bestellkosten:

Q = 500: $12 \cdot 120 + 500\ 2 \cdot 20 \cdot 0,15 =$
Q = 1000: $6 \cdot 120 + 1.000\ 2 \cdot 20 \cdot 0,15 =$

Der Bestellmenge von 5oo Stück ist der Vorzug zu geben, da keine Probleme mit Verderb (Haltbarkeit 3 Monate, maximale Lagerreichweite 1 Monat) zu erwarten sind und die Menge näher am Optimum liegt.

Aufgabe 3: Materialdisposition

Berechnen Sie den optimalen Bestellrhythmus für die angegebenen Daten. Erläutern Sie Ihre Vorgehensweise und das Ergebnis:
Der Jahresbedarf eines Teils beträgt 1.200 Stück. Das Teil kann wahlweise halbjährlich, vierteljährlich oder monatlich disponiert werden. Ein anderer Bestellrhythmus ist nicht möglich, weil der Lieferant nur in diesem Rhythmus anliefern kann. Der Einstandspreis beträgt € 15,--. Die bestellfixen Kosten betragen € 150,--. Der Lagerhaltungskostensatz beträgt 10%.

Lösung:

Zur Bestimmung des kostenminimalen Bestellrhythmus sind die Lager- + Bestellkosten p.a. für die zur Wahl stehenden Bestellrhythmen zu vergleichen. Die Einstandskosten können vernachlässigt werden, da diese von der Länge des Bestellrhythmus nicht beeinflusst werden. Zur Bestimmung der Fehlmengenkosten liegen keine Angaben vor, so dass diese ebenfalls vernachlässigt werden.

Bestellrhythmus 6 Monate: $600 \div 2 \cdot 15 \cdot 0{,}10 + 2 \cdot 150 = 450 + 300 = 750$

Bestellrhythmus 3 Monate: $300 \div 2 \cdot 15 \cdot 0{,}10 + 4 \cdot 150 = 225 + 600 = 825$

Bestellrhythmus 1 Monat: $100 \div 2 \cdot 15 \cdot 0{,}10 + 12 \cdot 150 = 75 + 1.800 = 1.875$

Eine Verkürzung des Bestellrhythmus auf 3 Monate erhöht die Bestellkosten stärker als die Lagerkosten sinken. Daher ist der Bestellrhythmus von 6 Monaten am vorteilhaftesten.

Aufgabe 4: Materialdisposition

Beurteilen Sie die Anwendbarkeit des ANDLER-Modells zur Bestimmung der optimalen Bestellmengen in den folgenden Entscheidungssituationen. Begründen Sie jeweils Ihre Beurteilung und erläutern Sie gegebenenfalls allgemein (die optimale Bestellmenge soll nicht errechnet werden) eine Vorgehensweise zur Bestimmung der optimalen Bestellmenge:

a) Das Material X wird regelmäßig in der Fertigung eingesetzt. Die verfügbare Lagerkapazität ist beschränkt. Material X weist einen regelmäßigen Bedarfsverlauf auf. Es kostet € 30,-- je Mengeneinheit.

b) Der Bedarf an Büromaterial (Blöcke) soll in einem Bestellpunktsystem disponiert werden. Der Bedarf schwankt geringfügig um einen Durchschnittswert von 50 Blöcken je Monat. Ab 2000 Blöcken wird ein Mengenrabatt gewährt.

c) Hausfrau Alice braucht 3 kg Waschmittel im Quartal. Derzeit wird ihr Waschmittel zu 8,99 €/3 kg angeboten. Der normale Preis liegt bei 10,99 €/3kg.

Lösung:

a)
Die dispositionsrelevanten Merkmale des Materials X entsprechen weitgehend den Prämissen des ANDLER-Modells: regelmäßiger Bedarf, im Planungshorizont konstanter und von der Bestellmenge unabhängiger Preis. Das ANDLER-Modell unterstellt außerdem eine unbeschränkte Lagerkapazität. Daher kann das ANDLER-Modell mit einer geringen Modifikation angewendet werden: Ist die errechnete kostenoptimale Bestellmenge kleiner als die verfügbare Lagerkapazität, wird die „optimale" Bestellmenge unverändert übernommen. Im anderen Falle wird die Bestellmenge soweit abgesenkt, dass die verfügbare Lagerkapazität ausreicht.

b)
In dieser Situation ist die Prämisse „bestellmengenunabhängiger Preis" nicht erfüllt. Das ANDLER-Modell ist wiederum zu modifizieren: Ist die nach ANDLER errechnete Bestellmenge größer als die Rabattmindestmenge, wird die errechnete Menge übernommen. Ist sie kleiner als die Rabattmindestmenge, ist ein Vergleich der Gesamtkosten (Einstands-, Bestell- und Lagerkosten) der errechneten Bestellmenge und der Rabattmindestmenge vorzunehmen. Weitere Bestellmengenalternativen müssen nicht mehr in Erwägung gezogen werden.

c)
Die Situation erfordert eine „spekulative" Bestellmengenoptimierung. Das ANDLER-Modell arbeitet mit der Prämisse eines im Planungshorizont konstanten Preises und sucht den kostenoptimalen Ausgleichsbestand (unter Berücksichtigung von Bestell- und Lagerkosten). Zur Errechnung der einmaligen optimalen spekulativen Bestellmenge sind die zusätzlichen Lagerkosten des (im Vergleich zum optimalen Ausgleichsbestand) erhöhten Bestands zu vergleichen mit den Einsparungen bei den Einstands- und Bestellkosten.

Aufgabe 5: Materialdisposition

Jahresbedarf der Identnummer	50.000 Stück
Bestellkostensatz	100 €
Lagerkostensatz (insb. Kapitalbindungskosten)	15% p.a. des durchschnittlichen Lagerwerts
Einstandskosten	5 € je Stück

a) Erläutern Sie, welche Berechnungen durchzuführen sind, um die kostengünstigste Aufteilung des Jahresbedarfs in jeweils gleich hohe Bestellmengen zu berechnen. Errechnen Sie die kostengünstigste Bestellmenge mit dem ANDLER-Modell!

b) Ist die errechnete Bestellmenge auch optimal, wenn ab einer Bestellmenge von 20.000 Stück ein Rabatt von 0,01 €/Stück gewährt wird?

c) Begründen Sie, warum eine Bestellmenge von 25.000 Stück nicht optimal sein kann. Wie hoch wäre der Kostennachteil gegenüber der kostengünstigsten Bestellmenge?

Lösung:

a)
Gegenüberzustellen sind die Bestell- und die Lagerkosten p.a., die Einstandskosten werden im ANDLER-Modell vernachlässigt.

$K = 50.000 \div Q \cdot 100 + Q \div 2 \cdot 5 \cdot 0,15$

$Q_{opt.} = 3.651,5$

b)
Zu berücksichtigen sind auch die Einstandskosten!

Die Gesamtkosten p.a. der errechneten Bestellmenge betragen:
$50.000 \cdot 5 + 3.651,5 \div 2 \cdot 5 \cdot 0,15 + 50.000 \div 3.651,5 \cdot 100 = \mathbf{252.738,61}$

Die Gesamtkosten der Rabattmindestmenge betragen:
$50.000 \cdot 4,99 + 20.000 \div 2 \cdot 4,99 \cdot 0,15 + 50.000 \div 20.000 \cdot 100 = \mathbf{257.235.-}$

Die Inanspruchnahme des Rabatts ist nicht vorteilhaft.

c)
Die Bestellmenge von 25.000 Stück ist noch weiter vom errechneten Kostenminimum entfernt als die Rabattmindestmenge. Die Steigerung der Lagerkosten übertrifft daher die Senkung der Bestellkosten, eine Einsparung bei den Einstandskosten durch einen weiteren Rabatt gibt es nicht. Der Kostennachteil beträgt 6.317,65 €.

Aufgabe 6: Verbundbestellung

Welche Vorteile verspricht eine gemeinsame Bestellung von Beschaffungsobjekten (Sammel- oder Verbundbestellung)?

Lösung:

Die konventionelle Zusammenarbeit zwischen Einkauf und Materialdisposition ist sukzessiv hierarchisch. Die Materialdisposition erzeugt Bestellanforderungen, die im Einkauf bearbeitet werden. Die von der Materialdisposition vorgegebenen Mengen und Termine werden dabei nicht oder höchstens geringfügig verändert, weil die Materialdisposition die Bestandsverantwortung trägt. Bei Lieferanten, von denen mehrere Artikel bezogen werden, ist zu beobachten, dass zahlreiche Bestellungen zeitnah für verschiedene Artikel eingehen, die wiederum zeitnah angeliefert werden. Dieses Bestellverhalten ist darauf zurückzuführen, dass die MRPII-Software eine artikelspezifische Bestellterminierung und Bestellmengenoptimierung durchführt und diese geordnet nach Termin und Artikelnummer als Bedarfsanforderung/Bestellvorschlag in den Einkauf gibt. Mit einer Bündelung von Bedarfsanforderungen zu einer Sammelbestellung sind Kostenvorteile und –nachteile für den Abnehmer verbunden:

➢ Preisvorteil durch einen bestellwertabhängigen Bonus,
➢ sinkende Bestellabwicklungskosten durch abnehmende Zahl der Warenanlieferungen und Rechnungsprüfungen,
➢ die Bündelung von Bedarfsanforderungen erfordert eine Umterminierung der Bestellvorschläge - diese erfordert Rücksprache mit der Disposition (Personalkosten),
➢ in der Regel wird nur ein Vorziehen von Bestellaufträgen möglich sein, um die Bereitstellungstermine für die Fertigung nicht zu gefährden. Bleiben die Bestellmengen unverändert, steigen die Lagerkosten,
➢ bei reduzierten Bestellabwicklungskosten können die Bestellmengen der Artikel gesenkt werden, was zu reduzierten Beständen führt.

Aufgabe 7: Verbundbestellung
Welche Voraussetzungen müssen geschaffen werden, um eine Verbunddisposition möglich zu machen?

Lösung:
Eine Zusammenfassung der Bedarfsanforderungen zu Sammelbestellungen muss bisher mangels Softwareunterstützung manuell durchgeführt werden und ist aufwändig. Die gemeinsame Disposition einer Artikelgruppe muss organisatorisch unterstützt werden, indem erreicht wird, dass alle Artikel, die von einem Lieferanten bezogen werden, auch von einem Mitarbeiter betreut werden und dieser Mitarbeiter sowohl die Materialdisposition als auch die Bestellabwicklung verantwortet. Die gemeinsame Disposition einer Artikelgruppe verlangt ein single sourcing. Die Konditionen sollten nicht mengenabhängige (Rabatt), sondern wertabhängige Preisnachlässe (Bonus) vorsehen. Preisnachlässe sollten nicht nur für Jahresumsätze, sondern auch für Bestellauftragswerte ausgehandelt werden.

Eine Zusammenfassung der Bedarfsanforderungen zu Bestellungen, die Transportkapazitäten ausnutzen, erfordert eine Abstimmung der Bestellplanung und der Beschaffungstransportplanung. Dies ist nur möglich, wenn diese in Personalunion durchgeführt werden. Das bedeutet, dass der Abnehmer eine Lieferbedingung ab Werk vereinbart und die Beschaffungstransporte in Eigenregie plant und durchführt oder der Lieferant VMI anbietet.

Aufgabe 8: Sicherheitsbestand

a) Welche Überlegungen sind bei der Festlegung des Sicherheitsbestands anzustellen?

b) Die programmorientierte Materialdisposition gilt der verbrauchsorientierten Disposition überlegen, weil sie eine zukunftsorientierte und präzise Bedarfsplanung durchführt. Kann daher bei programmorientiert disponierten Materialien auf einen Sicherheitsbestand verzichtet werden?

Lösung

a)
Zur Bestimmung des Sicherheitsbestands ist es zunächst erforderlich, das Fehlmengenrisiko zu bestimmen und den gewünschten Lieferbereitschaftsgrad festzulegen.

Die einfachste Methode zur Bestimmung eines Sicherheitsbestands besteht darin, eine sog. Sicherheitszeit festzulegen und als Sicherheitsbestand den erwarteten Bedarf in der Sicherheitszeit zu halten:

Sicherheitsbestand = durchschnittlicher Bedarf pro Zeiteinheit · Sicherheitszeit

Die Festlegung des Sicherheitsbestands nach dieser Methode ist dann sinnvoll, wenn der Bedarf sehr genau bekannt ist und die Qualitätszuverlässigkeit des Lieferanten hoch ist, d.h. Fehlmengen nur durch eine unerwartet lange Beschaffungszeit verursacht werden. Die Methode ist jedoch nicht geeignet, Ungewissheiten des Lagerabgangs, die bei verbrauchsorientierter Bedarfsprognose erheblich sind, zu berücksichtigen: Ein Zusammenhang zwischen der Festlegung einer Sicherheitszeit und dem erreichbaren Lieferbereitschaftsgrad ist in diesem Falle nicht erkennbar.

Eine weitere Vorgehensweise zur Berechnung des Sicherheitsbestands nutzt einige aus der statistischen Wahrscheinlichkeitstheorie bekannte Gesetzmäßigkeiten. Um auf der Grundlage statistischer Gesetzmäßigkeiten einen Sicherheitsbestand errechnen zu können, werden die folgenden Daten benötigt:

- der angestrebte Lieferbereitschaftsgrad,
- die Standardabweichung des Bedarfs in der Beschaffungszeit als mittlere Abweichung vom erwarteten Bedarf in der Beschaffungszeit.

Der Sicherheitsbestand wird als „Vielfaches der Standardabweichung des Bedarfs in der Beschaffungszeit", dem sog. Sicherheitsfaktor errechnet.

Sicherheitsbestand = Sicherheitsfaktor · Standardabweichung des Bedarfs in der Beschaffungszeit

Der zur Erreichung eines Soll-Lieferbereitschaftsgrades erforderliche Multiplikator (Sicherheitsfaktor) kann einschlägigen Tabellen entnommen werden.

b)
Theoretisch verspricht die programmorientierte Disposition präzisere Bedarfsmengen und -termine für lange Planungszeiträume, da eine bessere Übersicht über die Bedarfssituation bei End- und Zwischenprodukten vorliegt und Kapazitätsungleichgewichte frühzeitig erkennbar sind.

Wenn diese Erwartungen in der Praxis nicht erfüllt werden, ist dies vor allem auf vier Ursachen zurückzuführen:

* Kurzfristige Änderungen des Produktionsprogramms...
  Häufig ist der Bedarf auf dem Absatzmarkt und damit der Bedarf an Baugruppen und Einzelteilen zu dem Zeitpunkt, zu dem der Einkauf Bestellvorschläge freigeben muss, noch nicht auf Realisierbarkeit, Verlässlichkeit und Vorteilhaftigkeit geprüft. Vielmehr werden erst kurzfristig, wenn der Primärbedarf und das Kapazitätsangebot hinreichend sicher bekannt sind, Produktionsprogramme für alle Fertigungsstufen festgelegt. Zum Zeitpunkt der Bestellauslösung ist daher die Datenbasis für die korrekt und programmorientiert errechneten Bedarfsmengen und -termine falsch.
* kurzfristige Belastungsanpassungen...
  Engpassbestellaufträge und sprunghafte Bedarfsänderungen werden in der Praxis häufig auch durch sog. Belastungsanpassungen verursacht. Diese werden in einer Kapazitätsüberschuss-Situation vorgenommen, um zusätzliche Auslastung zu erzeugen oder die Auslastung zu verstetigen. Zu diesem Zweck werden geplante Betriebsaufträge kurzfristig terminlich vorgezogen und mengenmäßig erhöht.
* Änderungen der Artikelstammdaten....
  Die gleichen Probleme können durch Änderungen der dispositionsrelevanten Artikelstammdaten verursacht werden.
* Bestandsdifferenzen, Zuverlässigkeit des geplanten Lagerzugangs......
  Die programmorientierte Nettobedarfsplanung basiert auf dem aktuellen Buchbestand der betrachteten Identnummer. Entspricht der Buchbestand nicht dem vorhandenen Bestand, wird der Nettobedarf falsch angegeben. Geplante Lagerzugänge werden als in der Zukunft verfügbarer Bestand bereits verplant, bevor sie eingetroffen sind. Sind die Lagerzugangstermine nicht richtig, wird damit auch ein falscher Nettobedarf errechnet.

Auch bei programmorientierter Bedarfsplanung ist demnach ein Sicherheitsbestand zur Gewährleistung des geforderten Lieferbereitschaftsgrads erforderlich.

Aufgabe 9: Materialdisposition und Bestellabwicklung

a) Errechnen Sie für die folgende Modellsituation die kostenoptimale Bestellmenge nach dem ANDLER-Modell:

Jahresbedarf :	100.000 Stück
Bestellkosten je Bestellvorgang:	100 €
Lagerkostensatz:	8% des durchschnittlich gebunden Lagerwerts p.a.
Einstandskosten:	1,25 €/Stück (die Einstandskosten sind konstant und unabhängig von der Bestellmenge)
Verpackungseinheit:	8.000 Stück

b) Bei der Berechnung der kostenoptimalen Bestellmenge nach ANDLER werden die Einstandskosten ignoriert. Das Modell unterstellt, dass die Einstandskosten/Stück oder Jahr im Planungsintervall unverändert bleiben und zudem unabhängig von der Bestellmenge sind.

Erläutern Sie reale Entscheidungssituationen, in denen diese Modellprämisse verletzt ist. Wie verändert sich die kostenoptimale Bestellmenge in diesen Situationen?

c) Es wird angenommen, dass der Lieferant vorübergehend einen Preisnachlass von 0,02 €/Stück gewährt.
Da der Preisnachlass nur vorübergehend angeboten wird, bleibt der Ausgleichsbestand unverändert. Es wird nur ein vorübergehender Spekulationsbestand angelegt, um den Preisvorteil zu nutzen, soweit dies in Anbetracht der steigenden Lagerkosten sinnvoll ist. In der angenommenen Situation soll geprüft werden, um wie viele zusätzliche Verpackungseinheiten die Standardmenge 16 000 Stück (einmalig) erhöht werden soll. Die spekulative Bestellmenge wird zusammen mit einer Standardmenge bestellt. Vergleichen Sie zu diesem Zwecke die total cost des Jahresbedarfs, wenn

- die Standardbestellmenge von 16.000 Stück bestellt wird (spekulative Menge =0),
- die Standardbestellmenge von 16.000 Stück um 8 000 Stück erhöht wird (spekulative Menge = 8.000),
- die Standardbestellmenge von 16.000 Stück um 16.000 Stück erhöht wird (spekulative Menge = 16.000 Stück),
- die Standardbestellmenge von 16.000 Stück um 24.000 Stück erhöht wird (spekulative Menge = 24.000 Stück).

Es wird angenommen, dass nach Verbrauch der spekulativen Menge wieder die Standardmenge 16.000 Stück bestellt wird. Es ergibt sich der unten dargestellte Bestandsverlauf:

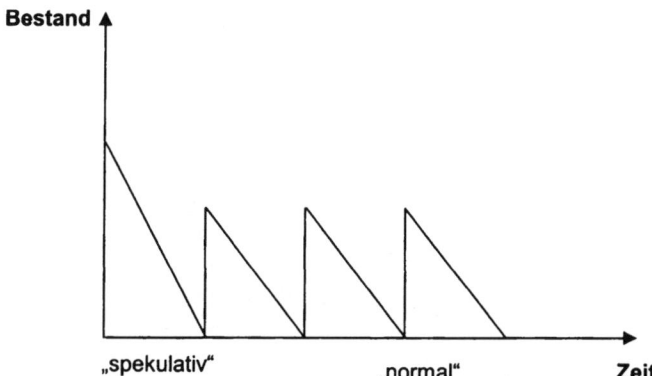

Lösung:

a)

$$Q_{opt} = \sqrt{\frac{2 \cdot 100.000 \cdot 100}{0,08 \cdot 1,25}} = 14.142$$

Optimale Bestellmenge nach ANDLER: 14.142 Stück
Der Lieferant liefert in Verpackungseinheiten von 8.000 Stück. Die Bestellmenge wird daher auf 16.000 modifiziert. Die Bestellhäufigkeit p.a. beträgt 6,25.

b)
Die Modellprämisse konstanter und mengenunabhängiger Preis ist dann verletzt, wenn in der realen Entscheidungssituation

1. vorübergehende Preisreduzierungen (Sonderangebote, Aktionen, saisonale Preistiefs) genutzt werden können,
2. erhebliche Schwankungen der Preise zu beobachten sind (z.B. bei börsennotierten oder ernteabhängigen Rohstoffen),
3. im Planungshorizont mit dauerhaften Preissteigerungen gerechnet wird,
4. der Anbieter seine Preise von der Bestellmenge oder dem Auftragswert abhängig macht (Rabatte, Boni),
5. im Planungshorizont mit sinkenden Preisen gerechnet wird.

In den ersten 4 Fällen ist zu prüfen, ob es vorteilhaft wäre, von der errechneten Bestellmenge nach oben abzuweichen, d.h. einen höheren Ausgleichsbestand oder einen Spekulationsbestand zu halten. Bei sinkenden Preisen sollte geprüft werden, wie weit es unter Berücksichtigung der Bestellkosten sinnvoll ist, den Ausgleichsbestand zu reduzieren.

c)
Die Berechnung der total cost folgt dem unten dargestellten Schema. Zu berücksichtigen sind die Einstandskosten „ normal" und „spekulativ". Durch die spekulative Menge verringern sich die Bestellkosten, da weniger Bestellungen im Planungshorizont getätigt werden. Die Kalkulation der Lagerkosten teilt den Planungshorizont in einen von der Höhe der spekulativen Menge abhängigen Zeitraum ein, in dem ein „normaler" Ausgleichsbestand gehalten wird und einen spekulativen Zeitraum, in dem ein erhöhter Bestand gehalten wird.

Total cost (spek. Bestellmenge 0 + 6,25 Bestellmengen je 16.000 Stück) =
$100.000 \cdot 1,25 + 100.000 \div 16.000 \cdot 100 + 16.000 \div 2 \cdot 1,25 \cdot 0,08 = 126.425$

Total cost (spek. Bestellmenge 8 000 (+16.000) + 4,75 Bestellmengen je 16.000 Stück) =
$76.000 \cdot 1,25 + 24.000 \cdot 1,23 + 4,75 \cdot 100 + 100 +$
$16.000 \div 2 \cdot 1,25 \cdot 0,08 \cdot 76.000 \div 100.000 +$
$24.000 \div 2 \cdot 1,23 \cdot 0,08 \cdot 24.000 \div 100.000 = \mathbf{125.986,39}$

Total cost (spek. Bestellmenge 16.000 (+16.000) + 4,25 Bestellmengen je 16.000 Stück) =
$68.000 \cdot 1,25 + 32.000 \cdot 1,23 + 4,25 \cdot 100 + 100 +$
$16.000 \div 2 \cdot 1,25 \cdot 0,08 \cdot 68.000 \div 100.000 +$
$32 000 \div 2 \cdot 1,23 \cdot 0,08 \cdot 32.000 \div 100.000 = \mathbf{125.932,81}$

Total cost (spek. Bestellmenge 24.000 (+16.000) + 3,75 Bestellmengen je 16.000 Stück)

$60.000 \cdot 1,25 + 40.000 \cdot 1,23 + 3,75 \cdot 100 + 100 +$
$16.000 \div 2 \cdot 1,25 \cdot 0,08 \cdot 60.000 \div 100.000 +$
$40.000 \div 2 \cdot 1,23 \cdot 0,08 \cdot 40.000 \div 100.000 = \mathbf{125\ 942,20}$

	Einstandskosten	Bestellkosten	Lagerkosten	total cost
Spek.Bestellmenge 0	125.000	625	800,00	126.425,00
Spek.Bestellmenge 8.000	124.520	575	891,39	125.986,39
Spek.Bestellmenge 16.000	124.360	525	1.047,81	125.932,81
Spek.Bestellmenge 24.000	124.200	475	1.267,20	125.942,20

Die Gegenüberstellung der von der spekulativen Bestellmenge beeinflussten Kostenarten zeigt, dass die Einsparungen bei den Einstandskosten und Bestellkosten mit der Höhe der spekulativen Bestellmenge steigen. Bei einer spekulativen Bestellmenge von 24.000 Stück (und höher) werden jedoch die Einsparungen durch die steigenden Lagerkosten überkompensiert. Der Jahresbedarf kann in dieser Entscheidungssituation am kostengünstigsten mit einer spekulativen Bestellmenge von 16.000 Stück und anschließenden Standardbestellmengen von 16.000 Stück gedeckt werden.

Aufgabe 10: Materialdisposition

Erläutern Sie Vorgehensweise und Datenbasis der programmorientierten und der verbrauchsorientierten Disposition.

Lösung:

Die Disposition umfasst die Bedarfs- und Bestellplanung. Die Bedarfs- und Bestellplanung kann grundsätzlich verbrauchs- und programmorientiert erfolgen:

Die **verbrauchsorientierte Disposition** basiert auf Aufschreibungen bzw. Erfahrungen über den Bedarf des betrachteten Materials in der Vergangenheit. Mithilfe geeigneter statistischer Verfahren wird ein Durchschnitt des Bedarfs pro Periode (z.B. Monat) errechnet, der als Prognosewert für die zukünftigen Perioden verwendet wird. Die verbrauchsorientierte Bedarfsplanung verzichtet auf eine tagesgenaue Bedarfsplanung; prognostiziert wird ein Periodenbedarf, die Verteilung des Bedarfs innerhalb der Periode ist nicht bekannt. Eine verbrauchsorientierte Bedarfsprognose wird in der Regel auch nicht mengengenau sein. Eine verbrauchsorientierte Bedarfsplanung ist daher nur mit dem Bereitstellungsprinzip Vorratsbeschaffung zu vereinbaren.

Der verbrauchsorientiert errechnete Bedarfsprognose wird anschließend verwendet, um eine Bestellregel (Bestellpunkt-, Bestellrhythmus oder Optionalsystem) festzulegen, die eine für die betrachtete Materialidentnummer sinnvolle und für längere Zeit gültige Vorgabe über Bestellmenge und Bestelltermin enthält. Die Bestellmengenoptimierung hat die Aufgabe, einen prognostizierten Periodenbedarf (in der Regel ein Jahresbedarf) in mehrere gleich große Bestellmengen aufzuteilen. Die optimale Bestellmenge wird bestimmt, indem die Gesamtkosten der Bestellmengen errechnet und verglichen werden. Die verbrauchsorientierte Disposition wird häufig auch als vergangenheitsorientierte Disposition bezeichnet, weil eine Lagerergänzung grundsätzlich vorgenommen wird, wenn die Lagerabgänge bereits stattgefunden haben.

Im Gegensatz dazu arbeitet die **programmorientierte Disposition** zukunftsorientiert. Der zukünftige Bedarf wird tages- und mengengenau aus dem geplanten Produktionsprogramm, der Stückliste bzw. Rezeptur und der Durchlaufzeit errechnet. Die Bestandsführung erfolgt ebenfalls zukunftsorientiert, indem der errechnete Bedarf als erwarteter Lagerabgang (Reservierung) vom aktuell verfügbaren Bestand subtrahiert wird. Auf diesem Weg ist erkennbar, wann in der Zukunft ein Lagerzugang erfolgen muss, um die erwarteten Bedarfe befriedigen zu können. Die Bestellmenge wird immer wieder neu auf der Basis der aktuellen Bedarfssituation optimiert.

Die programmorientierte Disposition wird sowohl bei Vorratsbeschaffung als auch bei lagerloser Beschaffung angewendet.

Die programmorientierte Disposition ist aufgrund des hohen Berechnungsaufwands ohne eine Software-Unterstützung nicht denkbar. Die Bedarfstermine werden in der sog. Durchlaufterminierung bestimmt. Auf der Basis der als Stammdaten hinterlegten Durchlaufzeiten des Produktionsauftrags auf der nachfolgenden Fertigungsstufe und dessen spätesten Endtermins kann der Bereitstellungstermin errechnet werden, zu dem die Einsatzkomponenten verfügbar sein sollen. Mit Hilfe der Beschaffungszeit der fremdbezogenen Komponenten ist der Bestelltermin bekannt, zu dem die Komponente bestellt werden muss, um planmäßig zum gewünschten Bereitstellungstermin verfügbar zu sein.

Wird die betrachtete Komponente lagerorientiert bereitgestellt (Vorratsbeschaffung), wird eine wirtschaftliche Bestellmenge errechnet, indem mittels eines sog. dynamischen Verfahrens der Losbildung die Zusammenfassung der Nettobedarfsmengen bestimmt wird, die die geringstmöglichen Lager- und Bestellkosten aufweist. Als Stammdaten werden der Lagerkostensatz und ein Bestellkostensatz benötigt.

Aufgabe 11: Softwareunterstützung

Erläutern Sie, wie der industrielle Beschaffungsprozess durch Software unterstützt wird.

Lösung:

Software unterstützt durch
- Automatisierung von Vorgängen (z.B. Bestellungen schreiben)
- beschleunigten Zugriff auf Information (z.B. vereinbarte Preise für Rechnungsprüfung)
- Verfügbarmachen von Informationen für mehrere Funktionsträger (z.B. Ergebnisse der Identitäts- und Qualitätsprüfung für Einkauf, Rechnungsprüfung und Produktionsplaner)
- Fehlervermeidung (z.B. Erfassungsfehler).

Beispiele für die Unterstützung der Beschaffungsfunktionen durch Software:
- Einkauf: internetgestützte Beschaffungsmarktforschung, Liste zugelassener Lieferanten, Kennzahlen der Lieferantenbewertung. Erleichterung und Verbesserung der Anfragetätigkeit und der Lieferantenauswahl, automatische Bestellschreibung, Übermittlung von rollierenden forecasts und Bestandsinformationen zur Verbesserung der Zusammenarbeit mit dem Lieferanten.
- Disposition: programmorientierte Bedarfsplanung, systemgestützte Bestandsführung mit Hinweis auf Erreichen des Meldebestands, automatische Berechnung des Sicherheitsbestands, Durchführung von ABC-Analysen, Optimierung der Bestellmenge und Planung des Bestelltermins.
- Wareneingang: Zugriff auf Bestellung und Qualitätsgeschichte des Lieferanten, Prüfanweisungen.
- Lagerverwaltung: systemgestützte Bestandsführung, Lagerplatzzuweisung bei chaotischer Bestandsführung, Archivieren des Lagerplatzes.

V Abbildungsverzeichnis

VI Quellen- und Literaturverzeichnis:

Arnold, U.:	Sourcing-Konzepte. In: Kern, W., Schröder, H., Weber, J. (Hrsg.): Handwörterbuch der Produktionswirtschaft. 2. Aufl. Stuttgart 1996 Sp. 1861-1874
Arnold, U.:	Global Sourcing: Strategiedimensionen und Strukturanalyse. Hahn, D., Kaufmann, L. (Hrsg.): Handbuch Industrielles Beschaffungsmanagement – Internationale Konzepte – Innovative Instrumente – Aktuelle Praxisbeispiele 2. Aufl. Wiesbaden 2002 S. 200-220
Bichler, K., Krohn, R.:	Beschaffungs- und Lagerwirtschaft. Praxisorientierte Darstellung mit Aufgaben und Lösungen. 8. Aufl. Wiesbaden 2001
Bogaschewsky, R. (Hrsg.):	Elektronischer Einkauf. BME-Expertenreihe Band 4 Gernsbach 1999
Bogaschewsky, R., Rollberg, R.:	Produktionssynchrone Zulieferkonzepte. In: Hahn, D., Kaufmann, L. (Hrsg.): Handbuch Industrielles Beschaffungsmanagement – Internationale Konzepte – Innovative Instrumente – Aktuelle Praxisbeispiele 2. Aufl. Wiesbaden 2002 S. 282-300
Bornemann, H.:	Controlling im Einkauf. Planung - Analyse - Bericht - Fallstudien Wiesbaden 1987
Boutellier, R., Corsten, D.:	Basiswissen Beschaffung München Wien 2000
Brauer, J.P.:	DIN EN ISO 9000:2000ff. umsetzen. Gestaltungshilfen zum Aufbau Ihres Qualitätsmanagementsystems. 3. Aufl. München Wien 2002
Brenner, W., Wilking, G. (a):	Einkaufsseiten im Internet. Beschaffung Aktuell. Heft 7/1999 S. 62-65
Brenner, W., Wilking, G.(b):	Internet-basierte Einkaufsseiten aktiv nutzen. Beschaffung Aktuell Heft 8 1999 S. 54-56

Bretzke, W.:

Electronic Commerce als Herausforderung an die Logistik. Logistik Management 2. Jg. 2000 Ausg. 1 S. 8-15

Corsten, H., Gössinger, R.:

Einführung in das supply chain management München Wien 2001

Dolmetsch, R.:

Elektronischer Handels- und Informationsaustausch. München 2000

Drauschke, S., Pieper, U. (Hrsg.):

Beschaffungslogistik und Einkauf im Gesundheitswesen. Kosten senken, Qualität erhöhen. Neuwied 2001 BAL J 1000.70

Drewing, H., Abels, H. :

Intelligentes Bestandsmanagement. Sichert Lieferbereitschaft und reduziert Bestände. Beschaffung Aktuell Heft 2 1999 S. 48-49

Dyllik, T., Hamschmidt, J.:

Beschaffung und Umweltmanagement. In: Hahn, D., Kaufmann, L. (Hrsg.): Handbuch Industrielles Beschaffungsmanagement – Internationale Konzepte – Innovative Instrumente – Aktuelle Praxisbeispiele 2. Aufl. Wiesbaden 2002 S. 475-488

Ellram, L.M.:

Total Cost of Ownership. In: Hahn, D., Kaufmann, L. (Hrsg.): Handbuch Industrielles Beschaffungsmanagement – Internationale Konzepte – Innovative Instrumente – Aktuelle Praxisbeispiele 2. Aufl. Wiesbaden 2002 S. 659-672

Engelhardt, C.:

Balanced Scorecard in der Beschaffung. Erfolg durch Kennzahlen. 2. Aufl. Wien 2002

Erdmann, M.:

Konsignationslager. In: Bloech, J.: Vahlens Großes Logistiklexikon 1987

Eschenbach, R.:

Erfolgspotential Materialwirtschaft. München 1998

Franke, H.:

Das Qualitätsmanagement –System nach DIN EN ISO 9001. Hilfen zur Darlegung der neuen Fassung der ISO 9001:2000. Renningen 2003

Frehner, U., Bodmer, F.:

Best practice im Einkauf. Optimieren durch Messen und Vergleichen München 2002

Friederici, I.:   Partnerorientiertes Beschaffungsmanagement unter Berücksichtigung von DIN EN ISO 9001:2000. Remmingen 2002

Geiger, G., Hering, E., Kummer, R.:   Kanban – Optimale Steuerung von Prozessen. München Wien 2000

Glaser, J., Michels, B.:   Umweltgerechter Einkauf im Unternehmen. Taunusstein 1994

Grunwald, H.:   Vortelhafte Verträge im Einkauf: vertragsmuster und Verhandlungsbeispiele für Ein- und Verkäufer. 3. Auflage Freiburg 1991

Härdler, J.:   Material-Management. Grundlagen, Instrumentarien, Teilfunktionen. München Wien 1999

Hartmann, H.:   Bestandsmanagement und –controlling. Optimierungsstrategien mit Beiträgen aus der Praxis. Gernsbach 1999

Hartmann, H., Pahl, H.J., Spohrer, H.:   Lieferantenbewertung – aber wie ? Gernsbach 1992

Heege, F.:   Lieferantenportfolio. Ganzheitliches Beurteilungsmodell für Lieferanten und Beschaffungsmarktsegmente. Nürnberg 1987

Homburg, C.:   Bestimmung der optimalen Lieferantenzahl für Beschaffungsobjekte. Konzeptionelle Überlegungen und empirische Befunde. In: Hahn, D., Kaufmann, L. (Hrsg.): Handbuch Industrielles Beschaffungsmanagement – Internationale Konzepte – Innovative Instrumente – Aktuelle Praxisbeispiele 2. Aufl. Wiesbaden 2002 S. 183--199

Inderfurth, K.:   Beschaffungskonzepte. In: Isermann, H. (Hrsg.): Logistik. Gestaltung von Logistiksystemen. 2. Aufl. Landsberg 1998 S. 197-211

Kastreuz, G.:   Management von Qualität und Zuverlässigkeit im Einkauf. Wiesbaden 1994

Kernler, H.:   PPS der 3. Generation. Grundlagen, Methoden, Anwendung. Heidelberg 1995

Koppelmann, U.:	Beschaffungsmarketing Berlin Heidelberg 3. Aufl. 2000
Kreiner, G., Marquard, J.:	Einkauf und Logistik bei der Fichtel & Sachs AG in: Koppelmann, U., Lumbe, H.-J.: Prozessorientierte Beschaffung, Stuttgart 1994, S. 101-119
Krokowski, W. (Hrsg.):	Globalisierung des Einkaufs. Leitfaden für den internationalen Einkäufer. Berlin-Heidelberg 1998
Large, R.:	Strategisches Beschaffungsmanagement. Eine proxisorientierte Einführung mit Fallstudien. Wiesbaden 1999
Lückefedt, H., Anders, W.:	Prozessorientierung im Einkauf eines internationalen Unternehmens am Beispiel der Robert Bosch GmbH in: Koppelmann, U., Lumbe, H.-J.: Prozessorientierte Beschaffung, Stuttgart 1994 S. 85-100
Melzer-Ridinger, R.:	Vom Preisvergleich zum unternehmensübergreifenden Kostenmanagement. Beschaffung Aktuell Heft 2 1998 S. 31-33
Melzer-Ridinger, R.:	Qualitätsmanagement: Qualitätssicherung und -verbesserung als Aufgabe der Beschaffung. Oldenbourg Verlag München 1995
Melzer-Ridinger, R.:	FAQ Supply Chain management. Die hundert wichtigsten Fragen zu Supply Chain Management. Troisdorf 2003
Mertens, P.:	Integrierte Informationsverarbeitung 1. Operative Systeme in der Industrie 13. Aufl. Wiesbaden 2001
Mindach, U.:	Qualitätsmanagement im Einkauf Gernsbach 1997
Patig, S.:	SAP R/3 am Beispiel erklärt. Frankfurt 2003
Pfeifer, T.:	Qualitätsmanagement – Strategien-Methoden-Techniken. 3. Auflage München Wien 2001

Pfeifer, T.:   Praxishandbuch Qualitätsmanagement
                                   München Wien 1996

Reese, J., Spohrer, H.:   Vorteilhafte Vertragsgestaltung für erfolgrei-
                                   ches Einkaufen. Gernsbach 1993

Reinelt, G.:   Multimediale Beschaffungsmarktforschung.
                                   In: Hahn, D., Kaufmann, L. (Hrsg.): Hand-
                                   buch   Industrielles
                                   Beschaffungsmanagement – Internationale
                                   Konzepte – Innovative Instrumente – Aktuel-
                                   le Praxisbeispiele 2. Aufl. Wiesbaden 2002
                                   S. 562-592

Scherer, M.:   Einkaufsbedingungen der Wirtschaft. In:
                                   Steckler, B., Pepels, W.(Hrsg.): Handbuch
                                   für Rechstfragen im Unternehmen. Band II
                                   Einkaufsrecht. Herne Berlin 2002 S. 93-123

Schulte, G.:   Material- und Logistikmanagement. 2. Aufl.
                                   München Wien 2001

Seaver, M.:   Implementing ISO 9000:2000 Hampshire
                                   2001

Stahlmann, V.:   Umweltorientierte Materialwirtschaft. Das
                                   Optimierungskonzept für Ressourcen, Re-
                                   cycling, Rendite. Wiesbaden 1988

Stölzle, W., Gareis, K.:   Konzepte der Beschaffungslogistik – Anfor-
                                   derungen u Gestaltungsalternativen. In:
                                   Hahn, D., Kaufmann, L. (Hrsg.): Handbuch
                                   industrielles   Beschaffungsmanagement.
                                   Internationale Konzepte – Innovative In-
                                   strumente – Aktuelle Praxisbeispiele. 2.
                                   Aufl. Wiesbaden 2002 S. 400-423

Thaler, K.:   Supply chain management: Prozessoptimie-
                                   rung in der logistischen Kette. Fortis Verlag
                                   1999

Vollrath, C., Nase, A.:   Spitzenleistungen im Einkauf. Beschaffung
                                   Aktuell Heft 5/2003 S. 31-36

Wagner, S. M.:   Lieferantenmanagement. München Wien
                                   2002

Weber, J., Bacher, A., Groll, M.:	Instrumente des Supply Chain Controlling. In: Busch, A., Dangelmaier, W. (Hrsg.): Integriertes Supply Chain Management. Theorie und Praxis effektiver unternehmensübergreifender Geschäftsprozesse. Wiesbaden 2002 S. 147 - 166.
Werner, H.:	Verfahren und Ziele des Beständecontrollings. Beschaffung Aktuell Heft 11 1997 S. 34-40
Werner, H.:	Supply Chain Management. Grundlagen, Strategien, Instrumente und Controlling. Wiesbaden 2000
Westphalen, F.:	Allgemeine Einkaufsbedingungen nach neuem Recht. 3. Aufl. München 2002
Wirtz, B., W.:	Electronic Business. Wiesbaden 2000
Wildemann, H.:	Logistik Prozeßmanagement München 1997
Wildemann, H.:	Das Konzept der Einkaufspotentialanalyse: Bausteine und Umsetzungsstrategien. In: Hahn, D., Kaufmann, L. (Hrsg.): Handbuch Industrielles Beschaffungsmanagement – Internationale Konzepte – Innovative Instrumente – Aktuelle Praxisbeispiele 2. Aufl. Wiesbaden 2002 S. 542-561
Wildemann, H.(Hrsg.):	Supply chain management. München 2000
Zäpfel, G.:	Grundzüge des Produktions- und Logistikmanagement. Berlin New York 1998

VII Stichwortverzeichnis

Stichwortverzeichnis

Die ideale Anleitung

Alfred Brink

Anfertigung wissenschaftlicher Arbeiten

Ein prozessorientierter Leitfaden zur Erstellung von Bachelor-, Master- und Diplomarbeiten in acht Lerneinheiten

3., überarbeitete Auflage 2007
XII, 247 Seiten | Broschur
€ 17,80 | ISBN 978-3-486-58512-4
Mit E-Booklet Wissenschaftliches Arbeiten in Englisch

Wie erstelle ich eine wissenschaftliche Arbeit? Dieser Frage geht der Autor in der bereits dritten Auflage dieses Buches auf den Grund.

Dabei orientiert er sich am Ablauf der Erstellung einer Bachelor-, Master- und Diplomarbeit. Dadurch wird das Buch zum idealen Ratgeber für alle, die gerade eine Arbeit verfassen. Auch bereits für die effiziente Vorbereitung einer wissenschaftlichen Arbeit ist das Buch eine zeitsparende Hilfe.

Da immer mehr Studierende ihre Abschlussarbeit an einer deutschen Hochschule in englischer Sprache verfassen, steht für den Leser zu diesem Thema auch ein vom Autor erstelltes E-Booklet im Internet zum Download bereit.

Lerneinheit 1: Vorarbeiten
Lerneinheit 2: Literaturrecherche
Lerneinheit 3: Literaturbeschaffung
                 und -beurteilung
Lerneinheit 4: Betreuungs- und Expertengespräche
Lerneinheit 5: Gliedern
Lerneinheit 6: Erstellung des Manuskriptes
Lerneinheit 7: Zitieren
Lerneinheit 8: Kontrolle des Manuskriptes

Dr. Alfred Brink ist Dozent, Studienberater für Betriebswirtschaftslehre und Leiter der Fachbereichsbibliothek Wirtschaftswissenschaften an der Westfälischen Wilhelms-Universität Münster.

Oldenbourg